学术顾问 霍松林 张岂之

主 编 翟 博

中国人的教育智慧

ZHONGGUOREN DE JIAOYU ZHIHUI

【经典家训版】

夫有人民而后有夫妇，有夫妇而后有父子，有父子而后有兄弟：一家之亲，由三而已矣。自兹以往，至于九族，皆本于三亲焉，故于人伦为重者也，不可不笃。兄弟者，分形连气之人也，方其幼也，父母左提右携，前襟后裾，食则同案，衣则传服，学则连业，游则共方，虽有悖乱之人，不能不相爱也。及其壮也，各妻其妻，各子其子，虽有笃厚之人，不能不少衰其妻，各子其子，虽有

教育科学出版社

· 北 京 ·

责任编辑　陈　琳
责任校对　张　珍
责任印制　曲凤玲

图书在版编目（CIP）数据

中国人的教育智慧：经典家训版/翟博主编 . —北京：
教育科学出版社,2007.9(2009.3 重印)
（教育寻根丛书/张圣华总主编）
ISBN 978 - 7 - 5041 - 3832 - 3

Ⅰ. 中… 　Ⅱ. 翟… 　Ⅲ. 家庭道德 – 中国 　Ⅳ. B823.1

中国版本图书馆 CIP 数据核字（2007 ）第 140951 号

出版发行	**教育科学出版社**		
社　　址	北京·朝阳区安慧北里安园甲 9 号	市场部电话	010 - 64989009
邮　　编	100101	编辑部电话	010 - 64989449
传　　真	010 - 64891796	网　　址	http://www. esph. com. cn
经　　销	各地新华书店		
印　　刷	莱芜市圣龙印务有限责任公司	版　　次	2007 年 9 月第 1 版
开　　本	700 毫米×1000 毫米　1/16	印　　次	2009 年 3 月第 3 次印刷
印　　张	28	印　　数	6 001— 9 000 册
字　　数	438 千	定　　价	49. 80 元

如有印装质量问题，请到所购图书销售部门联系调换。

序

霍松林

　　中国这个具有五千年光辉历史的文明古国，向来以重视家教著称于世。不可否认，学校教育、社会教育与家庭教育并重，才能培养出全面发展的优秀人才。然而，家庭教育是二者之基础。在阔大深厚、坚实的基础上，才能建造起万间广厦和万丈高楼，这是人们的常识，也是颠扑不破的真理。

　　中国古代进行家教的各种文字记录，包括散文、诗歌、格言等，通常被称为"家训"，这是先哲先贤留给我们的一大笔珍贵遗产。研究、筛选、吸收、利用这些家训，对于提高每个人的文化素质、道德修养，促进全社会的精神文明建设，必将起到不可低估的积极作用。

　　中国历代家训涉及人生的各个方面，举其要者，约有如下数端。

一、熔铸光明伟岸的道德人格

　　古人将"立德"置于"三不朽"之首位，而立德的内容主要是忠孝。在家能孝，于国则忠。孝要求子女尊敬长辈，尽返哺之情，极劬劳之恩；忠要求为官尽力，从政清廉，"勿以善小而不为，勿以恶小而为之"。古往今来，成大事业者之所以成功，是因为他们能从"孝于亲"、"忠于国"的目的出发，勇于奉献。"苟利国家生死以，岂因祸福避趋之"，张扬了堂堂凛凛的民族正气。在漫长的封建社会，忠孝观念被统治者利用，混进不少封建性内容，然而抛弃"愚忠"、"愚孝"而摄取精华，至今仍有不少积极因素值得发扬光大。

二、重视正确积极的教子方法

痴心父母古来多，天下没有不疼爱子女的父母，但问题在于，如何去爱？单纯给子女们提供物质财富，会使他们泯灭自我奋斗的意识，丧失独立创业的能力。因此，明智的父母，就要把道德修养、人格风范留给子孙，把清白留给子孙，这才是无价之宝。那种只为子孙聚货敛财的愚蠢行为，遭到了有识之士的痛斥。父母们告诫子女不要凭靠祖上的余荫，而应奋发自立，要以自己的奋斗来实现人生的价值。

三、培养功业理想和淡泊襟怀

立志是事业成功的第一步。做父母的，或洒涕嘱子，要他完成续写《史记》的重任；或刺字于背，要他精忠报国。知足常乐是积极进取的调味剂；淡泊宁静，则是一种不骛名利、却追求远大理想的人生态度。淡泊宁静的人生态度与功业思想相辅相成。

四、妥善掌握交友接物之道

每一个人都置身于错综复杂的社会关系中。所谓"世事洞明皆学问，人情练达即文章。"交友接物，是一门高深学问。"近朱者赤，近墨者黑。""入鲍鱼之肆，久而不闻其臭；入芝兰之室，久而不闻其香。"朋友对自己潜移默化的作用很大，因此交友必须谨慎，分清损友、益友；要见贤思齐，取人之长补己之短；要以恕己之心恕人，以责人之心责己；对他人不求全责备，对故人旧交，也不要轻易抛弃；对所爱者要知其不足，对所憎者要见其长处。"和"是处友的基本准则，但这并不意味着同流合污，而是要和衷共济，互相促进，实现崇高的理想。

五、明确读书治学的目的和方法

"学而优则仕"是孔子为知识分子规定的一种行为模式，旨在学以致用，普济苍生，却并不提倡读书治学就只求做官，谋取个人利益。有些人将追求高官厚禄当成读书的唯一目的，这就背离了孔子的本意。古人就读书的好处从多方面做过阐发，有人指出读书在于变化气质，陶冶性情；有人主张读书是为了经世致用，富民强国；还有人将读书与做人联系起来，将所读的好书句句体现到自己身上，便是做人之法。关于读书的方法，古人也多有灼见："纸上得来终觉浅，绝知此事要躬行"，要把学问化为生活的艺术；读书要"自出手眼，择善而从，不要为劣所愚"；读书必须目到、口到、心到，循序渐进，由博反约。

六、针砭人生各种心理痼疾

金无足赤，人孰无过。可悲的是人们往往不知其过，或虽知有过，却不能痛改。改过应当对症下药，每一种过错都应采取恰当的改正措施。如性急的人可用"佩韦"的办法提醒自己，处事要从容、稳重；性缓的人可用"佩弦"的办法督促自己，处事要敏捷、干练。唐代柳玭指出的"败家五过"具有极强的概括性，它潜伏于绝大多数国民的心理底层，直至今天还体现在生活的各个层面。每一个人都应当三省其身。

中国家训极富形象性和哲理性。形象性首先表现在比喻的大量运用上。言择友则有朱、墨、鲍鱼、芝兰之譬，论表里则有春花、松柏之喻。朱吾弼谓做官不能失节，就如处女不能失身；蔡邕论修面与修心，活泼有趣，鲜明易感。形象性还表现为现身说法。家长们常以自己的切身体验来感化子孙。刘邦少时失学，闻秦始皇焚书坑儒，心中窃喜，但当了皇帝后却深感不学之苦，便以切身体验来勉励儿子学习，没有半点伪饰，自然易于为人接受。家训的哲理性则体现于格言警语，如支大伦论"做人五硬"、抄思母论"人有三成"、袁衷论"士有三品"、康熙论"为学三功"、姚舜牧论检验各种能力的各种标尺，等等，无不闪烁着哲理的灵光。鲜明的形象性铺就了走向幽深哲学思考的通道，而情感又渗涌于形象、哲理之中。凝聚着智慧、哲理、情感的中国历代家训至今仍显现出神奇的魅力。

《中国人的教育智慧·经典家训版》集历代家训之大成，取历代家训之精华，凝结着历代家庭教育的经验，汇集着数千年来家教的至理名言。它是历代家长智慧的结晶，是现代家庭教育的宝鉴。这些家训，在历史上曾培养了无数志士名人、英雄豪杰；在今天，亦必能为哺育一代新人做出有益的贡献。

前　言

翟　博

　　中华民族素以重视家教闻名世界。我国有着数千年来延续、积淀而成的重视家庭教育的优秀传统，积累了丰富的家庭教育资料。我国浩瀚而又绚烂多彩的古文化丛林中，蕴藏着极其丰富的家训。这些家训不仅凝结了我国历代家庭教育的经验，也是我国历代家长智慧的结晶和教子方法的荟萃。在每位父母都希望孩子从小受到良好教育、全社会都关心下一代成长的今天，搜集、整理、研究这一重要的珍贵文化遗产，合理地汲取我国古代文化中丰富宝贵的家教经验，对于培养一代优秀人才，对于提高全民族的文化素养和道德修养，促进全社会的精神文明，显得尤为重要。

　　中国有句古语："知今宜鉴古，无古不成今。"纵观人类文化发展史，当曾经与中国古代文化一起闻名于世的古埃及文化、巴比伦文化和古希腊文化，都一一宣告解体，当这些曾放射着耀眼光芒、星汉璀璨的古老文化在历史发展中相继衰落或消失之后，唯有我们中华文化以其源远流长的传统，历经五千年从未中断地延续下来。这种不曾中断的文化传统，有着传统形成的强大的文化凝聚力。这就是中国文化得以延续的主要原因。在我们这个受着几千年儒教教化的国度里，无论是作为中国传统文化局部的家庭，还是作为其整体的国家，我们的祖先们多把仁德作为"修身、齐家、治国、平天下"的最高境界和准则，并以此作为人生的追求和道德境界中最理想的人格，且以"修身"、"齐家"作为"治国"、"平天下"的准备和前提。正因如此，我国古代非常重视家教。为了让儿女立足国家，早日成才，做父母的很早就在家庭中对孩子开始了训练。中国历代家训内容涉及人生的各个方面，凝聚、积淀着中华民族文化心理的诸多方面。诸如：以立德为本，注重光明高尚的道德人格；树立远大的志向，提倡刻苦的学习精神；以读书做人为要，注重读书做人的一致；培养清廉宽厚、尊老爱幼的待人态度；训练勤勉俭朴的持家作风；重视积极正确的教子形式、方法及所应达到的精神境界；关心社会现实的入世精神；追求人际关系之和睦，寻求心态的平和；讲求诚实谨慎的交友接物和为人处世之道；等等。与此同时，中国历代家训中还提出了家庭教育中许多应当注意并值得引以为鉴的东西，诸如：教子不得过于溺爱、偏爱、纵容骄惰；不得对个别孩子要求过严，而要一视同仁；不得重才轻德，而要重视德才兼备；不得言而无信，必须以身作则；等等，均系古人指示给我们的家教之要。

中国家训，是古人向后代传播修身齐家、为人处世道理的最基本的方法，也是我们古代长期延续下来的家长教育儿女的最基本的形式。我国古代重视身教，教育后代，自己先要做出榜样。因此这些家训不仅是生活实践经验之谈，也是先哲先贤以自己的行为给后人留下的榜样，极富形象性、哲理性、针对性和丰富感人的情感色彩。它切实浅近，形象生动，感人至深。有许多家书，就是从他们的心里流出来的，能使人触摸到做父母兄长的那颗灼热的心。他们多是有感而发，针对性极强，其中不乏千古传诵的格言名句。这些人生的哲理、处世的德行，不仅陶冶了我们民族的性格，也形成了我们独特的民族传统，是我们中华民族最珍贵的文化遗产之一。正是从这种意义出发，鲁迅先生说："倘有人作一个历史，将中国历来教育儿童的方法、用书，作为一个明确的记录，给人明白我们的古人以至我们，是怎样被熏陶下来的，则其功德，当不在禹下。"

诚然，我们不能否认这些家训中有许多封建性的糟粕，我们正确的态度应当是取其精华，去其糟粕，用现代人的意识和历史的眼光去认识、去分析，将精华继承并发扬光大。

为了全面挖掘这一珍贵文化遗产，正确地汲取和借鉴我们祖先的这一笔家教财富，我们组织了长期从事中国文化史、中国古代史、中国古典文学及古汉语研究等方面的专家、学者，经数年搜集、整理，从我们灿烂的中国历代家训园地精选、撷取了近两百篇光彩耀眼的奇葩，并将它编纂成《中国人的教育智慧·经典家训版》一书。本书选篇纵贯古今，篇目多系名人名作，内容涉及修身、齐家、治国、平天下、立德、立言、立功、读书作文、婚姻家庭、待人接物等社会人生的许多方面。它们体现着中国历代一百余位有成就的出色的家长与历史名人智慧的灵光和丰富的教子经验。考虑到文化发展的连贯性和教育的相似性，在近现代篇目中，我们还选编了家训之外的一些论述家庭教育的篇章。为了有助于各种文化层次的读者阅读，我们特按照作者简介、内容提要、原文、注释、译文的体例编写成书。考虑到明清时期文言文已趋浅易，为避免叠床架屋，我们省略了译文。本书内容丰富，形式新颖，深入浅出，通俗易懂，它除了传授教子方法之外，对于我们认识中国古代的政治、文化、教育、伦理、道德，对于传授知识和进行传统的道德教育也将具有重要价值。

本书在编写过程中，曾参阅了一些先贤的著作和有关资料，限于篇幅，不一一说明。由于我们的水平有限，编写过程中疏漏之处在所难免，恳望各界人士指正。

卷二　教子方法篇

卷三　读书治学篇

卷四　立志成才篇

卷十二　仕途之诫篇

治家和睦篇

天地和则万物生；君臣和则国家平；九族和则动得所求，静得所安。是以圣人守和，以存以亡也。

向 朗

诫 子

【作者简介】

向朗（? —247），字巨达。三国时蜀襄阳宜城（今属湖北）人。历任蜀汉巴西太守，左将军，封显明亭侯，位至特进。朗早年以吏能见称。后潜心典籍，不干时事，人皆敬之。朗子条，字文豹，亦博学多识，官至御史中丞。

【内容提要】

本篇主要讲了"和"的道理。"和"是中国古代推崇的一种思想。天地和谐，君臣协调，九族和睦，便会出现国家安宁、政治清明、家庭团结的局面，从而使人心情舒畅，拥有奋发努力的力量。

【原 文】

天地和则万物生；君臣和则国家平；九族和则动得所求，静得所安。是以圣人守和，以存以亡也。吾，楚国之小子耳[1]，而早丧所天，为二兄所诱养，使其性行不随禄利以堕。今但贫耳，贫非人患，惟和为贵，汝其勉之！

【注 释】

[1] ［吾，楚国之小子耳］向朗为襄阳宜城人，襄阳古时属楚国。

【译 文】

天地和谐，万物就会生长；君臣协调，国家就会太平；九族和睦，动则可以得到需要的东西，静则可以得到安逸。所以圣人奉守和谐的思想，因为和则存，不和则亡。我本是楚国的平民百姓，从小丧父，靠二兄来抚养、教导，使我的品行不曾因为追求利禄而堕落。现在仅仅是贫穷罢了，但贫穷并不是人世的灾难，只有和睦才是最宝贵的，你要努力做到才是。

（周晓薇）

陶渊明

与子俨等疏

【作者简介】

　　陶渊明（365—427），东晋诗人，一名潜，字元亮，私谥靖节，浔阳柴桑（今江西九江）人。出身于破落仕宦家庭，曾任江州祭酒、镇军参军、彭泽令等职，后因不满现实而去职归隐。诗文辞赋均工。诗多描绘自然景物和田园风光，其中隐寓着他对腐朽当权者的憎恶和不愿同流合污的精神，但亦有"人生无常"、"乐天安命"等消极思想；也有一些寄托抱负、颇多愤激的"金刚怒目"式的诗作。他的诗平淡爽朗，质朴自然。散文以《桃花源记》最负盛名。他的作品经后人编辑，有《陶渊明集》。

【内容提要】

　　陶潜一生淡泊名利，隐居躬耕，以致常常为饥寒所迫，但其高节不变，虽死不悔。本文是他自感将不久于世而写给子女们的一封语重心长的家信。他首先回顾了自己一生的志趣和人生态度，说明自己清白自守的一生；后半部分训诫子女要和睦相处，应以先贤为范，慎重治家。

【原　　文】

告俨、俟、份、佚、佟：

　　天地赋命①，生必有死。自古圣贤，谁独能免？子夏②有言曰："死生有命，富贵在天。"四友③之人，亲受音旨。发斯谈者，岂非穷达不可妄求，寿夭永无外请④故耶？

　　吾年过五十，少而穷苦，每以家弊，东西游走。性刚才拙，与物多忤⑤。自量为己，必贻俗患。黾勉⑥辞世，使汝等幼而饥寒。余尝感孺仲贤妻之言⑦，败絮自拥，何惭儿子？此既一事矣。

但恨邻靡二仲⑧，室无莱妇⑨，抱兹苦心，良独内愧。少学琴书，偶爱闲静，开卷有得，便欣然忘食。见树木交荫，时鸟变声，亦复欢然有喜。常言：五六月中，北窗下卧，遇凉风暂至，自谓羲皇上人⑩。意浅识罕，谓斯言可保；日月遂往，机巧好疏⑪。缅求⑫在昔，眇然如何！疾患以来，渐就衰损。亲旧不遗，每以药石见救，自恐大分⑬将有限也。

汝辈稚小家贫，每役柴米之劳，何时可免？念之在心，若何可言！然汝等虽不同生，当思四海皆兄弟之义。鲍叔、管仲，分财无猜⑭；归生、伍举，班荆道旧⑮。遂能以败为成⑯，因丧立功⑰。他人尚尔，况同父之人哉！

颖川韩元长，汉末名士。身外卿佐，八十而终。兄弟同居，至于没齿⑱。济北氾稚春⑲，晋时操行人也。七世同财，家人无怨色。《诗》曰："高山仰止，景行行止⑳。"虽不能尔，至心尚之㉑。汝其慎哉！吾复何言。

【注　释】

① ［赋命］给予人以生命。

② ［子夏］孔子学生，姓卜名商。

③ ［四友］孔子四友，颜回、子贡、子张、子路。

④ ［外请］额外请求。

⑤ ［忤（wǔ）］违反、抵触。

⑥ ［黾（mǐn）勉］勉力。

⑦ ［孺仲贤妻之言］孺仲，即王霸，后汉人。《列女传》：霸，少立高节，光武时连征不仕，与同郡令狐子伯为友。后子伯为楚相，其子为功曹。子伯遣子奉书于霸，客去而久卧不起。妻怪问其故，曰："向见令狐子容服甚光，举措有适，而我儿蓬发历齿，未知礼则，见容而有愧色。父子恩深，不觉自失耳。"妻曰："君少修清节，不顾荣辱，今子伯之贵，孰与君之高？君躬勤苦，子女安得不耕以养？既耕安得不黄头历齿？奈何忘宿志而惭儿女乎？"霸屈（崛）而起，笑曰："有是哉！"遂共终身隐遁。

⑧ ［二仲］指求仲、羊仲，蒋元卿杜门却客、家有三径，唯二仲与之游。

⑨ ［莱妇］老莱子之妇。《列女传》：楚老莱子逃世耕于蒙山之阳，王使人聘以璧帛。妻曰："妾闻之，可食以酒肉者，可随以鞭箠；可受以官禄者，可随以斧钺。今先生食人之酒肉，受人之官禄，此皆人之所制也。居乱世而为人所制，能免于患

乎?"老莱子遂随其妻至于江南而止。

⑩[羲皇上人] 伏羲时代以前的人。

⑪[好疏] 甚少。

⑫[缅求] 远求。

⑬[大分] 大数,生死的运数。

⑭["鲍叔、管仲"二句]《史记·管晏列传》:管仲曰:"吾始困时,尝与鲍叔贾,分财利,多自与,鲍叔不以我为贪,知我贫也。"

⑮["归生、伍举"二句]《左传》襄公二十六年载:楚伍举与归生友善,后伍举因罪奔晋为官,归生为使臣适晋,与伍举遇于郑国郊外,坐在一起吃饭,重温旧好。归生返楚,说楚材多为晋用,于国不利,楚令尹子木准召伍举回晋。道旧:叙说旧好。

⑯[以败为成] 指管仲被俘本来失败了,但因鲍叔推荐而做齐相,成了大业。

⑰[因丧立功] 指伍举出来,本为失败,但因归生推举,而能协助公子围继承王位,立下功劳。

⑱[没齿] 指年老。

⑲[氾(Fán)稚春] 名毓,西晋人。《晋书》有传。

⑳["高山"二句] 见《诗经·小雅》。仰:瞻望;景行:大道;行止:行走;止:助词。

㉑[至心尚之] 诚心地尊崇他们。

【译　文】

告诫陶俨、陶俟、陶份、陶佚、陶佟诸儿:

天地给予人以生命,有生必有死。自古以来的圣贤们,哪一个能够逃避这个规律呢?子夏说:"生死有命,富贵在天。"孔子四友,亲自受到这种教诲。发表这种评论,难道不是说困窘与通达不可妄求,长寿还是夭折永远不可额外索求吗?

我现在已经五十多岁了,自小便困窘受苦,常因家庭衰微,而东走西游。性情刚直而才学愚拙,与世事多有抵触。自己思度自己,将来会留后患。所以勉力辞世隐遁,使你们自幼便受饥寒所迫。我尝有感于王霸那贤惠妻子的话,自己还过着破被盖身的穷苦生活,也就不因儿子过着苦日子而感到惭愧了。这已经成了过去的事了。

我只遗憾自己没有像二仲那样逃名隐遁的邻居,没有像老莱子妻子那样劝我忘名忘利的妻室。独自抱有隐遁忘世的苦心，实在觉得内心有愧。我很小就学习抚琴读书，偏爱闲静，读书有所收获，就欣欣然而忘记吃饭。看见树木交错，繁枝成荫，四季鸟声交替鸣响，也欢呼高兴，喜形于色。常常说：五六月的时候，在北窗底下高卧，遇到刚好来的凉风，自己便以为自己是上古之民了。我孤陋寡闻，以为这句话可以保持自励。岁月流逝，我的机心巧思却一直很少，过去孜孜追求的，现在却茫然不知如何。自从生病以来，渐渐走向衰弱，亲朋故旧，没有嫌弃我，常常送药来医治我，但我觉得自己将不久于世了。

你们从小就生活在贫寒之家，被柴米之劳所驱使，什么时候才是个尽头呢？我挂念在心，又有什么可说的呢？你们兄弟虽然不是同母所生，但应该明白"四海之内皆兄弟"这句话的含义，管仲和鲍叔分财利而不猜忌，归生和伍举相遇道中而重叙旧好，于是他们都反败为胜，因失立功。外人都能如此，何况你们是同父兄弟呢？

颖川韩元长，是汉末名士，身居卿相，八十岁而死。他与兄弟同居一室，一直到死。济北汜稚春，是晋代有操行的人，他家七世同财，家人都没有怨色。《诗经》说："道德高尚的人让人像仰望高山一样去效法他；道德高尚的人行为光明正大，让人像沿着宽大的路走而不能改变一样去追随他。"虽然不能像以上这些名士那样，也应诚心地尊崇他们。你们如能慎重行事，我还有什么可说的呢？

（储兆文）

徐 勉

为书诫子崧

【作者简介】

徐勉（466—535），字修仁。东海郯（tán，今山东郯城）人。萧衍掌书记，梁朝朝章仪制，皆参与其议。为官清廉，家无蓄积。自称遗子以清白。《梁书》《南史》有其传。

【内容提要】

古往今来，诸多做父母的遗留给子孙的往往是多多益善的物质财富。实际上，这不是爱子，而是害子，容易使子孙滋长奢侈依赖心理，从而丧失独立创业的勇气和能力。徐勉清醒地意识到，作为一个合格的父亲和长辈，给子孙留下的不应是物质财富，而应是光辉的人格风范。

【原　文】

吾家世清廉，故常居贫素，至于产业之事，所未尝言，非直①不经营而已。薄躬遭逢②，遂至今日，尊官厚禄，可谓备之，每念叨窃若斯③，岂由才致？仰藉先代风范及以福庆④，故臻此耳⑤。古人所谓"以清白遗子孙，不亦厚乎？"⑥又云："遗子黄金满籝，不如一经。"⑦详求此言，信非徒语。吾虽不敏，实有本志，庶得尊奉斯义，不敢坠失。

【注　释】

① ［直］只。

② ［薄躬遭逢］自身卑微的际遇。［薄］卑微。［躬］自身。

③ ［窃］窃取，得到。

④ ［仰藉］依靠。［风范］教化榜样。

⑤ ［臻（zhēn）］至，达到。

⑥ 此为杨震语，见《后汉书·韦贤传》。

⑦ 此为韦贤语，见《汉书·韦贤传》。[籝（yíng）]箱。

【译　文】

　　我家世代都很清廉，因此常常过着清贫朴素的生活。至于产业的事情，不但从来没有营求过，也从未谈起过。自身卑微的辛苦际遇，一直到了今天，尊贵的官职与丰厚的俸禄，可以说是都有了，每每想到叨光得到这些，哪里是由于自己的才能呢？那是依靠先代的风范榜样和福运的降临，才有今天的。古人所说"将清白遗留给子孙，不也是很丰厚的礼物吗？"又说："留给子孙满箱黄金，不如教会子孙一本经书。"认真咀嚼这些话，确实不是虚妄之词。虽然我不聪慧，但确实有这样的志向，只有遵照这些教诲从事，从不敢有所失误。

（周晓薇）

颜之推

颜 氏 家 训 （节录）

【作者简介】

  颜之推（531—590），字介，琅琊临沂（今属山东）人。北齐文学家。初仕梁元帝为散骑侍郎。后江陵为西魏军所破，投奔北齐，官至黄门侍郎。齐亡入周，为御史上士。隋开皇中，太子召为学士。以疾卒，代表作为《颜氏家训》。

【内容提要】

  《颜氏家训》体制宏大，共有七卷，分为二十类。涉及教子内容、方法、治家原则诸多方面。每类先序总意，后列举事实加以说明。内容赡博，是隋代之前教子学的集大成著作。本书援古论今，说服力强。从南北文化对比的角度来教育子女"慎于去取"为本书一大特色。本书在历史上产生了巨大而深远的影响，被前人誉为"篇篇药石，言言龟鉴"。

兄 弟 篇

亲 密 伴 侣

【内容提要】

  兄弟是人生中亲密的伙伴。他们年幼时一起依偎在父母的身边，童年时共读于书桌旁，长大成人后又同游天下。在漫漫人生旅途中，最难得的是无论处于什么条件下，都爱惜这份珍贵的骨肉之情。

【原　文】

夫有人民①而后有夫妇，有夫妇而后有父子，有父子而后有兄弟：一家之亲，由三而已矣。自兹②以往，至于九族③，皆本于三亲焉，故于人伦为重者也，不可不笃。兄弟者，分形连气④之人也，方其幼也，父母左提右携⑤，前襟⑥后裾，食则同案，衣则传服⑦，学则连业，游则共方，虽有悖乱⑧之人，不能不相爱也。及其壮也，各妻其妻，各子其子，虽有笃厚之人，不能不少衰⑨也。娣姒⑩之比兄弟，则疏薄⑪矣；今使疏薄之人，而节量⑫亲厚之恩，犹方底之于圆盖⑬，必不合矣。惟友悌⑭深至，不为旁人⑮之所移者，免⑯矣！

【注　释】

① 〔人民〕此指人类。

② 〔兹〕即夫妇、父子、兄弟三亲。

③ 〔九族〕一指古时同姓亲族，即从自己算起，上至高祖，下至玄孙，共九族。一指异姓亲族，即父族四、母族三、妻族二。

④ 〔分形连气〕形体不同，但感情相通，息息与共。

⑤ 〔携〕通"挈"，拉着。

⑥ 〔前襟〕兄前挽父母的前襟。后裾：弟后牵父母的衣袖。

⑦ 〔传服〕大孩子不能穿的衣服，留给小孩子穿。

⑧ 〔悖乱〕惑乱，不明事理而作乱。

⑨ 〔少衰〕感情衰退减弱。

⑩ 〔娣姒（dì sì）〕妯娌。兄弟之妻互称，兄妻为姒，弟妻为娣。

⑪ 〔疏薄〕疏远淡薄。

⑫ 〔节量〕度量。

⑬ 〔方底圆盖〕形容两种完全不同的类型。

⑭ 〔友悌〕这里指兄弟间友爱尊重，感情深厚。

⑮ 〔旁人〕此指妻子。

⑯ 〔免〕通"勉"，努力。

【译　文】

有人类然后有夫妇，有夫妇然后有父子，有父子然后有兄弟：一家之中的亲人，就是这三类。以一个家庭为例，推广开去，直至父族、母族、妻族，都是以夫妇、父子、兄弟三类亲人为基础的。兄弟，本是身体不同但感情相通、休戚相关的骨肉。当他们年幼时，父母亲左拉右牵，前引后扶。兄弟在同一桌上吃饭，先后穿同一件衣服，一起读书，一起出游，即使是不明事理的人，也不能不相互爱护尊敬。等他们长大了，各自娶妻成家，各自抚养子女，即使是性情忠厚的人，兄弟友情也不能不有所减弱。娌妯与兄弟相比，感情要疏远淡薄得多。有的人以娌妯之情来衡量兄弟之间深厚的感情，这就像是在方底器物上盖圆盖一样，必然会不合适。只有那些情感深厚且不因为娶妻而有所改变的兄弟，才是应该赞扬和鼓励的。

相 互 谅 解

【内容提要】

兄弟之间难免会有摩擦，怎样处理呢？当然应该从骨肉深情出发。相互沟通，不要把责怪积聚在心里，明争暗斗。文中塞洞补隙的妙喻，耐人寻味。

【原　文】

二亲既殁①，兄弟相顾②，当如形之与影，声之与响③。爱先人之遗体④，惜己身之分气⑤，非兄弟何念哉？兄弟之际，异于他人，望深则易怨⑥，地亲则易弭⑦。譬犹居室，一穴则塞之，一隙则涂之，则无颓毁之虑；如雀鼠之不恤⑧，风雨之不防，壁陷楹⑨沦，无可救矣。

【注　释】

① [二亲] 双亲。[殁] 逝世。
② [相顾] 相看，相互关照。
③ [响] 回音。
④ [先人之遗体] 意即儿女们是前辈留下的身体。

⑤〔分气〕意即兄弟是同气异体之人。

⑥〔望〕期望。此句意为期望过高而不能满足，则易怨。

⑦〔地亲〕相距很近。〔弭〕消除怨恨。

⑧〔卹〕通"恤"，忧虑。

⑨〔楹（yíng）〕房柱。

【译　文】

　　父母双亲死后，兄弟之间要倍加亲密，相互关照，就像影子不离身体，回音总伴着声响一样。兄弟是父母形体的延续，是同气异形的亲人，如果他们不相互爱护、相互同情，那还有谁来关怀他们呢？兄弟之间，不同于别人，期望过高而不能满足的话，容易产生怨恨；但如果相距很近，多加解释，怨恨也容易消除。比如房屋，有一个小洞便将它堵住，有一点裂缝即将它糊好，那么房子就不会颓坏倒塌。但如果不理睬屋上的雀巢、墙边的鼠洞，不提防风雨对墙壁和房柱的浸蚀，到时候墙塌柱倒，房子也就彻底毁了。

尊 兄 爱 弟

【内容提要】

　　兄弟相处，贵在友爱。但有的人能广交天下之士，却不尊敬自己的兄长；有的人能统帅千军万马，却不爱护自己的弟弟，以致兄弟不和，家风败坏，这是为什么呢？颜之推把这个硕大的问号，留给了后世无数的读者。

【原　文】

　　兄弟不睦，则子侄不爱；子侄不爱，则群从①疏薄；群从疏薄，则童仆为仇敌矣。如此，则行路皆踏其面而蹈其心②，谁救之哉？人或③交天下之士，皆有欢爱，而失敬于兄者，何其能多而不能少也④？人或将⑤数万之师，得其死力⑥，而失恩于弟者，何其能疏⑦而不能亲也？

【注　释】

① [群从] 族中子弟。

② [行路] 路人，陌生人。[蹋 (jí)] 践踏。[蹈] 踏。

③ [或] 有的。

④ [能多] 能对众多的人施加礼遇。[不能少] 不能尊敬自己为数甚少的兄弟。

⑤ [将] 统领。

⑥ [死力] 拼死为自己效力。

⑦ [能疏] 能对疏远的人施恩。

【译　文】

兄弟不和睦，子侄们就不友爱；子侄们不友爱，族人关系就疏远淡薄；族人关系疏淡，他们的书童奴仆们也会像仇敌一样。这样下去，即使有陌生人殴打他，踩他的头、踢他的胸，又有谁救他呢？有的人能结交天下之士，与他们都友好尊重，却不能尊敬自己的兄长。他对众人如此友好，但对人生少有的兄弟为什么如此无礼呢？有的人能统帅数万军队，广施恩德，让士兵们为自己拼死卖命，却不能对自己的弟弟加以爱护。对疏远的人那么仁厚，对自己的亲人却为什么如此冷漠呢？

无 私 无 争

【内容提要】

妯娌是兄弟家庭生活的重要参与者。她们的不和往往是家庭争斗的导火索，所以兄弟之间，切不可各怀私心，争斗不休。

【原　文】

妯娌者，多争之地也。使骨肉①居之，亦不若各归四海，感霜露②而相思，伫日月③之相望也。况以行路之人，处多争之地，能无间④者，鲜矣⑤。所以然者，以其当⑥公务而执私情，处重责而怀薄义也。若能恕己⑦而行，换子而抚，则此患不生矣。

【注　释】

① [骨肉] 即兄弟。

② [感霜露] 有感于霜降露生，岁月流逝。

③ [伫日月] 久久站立，望着日月。

④ [间] 参与。

⑤ [鲜] 少。

⑥ [当] 面对，遇到。

⑦ [恕己] 使自己心地宽厚。

【译　文】

姒娌之间，是纠纷争斗最多的地方。让骨肉兄弟居处在她们的纷争之中，还不如让他们各居一方，一年一年，感叹霜降露生，痛惜岁月的流逝，相互思念，眼望日月，久久伫立，寄托纯真的情怀。即使是一个陌生的人，让他置身于喜欢争斗的姒娌之间，也很少有不参与进去的。其所以如此，是因为他们面对公共事务时各怀私情，处理重大问题时各怀浅薄之心。如果办事时心地宽厚，对兄弟的孩子就像对自己的孩子一样关爱，那么姒娌之间也就没有争斗而和睦相处了。

治　家　篇

家　风　淳　厚

【内容提要】

家庭是社会的细胞，家风在一定程度上也是社会文明的体现。社会风教是自上而下、有先后顺序的，家庭中，长者、尊者的表率作用不容低估。但仅有表率作用也是不够的，将家庭的诱导与法制的威慑结合起来，是纯化家风的重要手段。

【原　　文】

夫风化①者，自上而行于下者也，自先而施于后者也，是以父不慈则子不孝，兄不友则弟不恭，夫不义则妇不顺②矣。父慈而子逆③，兄友而弟傲，夫义而妇陵④，则天下之凶民，乃刑戮之所摄⑤，非训导之所移也⑥。

【注　　释】

①［风化］风俗教化。

②［义］礼义。［顺］和顺，温厚。

③［逆］不孝顺。

④［陵］凶暴。

⑤［刑戮］刑罚或杀戮。［摄］威慑。

⑥［训导］教训诱导。［移］改变。

【译　　文】

家庭的风俗教化，是自上行到下，从先辈施行到后辈的，所以，父亲不慈则儿子不孝，兄长不友爱则弟弟不恭敬，丈夫不守礼则妻子不和顺。如果父亲慈爱而儿子不孝顺，兄长友爱而弟弟傲慢，丈夫守礼而妻子凶暴，那就是天下的恶人，应用刑罚和杀戮去威慑他们，而不是单纯的教育诱导所能改变的。

奖 罚 分 明

【内容提要】

治家如治国，国家需要法制，家庭也需要奖罚。奖罚分明，既可鞭挞顽逆，又可树立正气，使孩子有规可循，有德可依。

【原　文】

　　笞怒废于家①，则竖子之过立见②；刑罚不中③，则民无所措手足④。治家之宽猛⑤，亦犹国焉。

【注　释】

　　①［笞怒］鞭挞和发怒。［废］废弃。

　　②［竖子］未成年的孩子。［过］过错。［立］马上。［见］通"现"，显露。

　　③［不中］用得不当。

　　④［无所措手足］不知道该怎样行动。

　　⑤［宽猛］宽厚和严厉。

【译　文】

　　家庭中不用鞭挞和怒呵，小孩子的过错马上就显露出来；刑罚若用得不当，人民也就不知所措。治家的宽厚和严厉，就像治国一样，要有一定的限度。

勤 劳 为 本

【内容提要】

　　劳动是人类生存的基础，治家亦应以勤劳为本。自耕自给的小农生活固然不足取，但它却让人从汗水中品尝到人生的真趣。无论生长在怎样的环境中，以什么方式生存，勤劳都应是教子的必不可少的内容。

【原　文】

　　生民①之本，要当稼穑②而食，桑麻③以衣。蔬果之畜④，园场之所产；鸡豚之善⑤，坩圈⑥之所生。爰及⑦栋宇器械，樵苏脂烛⑧，莫非种植之物也。至能守其业者⑨，闭门而为生之具以足⑩，但家无盐井耳。今北土风俗，率能躬俭节用，以赡⑪衣食。江南奢侈，多不逮⑫焉。

【注　释】

① ［生民］教养人。

② ［稼穑］耕种和收获。

③ ［桑麻］名词动用，即种桑麻。

④ ［畜］通"蓄"，贮藏。

⑤ ［善］通"膳"，美味。

⑥ ［塒（shí）圈］鸡窝和猪圈。

⑦ ［爰及］以及。

⑧ ［樵（qiáo）］砍柴。［苏］割草。［脂烛］以羊牛之脂做蜡烛。

⑨ ［守业］保护家业。

⑩ ［为生］谋生，维持生计。［具］条件。

⑪ ［赡］丰富。

⑫ ［逮］比不上。

【译　文】

教养孩子的根本，要而言之，应该是亲自耕种、收获而得食，亲自种桑麻、学织布而得衣。丰富的蔬菜瓜果，产自菜园和果林；肥美的鸡和猪，生长在鸡窝和猪圈。甚至屋上的栋宇、室内的器物工具、烧火的柴草、照明的蜡烛，没有一样不是通过种植、养殖后而得到的。最能操持家业的人，足不出户，而谋生的条件都已具备，只是自家没有盐井罢了。如今北方人的风俗，大都能亲自劳作，俭节省用，使自己衣食丰盛。江南风俗大都奢侈，所以多不及北方淳厚。

宽 厚 待 人

【内容提要】

对家庭成员应该宽厚仁爱，原谅他人的过错，周济他人的困难。切不可贪得无厌，虐待家人；也不可吝啬守财、怠慢亲友。下面这四种人就如同四面镜子，照出了世间的百种情态。

【原　　文】

齐吏部侍郎房文烈①，未尝嗔怒②，经霖雨③绝粮，遣婢籴米④，因尔逃窜，三四许日，方复擒之。房徐⑤曰："举家⑥无食，汝何处来？"竟无捶挞。尝寄人宅⑦，奴婢彻屋为薪略尽⑧，闻之颦蹙⑨，卒无一言。

裴子野有疏亲故属饥寒不能自济者⑩，皆收养之。家素清贫，时逢水旱，二石米为薄粥⑪，仅得遍⑫焉，躬自⑬同之，常无厌色。

邺下有一领军⑭，贪积已甚，家童八百，誓满一千。朝夕肴膳⑮，以十五钱为率⑯，遇有客旅⑰，更无以兼⑱。后坐事伏法⑲，籍⑳其家产，麻鞋一层，弊衣数库，其余财宝，不可胜言。

南阳㉑有人，为生奥博㉒，性殊㉓俭吝。冬至后女婿谒㉔之，乃设一铜瓯酒㉕，数脔獐肉㉖。婿恨其单㉗，率一举㉘尽之。主人愕然，俛仰命益㉙，如此者再㉚。退而责其女曰："某郎好酒，故汝尝贫。"及其死后，诸子争财，兄遂杀弟。

【注　　释】

① ［房文烈］北齐人，官至司徒左长史。性情温厚。

② ［未尝］从没有。［嗔怒］发脾气，发怒。

③ ［霖雨］大雨绵绵。雨连续下三天称霖。

④ ［籴（dí）米］买米。

⑤ ［徐］慢慢地。

⑥ ［举家］全家。

⑦ ［寄人宅］把房屋让给别人住。

⑧ ［彻屋］拆掉房屋。［略尽］将尽。

⑨ ［颦蹙（pín cù）］皱眉。

⑩ ［裴子野］字几原，梁武帝时为著作郎、中书侍郎。《南史》本传载：裴子野性情笃厚，最孝敬，给父亲服孝期间，每到父坟前，四周草木都为之枯死，并有白兔白鸠，驯化似地围在他身边。对亲戚不论疏亲，凡有贫乏，都给予周济，结果妻子和儿女们经常处于饥寒之中。

⑪ ［薄粥］很清的稀饭。

⑫ [遍] 让每人都吃到。

⑬ [躬自] 亲自。

⑭ [邺下] 即邺城，北齐建都于此，即今河南临漳县。[领军] 武官名，全称为领军将军。《北齐书·慕容俨传》载：当时有一叫厍狄伏连的领军，为人刁狠，专事聚敛。一家数百口每天只给两升米，不配给盐菜，使家人常有饥色。冬天，妻子偶尔用喂马的黄豆做豆饼吃，也要将妻子和马官毒打一顿。后来因同琅琊王慕容俨一起杀死当朝宰相，被处死。其财产全部充公，仅绢就有二万匹，余不可胜计。颜之推所说的就是此人。

⑮ [肴膳] 饮食。

⑯ [率] 标准。

⑰ [客旅] 客人。

⑱ [兼] 增加。

⑲ [坐事] 因罪犯法。[伏法] 被处死。

⑳ [籍] 没收入官。

㉑ [南阳] 今河南南阳市。

㉒ [为生] 营生。[奥博] 深奥而且广博，此指富裕。

㉓ [殊] 特别。

㉔ [谒] 拜见。

㉕ [乃] 竟。[设] 准备。[铜瓯（ōu）] 铜制的酒壶。

㉖ [胔（luán）] 割碎的肉。[獐] 鹿科动物，似鹿，但比鹿小，无角。

㉗ [单] 简单。

㉘ [一举] 一下子。

㉙ [俛仰] 不停地点头赔笑。[俛] 通"俯"。[益] 添酒加菜。

㉚ [如此者再] 再次一举而尽。

【译　文】

北齐吏部侍郎房文烈，生性温厚，从不发怒。有一次连续几天下雨，家中断粮，便派一婢女去买米，但她却趁机逃走，大约三四天后才被抓回来。房文烈慢慢地问她："全家都没粮吃，你到哪里去了？"竟然没有抽打她。房文烈曾把房子借给别人住，奴婢们把房屋拆了当柴烧，所存无几，他听后只是皱皱眉，最终没说一句话。

南朝梁裴子野也是位性情宽厚之人，无论是亲近的还是疏远的亲戚朋友，只要他们饥寒交迫，不能自济，他都收养他们。他家里本来就清贫，当时遇到水灾和旱灾，用二石米煮成稀饭，勉强让每人都能吃到一点。他自己也与众人一样，忍饥挨饿，但没有一点厌恶的表情。

邺下有位领军将军，极为贪婪，积聚了很多家财，家中已有童仆八百，发誓要增加到一千。但他给每人早晚的饮食只以十五钱为标准，遇上来客，也不增加饭菜。后因犯法而被处死，没收他的家产，才发现他家中麻鞋有一屋，旧衣服有数库，其余的财宝多得无法统计。

南阳有一人，家境富裕，但特别吝啬。一年冬至后，他女婿来拜见他，他便拿出一小铜壶酒，几块碎小的獐肉。女婿怪他对自己冷淡，便一下子将酒菜吞了下去。他感到十分吃惊，急忙点头赔笑，又让添了一小壶酒、几块碎肉，女婿又一下子吃喝完了。退席出来，他责怪女儿说："你丈夫好饮酒，所以你们总是贫穷。"等他死后，几个儿子争夺财产，兄长还杀死了弟弟。

爱护女孩

【内容提要】

宇宙自然，有阴有阳；芸芸人类，岂能有男无女？女孩同样是父母身体的遗传，她有何罪？不幸的是，在男尊女卑封建观念的毒害下，多少女孩失去了生存的权力，多少母亲哭干了伤心的眼泪！

【原　　文】

太公曰："养女太多，一费①也。"陈蕃②曰："盗不过③五女之门。"女之为累④，亦以深矣。然天生烝民⑤，先人传体⑥，其如之何⑦？世人多不举⑧女，贼行骨肉⑨，岂当如此，而望福于天乎⑩？吾有疏亲，家饶⑪妓媵，诞育将及⑫，便遣阉竖⑬守之。体有不安，窥窗倚户，若生女者，辄⑭持将去。母随号泣，莫敢救之，使不忍闻也。

【注　　释】

①［费］花费财产，浪费。

② [陈蕃] 字仲举，东汉人。

③ [过] 光顾。

④ [累] 负担。

⑤ [烝民] 众人，百姓。

⑥ [先人传体] 意即人是先辈形体的延续。

⑦ [如之何] 有什么办法呢？

⑧ [举] 养育。

⑨ [贼行骨肉] 像强盗一样对待自己的亲骨肉。

⑩ [望福] 求上天赐福。

⑪ [饶] 多。

⑫ [诞育] 分娩。[将及] 将近。

⑬ [阍竖] 看门人。

⑭ [辄] 即时，马上。

【译　文】

太公说："养女太多，只会破费财产。"陈蕃说："盗贼都不光顾养有五个女儿的人家。"女孩被当成很重的负担，这种积习确实太深了。然而，女孩也是天生之人，也是祖先身体的续传，有什么办法改变呢？世人多不愿养育女孩，像强盗一样无情地对待自己的骨肉，难道这样的做法还能求福于上天吗？我有一个远房亲戚，家中有很多姬妾，等她们快要临产时，便派人看守。孕妇体内有动静，即将分娩时，就从窗户观看，等在门边，如果生的是女孩，马上就抱起来送走。母亲随即在其身后大声哭喊，却没人敢救下女婴，令人不忍心听。

媳 婿 平 等

【内容提要】

女婿和儿媳，都是加入到家庭中的新成员，地位是平等的。然而人世间有些妇女总宠爱女婿而虐待儿媳，原因何在？作者勾画了女人由少女——媳妇——婆婆的心理变化，巧妙地回答了这个问题。

【原　文】

　　妇人之性①，率宠子婿而虐儿妇。宠婿，则兄弟之怨生焉。虐妇，则姊妹之谗行焉。然则女之行留②，皆得罪于其家者，母实为之。至有③谚云："落索阿姑餐④。"此其相报⑤也。家之常弊，可不诫哉！

【注　释】

　　①［性］本性，天性。
　　②［行］此指喜欢谗害他人的行为。［留］保留。
　　③［至有］至于。
　　④［落索］冷落萧索。［阿姑］媳妇对婆母的称谓。
　　⑤［相报］相互报应。

【译　文】

　　女人的天性大都宠爱女婿而虐待儿媳。宠爱女婿，则兄弟之间怨恨时起；虐待儿媳，则姊妹之间谗言不断。女人谗佞之性使她得罪全家，其根源完全在于做母亲的不会处理女婿和媳妇的位置关系。所以民间有谚语说："阿婆吃饭，冷冷清清。"这就是儿媳对婆母的报复。宠婿和虐媳，这是家庭常见的弊端，不可不引以为戒！

（傅绍良）

司马光

训 俭 示 康

【作者简介】

司马光（1019—1086），字君实，陕西夏县（今属山西）人。宝元进士，仁宗末任天章图阁待制兼侍讲知谏院。神宗时，极力反对王安石变法。熙宁三年知永兴军（今陕西西安），次年退居洛阳著书。哲宗即位诏入朝，废新法，为相八个月病死，追封温国公。主编《资治通鉴》，有《司马文正公集》《稽古集》等。

【内容提要】

本文是司马光教育儿子勤俭节约的家训。作者通过历史上大量以节俭朴素为美德的事例，以及因生活奢侈豪华而最终导致家业败落的例子，教育儿子不但要自身履行俭朴，还应教育子孙发扬俭朴的家风。

【原　文】

吾本寒家，世以清白相承。吾性不喜华靡。自为乳儿，长者加以金银华美之服①，辄羞赧弃去之。二十忝科名，闻喜宴独不戴花，同年曰："君赐不可违也。"乃簪一花。平生衣取蔽寒，食取充腹，亦不敢服垢敝以矫俗干名，但顺吾性而已。

众人皆以奢靡为荣，吾心独以俭素为美。人皆嗤吾固陋，吾不以为病，应之曰："孔子称：'与其不逊也宁固。'又曰：'以约失之者鲜矣。'又曰：'志士于道，而耻恶衣恶食者，未足与议也。'古人以俭为美德，今人乃以俭相诟病。嘻，异哉！"

近岁风俗，尤为侈靡。走卒类士服，农夫蹑丝履。吾记天圣中，先公②为群牧判官，客至未尝不置酒，或三行五行，多不过七行。酒沽于市，果止于梨、栗、枣、柿之类，肴止于脯、醢、菜羹，器用瓷、漆：当时士大夫家皆然，人不相非也。会数而礼勤，物薄而情厚。近日士大夫家，酒非内法，果肴非远方珍异，食非多品，器皿非满案，不敢会宾友。常数日营聚，然后敢发书。苟或不然，人争非之，以为鄙吝。故不随俗靡者，盖鲜也。嗟乎！风俗颓弊如是，居位者虽不能禁，忍助之乎！

又闻昔李文靖公③为相，治居第于封丘门④内，厅事前仅容旋马。或言其太隘，公笑曰："居第当传子孙，此为宰相厅事诚隘，为太祝、奉礼厅事已宽矣。"参政鲁公⑤为谏官，真宗遣使急召之，得于酒家。既入，问其所来，以实对。上曰："卿为清望官，奈何饮于酒肆？"对曰："臣家贫，客至无器皿肴果，故就酒家觞之。"上以无隐，益重之。张文节⑥为相，自奉养如为河阳掌书记时，所亲或规之曰："公今受俸不少，而自奉若此，公虽自奉若此，公虽自信清约，外人颇有公孙⑦布被之讥，公宜少从众。"公叹曰："吾今日之俸，虽举家锦衣玉食，何患不能？顾人之常情，由俭入奢易，由奢入俭难。吾今日俸岂能常有？身岂能常存？一旦异于今日，家人习奢已久，不能顿俭，必致失所。岂若吾居位、去位、身在、身亡，常如一日乎？"呜呼！大贤之深谋远虑，岂庸人所及哉。

御孙⑧曰："俭，德之共也；侈，恶之大也。"共，同也。言有德者，皆由俭来也。夫俭则寡欲。君子寡欲，则不役于物，可以直道而行；小人寡欲，则能谨身节用，远罪丰家。故曰："俭，德之共也。"侈则多欲。君子多欲，则贪慕富贵，枉道速祸；小人多欲，则多求妄用，败家丧身。是以居官必贿，居乡必盗。故曰："侈，恶之大也。"

昔正考父饘粥以糊口，孟僖子知其后必有达人⑨。季文子相三君⑩，妾不衣帛，马不食粟，君子以为忠。管仲镂簋朱纮，山楶藻棁，孔子鄙其小器⑪。公叔文子享卫灵公，史䲡知其及祸⑫，及戍⑬，果以富得罪出亡。何曾日食万钱，至孙以骄溢倾家⑭。石崇⑮以奢靡夸人，卒以此死东市。近世寇莱公⑯豪侈冠一时，然以功业大，人莫之非，子孙习其家风，今多穷困。其余以俭立名，以侈自败者多矣，不可遍数，聊举数人以训汝。汝非徒身当服行，当以训汝子孙，使知前辈风俗云。

【注　释】

①这一句中的"加"字，《司马文正公传家集》中作"如"，《温国文正司马公论文集》作"加"，今以后者为准。

②［先公］即司马光的父亲司马池，他在宋仁宗天圣中期由枢使曹利用奏为群

牧判官。

③［李文靖公］李沆（hàng），字太初，北宋真宗时的宰相，文靖是他的谥号。

④［封丘门］宋都东京开封外城北四门之一，详见宋孟云老撰《东京梦华录》卷一。

⑤［参政鲁公］鲁宗道，字贯之。北宋真宗时谏官，仁宗时拜右谏议大夫、参知政事。以刚正著称，死后谥肃简。详见《宋史》卷二八六，列传四十五《鲁宗道传》。

⑥［张文节］张知白，安用晦，北宋仁宗时任宰相，文节是他的谥号。详见《宋史》卷三一〇，列传六十九《张知白传》，同上版本第129册。

⑦［公孙］公孙弘，汉武帝的丞相，当时有个与公孙弘很要好的主爵都尉汲黯曾经批评他："位在三公，俸禄甚多，然为布被，此诈也。"说他的俭朴是假的，是为了欺骗人，详见《汉书》卷五十八《公孙弘传》，中华书局1962年版第9册。

⑧［御孙］春秋时期鲁国的大夫。《左传·庄公二十四年》记载："秋，丹桓宫之楹。二十四年春，刻其桷，皆非礼也，御孙谏曰：'臣闻之，俭，德之共也；侈，恶之大也。'"（楹：厅堂前部的柱子。桷：方形的椽子。）

⑨［正考父］孔子的祖先。［孟僖子］春秋时代鲁国的大夫。［饘（zhān）粥］粥类。《史记》卷四十七《孔子世家》载，孔子十七岁，鲁国大夫孟僖子重病将死，告诫其嗣子懿子说："孔丘，圣人之后，灭于宋。其祖弗父何始有宋而嗣让厉公。及正考父佐戴、武、宣公，三命兹益恭，故鼎铭云：'一命而偻，再命而伛，三命而俯，循墙而走，亦莫敢余侮。饘于是，粥于是，以糊余口。'其恭如是。吾闻圣人之后，虽不当世，必有达者。（鼎铭：指刻在考父庙铜鼎上的铭文。偻、伛（yǔ）、俯：曲腿、躬背、弯腰、俯伏，言恭贺之状。）

⑩［季文子相三君］季文子是春秋鲁大夫，曾事鲁宣公、鲁成公、鲁襄公三君，《史记》卷三十三《鲁周公世家》载：五年，季文子卒，家无衣帛之妾，厩无食粟之马，府无金玉，以相三君。君子曰："季文之廉忠矣。"详见《史记》，中华书局1959年版第5册。

⑪［管仲］春秋时期齐桓公之相，辅齐桓公霸诸侯，一匡天下。［镂（lòu）］雕刻。《左传·哀公元年》："器不雕镂。"当时人们以器皿上不雕刻为俭朴。［簋（guǐ）］古代青铜或陶制食器，盛行于商周时期。［纮（hóng）］古时冠冕上的纽带。由下巴挽上而系在古人用来插住挽起的头发或帽子的笄（jī）的两端。［楶（jié）］柱头的斗拱。［藻］古代帝王冕上系玉的五彩丝绳。［梲（zhuó）］梁上的短柱。《史记》卷六十二《管晏列传》："管仲富拟于公室，有三归反坫，齐人不以为侈。""管仲世所谓贤臣，然孔子小之。"《礼记·杂记下》："孙子曰：管仲镂簋而纮旅树而以

坫，山楶而藻棁，贤大夫也。而难为上也。"《论语·八佾》："子曰：'管仲之器小哉。'"坫（diàn），古代设于堂中两楹间的土台，低者供诸侯相会饮酒时置放空杯，高者放诸侯来会时所赠的玉圭等。从上诸书对管仲的评论者，孔子之所以认为管仲是小器，主要是因为管仲筑反坫，树塞门，有三个住处，每次聚会均奢侈得很；而且因官事见国君，不作揖，居功自傲，豪富奢极，不知圣贤之大道，不能正身修德。

⑫〔公叔文子〕指公叔发，春秋时卫国大夫。为人廉静，时称他不言不笑不取。〔卫灵公〕春秋时期卫国诸侯，在位四十二年，谥灵。〔史鳅〕字鱼，故亦称史鱼，春秋时期卫国大夫，卫灵公之臣，以直谏闻名。孔子说："直哉史鱼。"〔享〕用酒食款待人。《左传》记载："定公十三年。初，卫叔文子朝，而享灵公。退见史鳅而告之。史鳅曰：'子必祸矣。子富而君贪。罪其及子乎！'"

⑬〔戍〕即公叔成，公叔文之孙。

⑭〔何曾〕字颖考，早年当过三国魏明帝的给事黄门侍郎，参与司马昭废魏明帝之谋，晋武帝司马炎时任丞相、侍中，拜太尉、太傅，食邑一千八百户。史载他"食日万钱，犹曰'无下箸处'。"何曾子何劭，晋惠帝的太子太师、尚左仆射、司徒。"骄奢简贵。亦有父风。""食必尽四方珍异，一日之供以钱二万为限。"何曾另一子何遵（庶出）当过侍中、大鸿胪，胪"亦奢忲（tāi）"。何遵子何绥，位至侍中尚书，"自认为继世名贵，奢侈过度"。何遵另一子何机，邹平县令"性亦矜傲"。何遵第四子何羡，闻孤县令"既骄且吝，陵骂人物，乡间疾之如仇。"史载到晋怀帝"永嘉之末，何氏灭无遗焉。"详见《晋书》卷三十三列传第三《何曾传》，中华书局1974年版第4册。

⑮〔石崇〕字季伦，晋开国功臣石苞之子。晋惠帝时拜太仆、征虏将军、卫尉。史载石崇"财产丰积，室宇宏丽。后房百数，皆曳纨绣，珥金翠。丝竹尽当时之选，庖膳穷水陆之珍。与贵戚王恺、羊琇之徒以奢靡相尚。"各自夸耀自己的豪富，并以珍宝等相比。譬如有一次王恺以珊瑚树向石崇炫耀，石崇故意将其击碎。然后赔他更好的，让他知道自己有无数珍奇的珊瑚树，王恺只好服输。后来赵王司马伦专权，因不肯让一美姜给司马伦，而被司马伦的心腹孙秀以假诏收捕，死于东市，石崇母亲妻儿大小十五人皆被害死。石崇死时五十二岁。详见《晋书》卷三十三《石苞传》，中华书局1974年版第4册。

⑯〔寇莱公〕指寇准，字平仲，宋太宗时参政知事，真宗时当过宰相、兵部尚书、吏部尚书等大官，死后赠封莱国公，谥号为忠愍。见《宋史》卷二八一列传第四十《寇准传》，中华书局1977年版27册。

【译　文】

我本来出生在清寒的家庭，清白的家风世代相传。我的性格是不喜欢豪华奢侈的。小时候，大人给我穿装饰有金银的华美服装，我就觉得羞愧而不愿意穿。二十岁那年我考中进士，在皇帝恩赐的琼林宴上，独有我不愿意戴花。同科考中的人说："这是皇上的御赐，是不可以违背的。"我才勉强戴了一枝。平日，我穿的只要能够御寒，饮食只要能够吃饱就够了。当然，也不穿破旧肮脏的衣服，以显得与众不同，沽名钓誉。只是顺应我的性格罢了。

现在，许多人都以奢侈浪费为荣，我心中却独独认为节俭朴素才算美。许多人都笑我寒碜，我却不认为这是我的缺点。我回答他们说："孔子讲过：'与其骄奢不逊，不如固陋，不通达。'又说：'一个人因为俭朴节约而导致过失的事是很少的。'还说：'读书人有志于追求真理，却又以穿旧衣吃粗粮为耻辱者，是不值得和他谈学问的。'古人以俭朴为美德，现在的人都以俭朴为耻辱和弊病，嘻！这真是怪事啊！"

近年来，社会上的风俗更加奢侈了。差役走卒们穿着和读书人一样的服装，耕植农夫也穿起丝类纺织的鞋子。我记得仁宗天圣中期先父当群牧判官的时候，家中来了客不是不备酒菜，但劝酒只三次五次，最多不过七次就算了。酒是从街上买来的，果品不过梨、栗、枣、柿之类，下酒的菜不过是干肉、肉酱、菜羹，盛酒菜的食具也只是瓷器漆器。当时士大夫家都是这样做的，并没有人认为这样做不好。当时，亲友间经常相会，礼仪很勤，花费不多，情意却深厚。可是，现在的士大夫家，如果没有按皇宫中的办法酿造的酒，没有从远方采购来的珍异果菜，没有多种多样的食品，没有满桌的华贵餐具，是不敢招待宾客的。常常要经过许多日子的筹办，聚集了所需的珍贵物品，才敢发请帖。所以，能够不跟着这种风气跑而坚持走正道的人，实在很少。啊！风俗败坏到这种程度，我们当官的虽然禁不了它，难道还能忍心去助长它吗？

我又听说过去文靖公李沆当宰相，把家宅造在封丘门内，厅堂前面只有容马儿旋转的地方。有人说这个地方太狭窄了，李公就笑着说："住宅是要传给子孙后代的，这个地方作为宰相办事的厅堂确实是狭窄的，但是作为掌管祭祀祈祷的太祝和掌管礼仪的官员议事厅所，已经很宽敞了。"参知政事鲁宗道公当谏官时，有一次宋真宗派人来紧急召他进宫。使者在酒家里找到他。到了宫内，真宗问他从何处来，鲁公就把从酒家来的实情告诉皇上。皇上问："爱卿是清廉而有名望的官吏，怎么竟在酒家中饮酒呢？"鲁公回答说："臣家中贫寒，客人来了没有器皿装菜肴果品，所以才到酒家中饮酒招待。"真宗因为鲁公不隐瞒事实真相，就更加重用他。文节公张知白当了宰相后，他的生活水平仍然保持在河阳当书记时那样。亲戚朋友中有人劝他说："阁下如今所受朝廷俸禄不少了，然而给自己定的生活标准却这样低，你自信这样做是清廉俭约，可是外面却有人笑你是'公孙布被'，阁下应该顺从众人的做法才是啊！"文公叹道："以我今天的俸禄收入，就是全家锦衣玉食，又何尝不能做到？然而想想人之常情总是由俭入奢容易，由奢入俭困难。我今天这么多的收入，怎么可能经常保持？我这个人怎么可能永远生存于世？如果有那么一天，地位和收入不如今天了，而家中老少却早已过惯了奢侈生活，就不可能立即做到勤俭度日，必然会出事。因此，无论我在位不在位，活着或者死了，总是坚持一样的生活标准不更好吗？"啊！你看，这些贤人是多么深谋远虑呀，他们的见识哪里是庸人们能够与之相比的哩。

御孙说："俭，德之共也；侈，恶之大也。"共，就是相通，是讲有优良的道德品质的人，是由俭朴、恭俭做基础的。一个人生活俭朴，就不会有过多的欲求。君子个人欲望少，就不会被物质所奴役，就可以沿着正直的道路行事；普通人欲望少，就能谨慎小心，节约开支，避免犯罪，富裕家室。所以说，俭和德是相通的。一个人生活奢侈，必然会有许多过分的个人欲望。君子有过多的个人欲望，就会贪图富贵，走上邪路，加速招来灾祸；普通人有过多的个人欲望，就会贪得无厌，妄吃滥用，以致丧身败家。这样的人当了官必受贿赂，为平民必偷盗。所以说，奢侈是最大的恶习。以前，春秋时的正考父以粥糊口，鲁国大夫孟僖子说他的后代中必定会有贤达的人。鲁国大夫季文子曾为三个国君的相，然而妻妾没有一件绢帛料子的贵重衣服，家中的马儿不以粮食为饲料，所以国君认为他是廉忠的人。管仲当齐桓公的相，自恃功高，使用雕刻过的食器，冠冕上三系红色的纽带，山门柱头有斗拱，梁上的短柱上也系上五彩丝绳，孔子很鄙视他，说他不堪大用。卫国大夫公孙文子用酒招待灵公，大夫史鰌认为公叔文子将要祸及他儿子。（公叔文子死后）到公叔戌时，其果然因为豪富获罪出逃。晋朝太尉何曾每天饮食要花一万钱，到了子孙手里就因骄奢过度而倾家毁业。晋朝的太仆石崇经常以奢侈豪华在人前夸耀，最后因此被杀于东市。宋代莱国公寇准豪华奢侈为一时之冠，只是因为他功业很大，人们不敢指责他，而他的子孙继承了这种家风，到今天多数都变穷困了。其余以俭朴立业闻名、以奢侈而遭败落的事例多得很，不可能一一列举，只举出几人，用以对你们训诫。你不但自身应当履行俭朴，而且还应当以此教育你的子孙，使他们懂得我家先辈们俭朴的家风。

（夏雨）

黄庭坚

家　诫

【作者简介】

黄庭坚（1045—1105），字鲁直，号山谷道人，晚号涪翁，分宁（今江西修水）人。出于苏轼门下，世称"苏黄"。开创了江西诗派，诗风奇折险拗。又能词。书法纵横奇倔，以侧险取势，是宋四大家之一。有《山谷集》及多种墨迹。

【内容提要】

这是一篇很有特色的家诫。采用对话体，以具体事例说明家族兴衰的根源在于家庭内部人际关系的改变。

【原　文】

庭坚自总角①读书及有知识迄今，四十年时态，历览谛见润屋②封君巨姓，豪右衣冠③世族，金珠满堂；不数年间，复过之，特见废田不耕，空囷④不给；又数年，复见之，有缧绁⑤于公庭者，有荷担而倦于行路者。问之曰："君家曩时蕃衍盛大⑥，何贫贱如是之速耶？"有应于予曰："嗟乎！吾高祖起自忧勤，噍类⑦数口，叔兄慈惠，弟侄恭顺。为人子者告其母曰：'无以为争，无以小事为仇。'使我兄叔之和也。为人夫者告其妻曰：'无以猜忌为心，无以有无为怀。'使我弟侄之和也。于是共庖⑧而食，共堂而燕⑨，共库而泉⑩，共廪而粟。寒而衣，其布同也；出而游，其车同也。下奉以义，上谦以仁，众母如一母，众儿如一儿，无尔我之辨，无多寡之嫌，无私贪之欲，无横费之财。仓箱共目而敛之，金帛共力而收之。故官私皆治，富贵两崇。逮其子孙蕃息，妯娌众多⑪，内言多忌，人我意殊，礼义消衰，诗书罕闻，人面狼心，星分瓜剖，处私室则包羞自食，遇识者则强曰同宗。父无争子而陷于不义，夫无贤妇而陷于不仁，所志者小而失者大，至于危坐孤立，遗害不相维持。此所以速于苦也。"庭坚闻而泣曰："家之不齐⑫，遂至如是之甚，可志此以为吾族之鉴。"

【注　释】

① 〔总角〕古代男女未成年前束发为两结，形状如角，故称总角。

② 〔润屋〕使居室华丽生辉，引申为家室富有。

③ 〔豪右〕豪富大家。〔衣冠〕指官绅。

④ 〔囷（qūn）〕圆形的谷仓。

⑤ 〔缧绁（léi xiè）〕绑犯人的绳索，引申为牢狱。

⑥ 〔曩（nǎng）时〕从前。〔蕃衍〕即"繁衍"。

⑦ 〔噍（jiāo）类〕活人。

⑧ 〔卮（zhī）〕盛酒的器皿。

⑨ 〔燕〕通"宴"。

⑩ 〔泉〕古代钱币的名称。

⑪ 〔妯娌（zhóu lǐ）〕兄弟的妻的合称。

⑫ 〔齐〕整治。

【译　文】

我从小时候读书至现在以来，已经四十年了，这期间耳闻目睹那些富门豪族、高官厚禄之家（的变故），（开始是）金玉满屋。不几年再经过这里，只见田地抛荒无人耕种，空空的仓库没法供应粮食。再过几年又看到，有的人进入牢房，有的人肩挑着担子，疲惫地行走在路上。我问他们道："你们家从前繁衍盛大，为什么变得贫贱了，而且这么快呢？"有人回答我说："哎呀！我家高祖发家于忧劳勤勉，当时才几个人，叔父长兄慈爱善良，弟弟侄儿恭敬顺从。作为儿子的对他的母亲说：'不要为了小事去争执，不要因小事而结为仇敌。'这样叔辈兄长们和睦相处。做丈夫的对他的妻子说：'不要有猜忌的心思，不要把有无放在心上。'这样弟侄们能和睦相处。这样大家共在一锅里吃饭，共在一屋里宴乐，钱财放在同一个仓库，粮食放在同一个仓廪。天寒穿的衣服是同样的布料，外出坐的车没有两样。下辈以礼义恪守孝道，长辈以谦和施予仁爱，大家虽然各有其母，但就像一母所生，大家虽各有子女，但待之如一样的子女，不分你我，不嫌多少，没有私欲，没有浪费的钱财。仓库衣箱大家都一起监督而收藏，金钱衣物大家共同劳动而储积在一起。所以公私皆治，富贵两增。等到我们家子孙繁衍、妯娌众多时，在家里说起话来忌讳越来越多，分起你我，礼义也消失了，也听不到读书声了，个个人面兽心，大家庭四分五裂，各自躲在家里开小灶，见到有智识的就硬说是本家同宗。父亲因没有规劝自己的儿子，丈夫因为没有教导妻子做贤妻的道理，而陷入无法讲究仁义的困境，个个都胸无大志，而且失误贻害越来越多，以至于各自孤立，灾难到来时不能相互支持扶救。这就是我们迅速地变成目前这种困苦境地的原因。"我听了这些话，流泪说道："因为没有整治好家政，所以最终落到这种可怕的地步！可以记下这样的教训来作为我们家族的借鉴。"

（储兆文）

江端友

家　训（节录）

【作者简介】

江端友，字子我，宋代陈留（今属河南）人。宋钦宗靖康初赐进士出身，充诸王官教授，因上书遭贬斥。渡江后寓居桐庐，后为太常少卿，著有《自然庵集》。他的诗属江西诗派，诗集已经失传。

【内容提要】

这篇家训主要是说物力艰难，来之不易，很多人虽然终年辛苦，可还要挨饿。无功坐食者，要知满足，不可过分奢求。人生短促，要学道做人，如果只贪口腹，就是白做了一世人。此外还谈到了交友必须谨慎等。

语言平易朴实，说出人的物质欲望与为学之间的关系，认为如果每天只去求满足口腹之欲，为学和做人就必然放松。嬉笑无节的人，易流于自轻自贱。生活中经常可见到这样的人，故作者要子孙引以为戒。

【原　文】

凡饮食知所从来，五谷则人牛稼穑①之艰难，天地风雨之顺成，变生作熟，皆不容易。肉味则杀生断命，其苦难言，思之令人自不欲食，况过择好恶，又生嗔恚②乎？一饱之后，八珍草莱③，同为臭腐。随家丰俭，得以充饥，便自足矣。门外穷人无数，有尽力辛勤而不得一饱者，有终日饥而不能得食者。吾无功坐食，安可更有所择！若能如此，不惟少欲易足，亦进学之一助也。吾尝谓欲学道当以攻苦食淡为先，人生直得上寿，亦无几何，况逡巡④之间，便乃隔世。不以此时学道，复性反本，而区区惟事口腹，豢养此身，可谓虚作一世人也。食已无事，经史文典慢读一二篇，皆有益于人，胜别用心也。

与人交游，宜择端雅之士，若杂交终必有悔，且久而与之俱化。终身欲为善士，不可得矣。谈议勿深及他人是非，相与意了，知其为是为非而已。棋弈雅戏，犹曰无妨。毋及妇人，嬉笑无节，败人志意，此最不可也。既不自重，必为有识所轻，人而为人，所轻无不自取之也，汝等志之。

【注　释】

① ［稼穑］播种和收获。

② ［嗔恚（chēn huì）］愤怒。

③ ［草莱］杂生的丛草。

④ ［逡巡］顷刻，须臾。

【译　文】

大凡人在饮食时都应知道食物的由来，五谷食物是农人经过播种收获的艰难过程，在天地间风调雨顺时才长成的，再把生的做成熟的，这些都是不容易的。肉食美味则是由杀牲断命而来，那苦难是难以言表的，想起来真使人不忍心食用，又怎么会选择好坏而产生厌嫌之情？人在一顿饭吃饱之后，不管吃的是八珍美味，还是杂生丛草，都会成为臭腐之物。因而，任随家庭多丰厚，也需节俭，只要能塞饱肚子，就自足了。要知道门外有无数的穷人，有尽力辛勤劳苦而不能得到一顿饱饭的人，有整天饥饿而不能得到食物的人。我无功而坐享食物，岂能再有什么选择！如果能这样，不仅少欲而易于满足，也可算是对长进学问的一大帮助。我曾经说想学道应当以刻苦淡食为先，人生不学道即直接可得长寿的，也没有多少，况且须臾之间，便就离开人世。因而不此时学道，恢复本性，返归其本，而只知满足口腹之欲，养肥这一躯体，这真可谓白做了一世人。吃罢饭无事，经史文典随意读上一二篇，对人都是有益的，这胜过把心思用到别处。

和人交友，应该选择端正高雅之士，如果滥交终会后悔，况且长时间和那些人在一起，受他们影响，想做一辈子的贤人，也是不可能的。谈论别人，不要深及人家的是非，知道人家谁是谁非即可。玩棋是高雅之戏，可以说玩玩无妨。不要和女人嬉笑无节制，以败损自己的意志，这是最不可以做的。既然自己不自重，必然被有识之士所轻视。人，作为人，所有的被人轻视没有不是自取的，你们可要记住这点啊！

（高益荣）

袁 采

袁 氏 世 范 (节录)

【作者简介】

袁采，字君载，南宋信安（今广东高要）人，登进士第三。以廉明刚直见称，官至临登闻检院，曾任乐清县令，修县志十卷，《世范》三卷也作于乐清。《袁氏世范》本名《训俗》，分《睦亲》《处己》《治家》三卷，每卷又有若干篇，皆冠以标题，阐明处世之道、睦亲治家之理，精确详尽，明白切要。《四库全书提要》将此书誉为"《颜氏家训》之亚"。

亲戚不可失欢

【内容提要】

亲属发生冲突往往都是因为小事，最后却发展到不可开交。人与人朝夕相处，不可能没有矛盾，关键在于有了矛盾之后，应该寻求一个较好的解决方式。因小矛盾导致的亲属失欢，往往是由于赌气。只要有一方先消了气，去主动接近另一方，往往都会和好如初，因为两人内心都有和好的愿望。

【原　　文】

骨肉之失欢，有本于至微而终至于不可解者，止由失欢之后，各自负气，不肯先下尔。朝夕群居，不能无相失，相失之后，有一人能先下气，与之话言，则彼此酬复，遂如平时矣，宜深思之。

【译　　文】

亲属骨肉之间的失和，本来是因为很微小的事，但最终闹得不可开交，主要只是由于失和之后彼此都赌气，都不肯先消气转弯的缘故。亲属朝夕相处一家，不可能没有矛盾，有矛盾之后，如果其中有一人能先消气，主动去与另一方说话，这样彼此之间又会和好如初，这种情况值得深思。

（储兆文）

方孝孺

家　人　箴

【作者简介】

　　方孝孺（1357—1402），明代宁海（今属浙江）人。字希直，又字希古，人称正学先生。乃宋濂弟子。惠帝时任侍讲学士。燕王（即成祖）兵入京师（今江苏南京）后，他因不肯为成祖起草登基诏书，被杀，凡灭十族（九族及他的学生），死者达八百七十余人。被史书称为忠节之士。有《逊志斋集》。

【内容提要】

　　方孝孺是历史上有名的正直忠贞之士，虽然今天看来似乎有点愚忠，但他的品德修养在某些方面值得我们学习。比如他认为：做人要绝私，要讲大公之道；修身要自省，有过要常改；要深谋远虑，居安思危；治家不能只重财利，要更重品德礼义；饮食起居要节俭，衣服不美不足羞，品德欠缺却可耻。尤其是他的《杂铭》以身边之物比兴修身之道，循循善诱，深极妙极，颇有教育之道。

【原　文】

自　省

　　言恒患不能信，行恒患不能善，学恒患不能正，虑恒患不能远，改过恒患不能勇，临事恒患不能辨。

绝　私

　　厚己薄人，因为自私；厚人薄己，亦非其宜。大公之道，物我同视。循道而行，安有彼此？

虑 远

无先己私而后天下之虑，无重外物而忘天爵①之贵，……无苟一时之安而招终身之累。难操而易纵者，情也；难完而易毁者，名也；贫贱而不可无者，节也贞也；富贵而不可有者，意气之盈也。

择 术

古之为家者，汲汲②于礼义，礼义可求而得，守之无不利也。今之为家者，汲汲于财利，财利求未必得，而有之不足恃也。舍可得而不求，求其不足恃者而以不得为忧。咄！嗟乎若人！

幼仪杂箴
言

发乎口为臧为否③，加乎人为喜为嗔，用乎世为成为败，传乎节为贤为愚。呜呼！其发也，可不慎乎？

取

非吾义，锱铢④勿视；义之得，千驷无愧。物有多寡，义无不存。

杂 铭
衣

服不美，人不汝尤；德不美，乃汝之羞。

衾

己之温，思人之寒；己之安，思人之艰。

床 屏

蔽汝身，毋蔽汝心。

席

宴安溺人，甚于洪波；溺身可济，心溺奈何？

门

非礼之事勿行，非义之货勿入。

礼义所出，是为清门；悖傲所出，是为祸门；货财所出，是为幸门；仁贤所出，是为德门。

牖⑤

蔽则暗，启则明；克去欲兮，天德乃弘。

大其牖，天光人；公其心，万善出。

食　器

毋以一食而忘天下，毋以苟安而忽永图。

适己而忘人者，人之所弃；克己而利人者，众之所戴。

酒　卮⑥

　人不嗜水而惟酒之嗜，酒之味美而水无味。呜呼！淡泊者无毒，而好美者可畏，人焉可以不识！

【注　释】

　①［天爵］儒家所倡导信奉的最高准则，如仁、义、忠、信等。语出《孟子·告子》："仁义忠信，乐善不倦，此天爵也。公卿大夫，此人爵也。"

　②［汲汲］努力追求。

　③［为臧为否］指对人评头论足。［臧］善，好。［否］坏。

　④［锱铢］古代很小的重量单位，此指很少的财物。

　⑤［牖（yǒu）］窗户。

　⑥［卮（zhī）］古代酒器。

（马茂军）

中国人的教育智慧·经典家训版

陈献章

诚　子　弟

【作者简介】

　　陈献章（1428—1500），字公甫。明代新会（今属广东）人。正统时举人，再上礼部未及第。跟随吴与弼讲学。游学于太学中，任过翰林检讨，后请求弃官归家。多次征召不应。他的学说以虚静为主旨。因为住在白沙里，故门人后生称之为白沙先生。能诗、工书、善画。死后追谥为文恭。有《白沙集》《白沙诗教解》传世。

【内容提要】

　　这篇《诚子弟》讲成家难、倾家易的道理。本文主要有三层意思：要在世界上立足，必须要有真本领。才能的获得，父兄的教诲固然不可或缺，但关键还在于自己主观上的努力。此其一。培养为世所用的才能，大而无当、不切实际的才能是没有用处的。此其二。人处于逆境中，应当积极向上，面对现实，重新设计自己，不能把不幸推诿于命运，一味地消极悲观，放任自流。此其三。

【原　　文】

　　人家成立则难，倾覆则易。孟子曰："君子创业垂统，为可继也。若夫成功，则天也①。"人家子弟才不才，父兄教之可固必耶，虽然有不可委之命，在人宜自尽。里中②有以弹丝为业者。琴瑟，雅乐也。彼以之教人而获利既可鄙矣，传及其子，托琴而衣食由是琴，益微而家益困，辗转岁月，几不能生。里人贱之，耻与为伍，逐亡士夫之名。此岂尝为元恶大憝③而丧其家乎？才不足也。既无高爵④厚业以取重于时，其所挟者率时所不售者也，而又自贱焉，奈之何？其能立也，大抵能立于一世，必有取重于一世之术，彼之所取者在我，咸无之及。不能立，诿⑤曰："命也。"果不在我乎？人家子弟不才者多，才者少。此昔人所以叹成立之难也。汝曹勉之！

【注　释】

① 语出《孟子·梁惠王下》。［若夫］表示转折的连词，意为"至于……"。

② ［里］古代的一种居民组织，先秦时以二十五家为里。［里中］在此指乡里。

③ ［元恶大憝］指罪魁祸首，罪大恶极者。［元］大。［憝（duì）］奸恶。

④ ［爵］君主国家所封的等级。

⑤ ［诿］推卸。

【译　文】

　　人们成家立业是艰难的，倾覆起来则很容易。孟子说："有道德的君子创立功业，传之子孙，正是为着一代一代地能够继承下去。至于能不能成功呢，也还得依靠天命。"家中子弟有没有才能，父亲和兄长的教育是必要的，作为父兄有不可推卸的责任，然而本人更应自己尽力向上。乡里有一位以弹琴瑟作为职业的人。琴和瑟属于高雅的乐器。为了获利，他以雅乐教人，这已让人看不起。等传到了他的儿子，依赖着琴而解决衣食问题，获利更少，生活越发困顿，一天天熬日子，几乎无法生存下去。邻居们看不起他，不愿与他交往。于是失去了大丈夫的声誉。这难道是因为罪大恶极而丧失了家业吗？是才能不够。既然没有优越的社会地位和丰富的家产来为世人所重，他所依恃的又不是时代所必需的东西，同时自己又作践自己，有什么办法呢？人若能立足于一世，必然具备能得到一世重视的本领。选择的权利在于自己，再没有别的牵扯。有人不能保持家业，推脱说："这是命中注定的。"难道真不怪自己？人们的后辈中无才能者多，有才能者少。这是过去的人之所以叹息成家立业艰难的原因。你们可要努力啊！

（孙明君）

邹元标

家　训

【作者简介】

邹元标（1555—1624），字尔瞻，号南皋，吉水（今属江西）人。自弱冠即跟随胡直修学。明万历五年（1577 年）举进士第。累官至刑部右侍郎。因与魏忠贤不合，求归。卒于家。谥忠介。有《愿学集》八卷。

【内容提要】

作者告诫家人要按照道德标准来要求自己，尤其是中华民族的传统美德，比如赡养父母、不贪求不义之财、与邻里和睦相处、处理事情讲公平、凡事不能昧良心等。

【原　文】

《诗》①咏多福，　　《易》②言馀庆。

积善之家，　　　　罔不繁盛。

眇③予小子，　　　　厕④名士绅。

愧无实德，　　　　裨补君民，

未能治国，　　　　愿教吾家，

敷⑤诚布衷，　　　　寂听无哗：

凡我宗人，　　　　无忽予言。

洗心涤⑥虑，　　　　培根达源。

敬奉天地，　　　　孝养双亲。

与其浊富，　　　　宁守清贫。

勿利货贿，　　　　嘱托上官。

小民叫冤，　　　　尔心何安？

输赋⑦无讼，　　　　迹绝公室。

尊宪计约，	终鲜差失。
里闬⑧姻党，	情谊无涯。
富贵轮流，	转眼虚花。
出入以度，	惟公惟平。
夜半叩门，	尔心不惊。
未言孝思，	世德作求。
我语谆谆⑨，	我心悠悠⑩。
毫厘不差，	神明临汝。
良心不昧，	三复斯语。

【注　释】

① [《诗》] 我国第一部诗歌总集《诗经》。

② [《易》] 儒家十三经之一《易经》。

③ [眇] 渺小，微小。

④ [厕] 夹杂。

⑤ [敷] 布施。

⑥ [涤] 洗。

⑦ [输赋] 缴纳赋岁税。

⑧ [闬 (hàn)] 闾里的门，巷门。[里闬] 乡里。

⑨ [谆谆] 教诲不倦的样子。《诗经·抑》："诲尔谆谆。"

⑩ [悠悠] 长久，形容思念不忘。《诗经·子衿》："青青子衿，悠悠我心。"

（孙明君）

孙奇逢

孝友堂家训

【作者简介】

孙奇逢（1584—1675），字启泰，号钟元，世称夏峰先生，直隶容城（今属河北）人。明万历举人。入清后屡征不起，致力讲学著述。著有《回书近指》《读易大旨》《岁寒居自养》等多种。

【内容提要】

这篇家训内容丰富，主要谈的是这几个方面：在为官与为人上，做贤人比做贵人更重要；在交友上，择友须正，须慎，须有容人之意，莫求为人所容；在家庭关系上，父母有大恩于己，儿孙一定要诚孝父母；在做人上，须戒自暴自弃，凡事要留有余地。

【原　　文】

士大夫教诫子弟，是第一要紧事，子弟不成人，富贵适以益其恶；子弟能自立，贫贱益以固其节。从古圣人君子，多非生而富贵之人，但能安贫守分，便是贤人君子一流人；不安贫守分，毕生经营，舍易而图难，究竟富贵不可以求得，徒使自丧其生平耳。余谓童蒙时，便宜淡世俗浓华①之念，子弟中得一贤人，胜得数贵人也。非贤父兄，乌②能享佳子弟之乐乎？

语立雅等曰：与人相与，须有以我容人之意，不求为人所容。一言不如意，一事少拂心③，即以声色相加，此匹夫未尝读书者也。韩信受辱袴下，张良纳履桥端④，此是英雄人以忍辱济事。学人当进此一步。

父母于赤子，无一件不是养志。人子于父母，只养口体，此心何安？无论慈父慈母，即三家村老妪养儿，未有不心诚求之者，故事亲若曾子，仅称得一个可字。

示应试诸子孙曰：涿州史解元家⑤，子弟赴试，老者肃衣冠设席以饯，命之曰："衰残门户，赖尔扶持。"今老夫所望父辈扶持者，又不专在此也。为端人，为正士，在家则家重，在国则国重。所谓添一个丧元气进士，不如添一个守本分平民。

谓淦孙等曰：孟子深诚暴弃者，谓非人暴之，乃自暴之也；非人弃之，乃自弃之也。暴弃不在大，亦不在久，一言之不中礼义，一事之不合仁义，即一言一事之暴弃也。行庸⑥德，谨庸言，终身慥慥⑦，方得免于自暴自弃。

言语忌说尽，聪明忌露尽，好事忌占尽。不独奇福难享，造物恶盈，即此三事不留，余人便侧目⑧也。

【注　释】

① ［浓华］豪华富贵。

② ［乌］哪。

③ ［少］稍微。［拂心］与心意不合。

④ ［"韩信"二句］韩信少时在淮阴，身上佩剑，一恶少调侃他说："你终日佩剑，如果有胆量，就和我决斗；没胆，就从我的胯下钻过去！"韩信看了他一眼，便从他的胯下钻了过去。［袴］即胯字。张良少时遇一老者立于桥上，故意把鞋子掉在桥下，叫张良去捡。张良很恭敬地帮他捡了起来，老者便授他兵书战策，张良后成为刘邦有名的谋臣。

⑤ ［涿州］今河北涿县。［解元］明清两代称乡试考取第一名的人。

⑥ ［庸］指中和的，不过分的。

⑦ ［慥慥（zào）］忠厚诚恳的样子。

⑧ ［侧目］不用正眼看。形容畏惧而又愤恨。

孝友堂家规

【内容提要】

如何才能不"辱身丧家"？作者以为不但应教养子孙，家长更须"以身作范"。为此，本文详叙家规18则，"以为家规榜样"。

【原　文】

安贫以存士节，　　　　寡营①以养廉耻。

洁室以妥先灵，　　　　斋躬②以承祭祀。

既翕以协兄弟③，　　　　好合以后妻孥④。

择德以结婚姻，　　　　敦睦以联宗党⑤。

隆师⑥以教子孙，　　　　勿欺以交朋友。

正色以对贤豪，　　　　含洪以容横逆⑦。

守分以远衅隙⑧，　　　　谨言以杜⑨风波。

暗修以淡声闻⑩，　　　　好古以择趋避⑪。

克勤以绝耽乐之蠹己，　　克俭以塞饥渴之害心。

【注　释】

①［营］谋求。

②［斋躬］亲自斋诫。

③［既翕以协兄弟］和睦团结以使兄弟间关系融洽。《诗经·小雅·常棣》："兄弟既翕。"［翕（xī）］合聚。

④［孥（nú）］儿子。

⑤［敦睦］亲密和睦。［宗］同族。［党］亲族。

⑥［隆师］尊师。

⑦［含洪以容横逆］胸怀宽大，能容纳无理的人和事。

⑧［守分以远衅隙］安守本分，远避他人的寻衅与挑拨。［衅］空子。［隙］裂缝。

⑨［杜］杜绝。

⑩［暗修以淡声闻］独自修业，不热衷名利。［闻］声誉。

⑪［好古以择趋避］以古为镜而决定自己对事物的取舍态度。

（薛　放）

朱柏庐

朱子治家格言

【作者简介】

朱柏庐（1617—1688），清代昆山（今属江苏）人。名用纯，字致一，柏庐为其自号。清初居乡教授生徒，治学以程、朱为本，提倡知行并进。康熙时坚辞不应博学鸿儒科。所著《治家格言》世称《朱子家训》。另有《大学中庸讲义》《愧讷集》。

【内容提要】

这是一部流传很广的治家格言，它集中了治家教子的名言警句，成为官宦士绅、殷实富户以及书香世家津津乐道、倾心企慕的治家良策，成为端正门风、振作家声、名垂后代的范例。它以"修身"、"齐家"为宗旨，五百余字总结了古代治家之道。其中包含着许多治家、治世的质朴哲理和有益启示，例如"一粥一饭，当思来处不易"的节俭持家思想、"见富贵而生谄容，最可耻；遇贫穷而作骄态，贱莫甚"的待人接物观点等，今天看来仍有积极意义。

【原　　文】

黎明即起，洒扫庭除①，要内外整洁；

即昏便息，关锁门户，必亲自检点。

一粥一饭，当思来处不易；

半丝半缕，恒念物力维艰②。

宜未雨而绸缪③，毋临渴而掘井。

自奉④必须俭约，宴客切勿留连。

器具质而洁，瓦缶⑤胜金玉；

饮食约⑥而精，园蔬逾珍馐⑦。

勿营华屋，勿谋良田。

三姑六婆⑧，实淫盗之媒；

婢美妾娇，非闺房之福。

奴仆勿用俊美，妻妾切忌艳妆。

祖宗虽远，祭祀不可不诚；

子孙虽愚，经书不可不读。

居身务期俭朴⑨，教子要有义方⑩。

莫贪意外之财，勿饮过量之酒。

与肩挑⑪贸易，毋占便宜；

见穷苦亲邻，须多温恤⑫。

刻薄成家⑬，理无久享；

伦常乖舛⑭，立见消亡。

兄弟叔侄，须分多润⑮寡；

长幼内外，宜法肃辞严。

听妇言，乖骨肉⑯，岂是丈夫；

重资财，薄父母，不成人子。

嫁女择佳婿，毋索重聘⑰；

娶媳求淑女，勿计厚奁⑱。

见富贵而生谄容者，最可耻；

遇贫穷而作骄态者，贱莫甚。

居家戒争讼⑲，讼则终凶；

处世戒多言，言多必失。

勿恃势力而凌逼⑳孤寡，

毋贪口腹而恣㉑杀牲禽。

乖僻自是，悔悟必多；

颓惰自甘，家道难成。

狎昵恶少，久必受其累；

屈志老成，急则可相依。

轻听发言，安知非人之谮诉㉒？当忍耐三思；

因事相争，安知非我之不是？须平心暗想。

施惠无念，受恩莫忘。

凡事当留余地，得意不宜再往^㉓。

人有喜庆，不可生妒忌心；

人有祸患，不可生喜幸心。

善欲人见，不是真善；

恶恐人知，便是大恶。

见色而起淫心，报在妻女；

匿^㉔怨而用暗箭，祸延子孙。

家门和顺，虽饔飧不继^㉕，亦有余欢；

国课早完，即囊橐无余^㉖，自得至乐。

读书志在圣贤，为官心存君国。

守分安命，顺时听天；

为人若此，庶乎近焉^㉗。

【注　释】

① ［庭除］指院子内外。［庭］院子。［除］台阶。

② ［物力］物产，资财。［维艰］艰难。

③ ［绸缪］紧密缠缚。此句意为，下雨之前先将门窗关好，喻事先做好准备工作。

④ ［自奉］自己日常的生活用品。

⑤ ［瓦缶］盛食物的瓦器。

⑥ ［约］简单。

⑦ ［珍馐］珍奇贵重的食品。

⑧ ［三姑］尼姑、道姑、封姑。［六婆］牙婆、媒婆、师婆、虔婆、药婆、稳婆。

⑨ ［居身］做人。［务期］务必。

⑩ ［义方］做人行事应遵守的规矩、法度。这里指家教。

⑪ ［肩挑］指小贩。

⑫ ［恤］同情，怜悯。

⑬ ［刻薄成家］以苛刻剥削的手段发家。

⑭ ［乖舛（chuǎn）］违背。

⑮ ［润］接济。

⑯ ［乖骨肉］疏远兄弟，虐待儿女。

⑰ ［聘］聘礼。

⑱ ［奁（lián）］嫁妆。

⑲ [争讼] 打官司。

⑳ [凌逼] 欺负。

㉑ [恣] 放纵。

㉒ [譖 (zèn) 诉] 诬陷，造谣，中伤别人。

㉓ [往] 去。此指做。

㉔ [匿] 隐藏。

㉕ [饔飧不继] 吃了早饭没有晚饭，形容极端贫穷。[饔 (yōng)] 早饭。[飧 (sùn)] 晚饭。

㉖ [囊橐无余] 口袋里一点钱财也没有，一贫如洗。[囊、橐 (tuó)] 均为口袋。

㉗ [庶乎近焉] 差不多达到做君子的标准了吧。庶乎，差不多。

（牟国相）

劝　言

【内容提要】

　　朱柏庐《劝言》共四则，这里选三则。一要勤俭：深思远计，量力行事，节衣缩食，才是治生之道。二要读书：不但记其章句，更要求其义理，读一句书，便反省一次自己，才能一世做得好人。三要积德：周济贫乏孤苦之人，解人之厄，急人之病，才能真正做个好人。

【原　文】

勤　俭

　　勤与俭，治生之道也。不勤，则寡入；不俭，则妄费。寡入而妄费，则财匮①。财匮，则苟取。愚者以为寡廉鲜耻之事，黠者②入行险徼倖之途。生平行止，于此而丧祖宗家声，于此而坠生理③绝矣。又况一家之中，有妻有子，不能以勤俭表率，而使相趋于贪惰，则自绝其生理，而又绝妻子之生理矣。勤之为道，第一要深思远计。事宜早为，物宜早办者，必须预先经理，若待临时仓忙失措，鲜不耗费。第二要晏眠早起。侵晨而起，夜分而卧，则一日而复得半日之功。若早眠晏起，则一日仅得半日之功。无论天道必酬勤而罚惰，即人事赢诎④，亦已悬殊。第三要耐烦吃苦。若不耐烦吃苦，一处不周密，一处便有损失耗坏。事须亲自为者，必亲自为之。须一日为者，必一日为之。人皆以身习劳苦，为自戕其生，而不知是乃所以求生也。俭之为道，第一要平心忍气。一朝之忿，不自度量，与人口角斗力，构讼经官，事过之后，不惟破家，或且辱身。第二要量力举事。土木之功，婚嫁之事，宾客酒席之费，切不可好高求胜，一时兴会，所费不支，后来补苴⑤，或行称贷，偿则无力，逋⑥则丧德。第三要节衣缩食。绮罗之美，不过供人之叹羡而已，若暖其躯体，布素与绮罗何异？肥甘之美，不过口舌间片刻之适而已，若自喉而下，藜藿⑦肥甘何异？人皆以薄于自奉为不爱其生，而不知是乃所以养生也。故家子弟，不勤不俭，约有二病：一则纨袴⑧成习，素所不谙；一则自负高雅，无心琐屑，乃至游闲放荡，博弈酣饮。以有用之精神，而肆行无忌，以已竭之金钱，而益喜浪掷。此又不待苟取之为害而已，自绝其生理矣。孔子曰："谨身节用，以养父母。"可知孝弟之道，礼义之高，惟治生者能之，奈何不惟勤俭之为尚也。

读 书

读书须先论其人，次论其法。所谓法者，不但记其章句，而当求其义理⑨。所谓人者，不但中举人进士要读书，做好人尤要读书。中举人进士之读书，未尝不求义理，而其重，究竟只在章句；做好人之读书，未尝不解章句，而其重，究竟只在义理，先儒谓今人不会读书，如读《论语》，未读时，是此等人，读了后只是此等人，便是不会读。此教人读书识义理之道也。要知圣贤之书，不为后世中举人、进士而设，是教千万世做好人，直至于大圣大贤。所以读一句书，便要反之于身，我能如是否。做一件事，便要合之于书，古人是如何。此才是读书。若只浮浮泛泛，胸中记得几句古书，出口说得几句雅话，未足为佳也。

积 德

积德之事，人皆谓惟富贵，然后其力可为。抑知富贵者，积德之报。必待富贵而后积德，则富贵何日可得？积德之事，何日可为？惟于不富不贵之时，能力行善，此其事为尤难，其功为尤倍也。盖德亦是天性中所备，无事外求，积德亦随在可为，不必有待。假如人见蚁子入水、飞虫投网，便可救之。又如人见乞人哀叫，辄与之钱，或与之残羹剩饭，此救之与之之心，不待人教之也。即此便是德，即此日渐做去，便是积。今人于钱财田产，即去经营日积，而于自己所完备之德，不思积之，又大败之，不可解也。今亦须论积之之序。首从亲戚始，宗族邻郡⑩中，有贫乏孤苦者，量力周给。尝见人广行施与，而不肯以一丝一粟援于穷亲，亦倒行而逆施矣。次及于交与。与凡穷厄⑪之人，朋友有通财之义，固不必言，其穷厄之人，虽与我素无往来，要知本吾一体，生则赈给，死则埋骨，惟力是视，以全我恻隐之心。次及于物类。今人多少放生，究竟末务。有不须费财者，如任奔走，效口舌，解人厄，急人病，周旋人患难，不过劳己之力，更何容吝？又有不费财，并不劳力者，如隐人之过，成人之善，又如启蛰不杀，方长不折，步步是德，步步可积。但存一积德之心，则无往而不积矣。不存一积德之心，则无往而为德矣。要知吾辈，今日不富不贵，无力无财，可以行大善事，积大阴德⑫，正赖此恻隐之心。就日用常行之中，所见所闻之事，日积月累，成就一个好人，不求知于世，亦不责报于天。若又不为，是真当面错过也。不富不贵时不肯为，吾又未尝知即富即贵之果肯为，否也。

【注　释】

① ［匮］缺乏。

② ［黠者］聪明而狡猾之人。

③ ［生理］活下去的理由。

④ ［诎（qù）］通"屈"。

⑤ ［补苴（jū）］弥补。

⑥ ［逋（bū）］拖欠。

⑦ ［藜藿（lí hù）］泛指蔬食。［藜］一年生草本植物，嫩叶可以吃。［藿］豆类作物的叶子。

⑧ ［纨袴］指富贵人家子弟穿的细绢做成的裤子，泛指有钱人家子弟穿的华美衣着。这里是与勤俭相对而言，指的是奢侈。

⑨ ［义理］文章的内容和道理。

⑩ ［郡（dǎng）］通"党"，乡党。

⑪ ［穷厄（è）］困苦。

⑫ ［阴德］暗中做的好事。迷信的人认为在人世间所做的好事可以在阴间记功。

（范嘉晨）

曾国藩

谕 纪 泽（六）

【内容提要】

　　曾国藩（1811—1872），字涤生。湖南双峰人，清道光进士。以吏部侍郎身份在湖南办团练，后扩编为湘军，镇压太平天国运动。后任两江总督，与李鸿章、左宗棠创办江南制造局、福建马尾船政等军事工业，是洋务派代表人物之一。有《曾文正公全集》。

【内容提要】

　　生活不能太奢侈浮华，人生当以节俭为上。从来纨绔少奇男。

【原　　文】

　　八月二十日胡必达、谢荣风到，接尔母子及澄叔三信，并《汉魏百三家》《圣教序》三帖。二十二日谭在荣到，又接尔及澄叔二信，具悉一切。

　　居家之道，惟崇俭可以长久，处乱世尤以戒奢侈为要义。衣服不宜多制，尤不宜大镶大缘①，过于绚烂。尔教导诸妹，敬听父训，自有可久之理。

【注　　释】

　　① ［镶（xiāng）］以物配物。［缘］衣服的边缘。古人制衣，多用不同于衣服质地的布料做边缘以为装饰。

（党怀兴）

毛氏家族

韶山毛氏家训

【内容提要】

　　毛泽东家族，世居湖南湘潭韶山冲。据史料考证：韶山毛氏自1341年（元至正元年）始祖毛太华公发脉，至今已发展到了第二十三代，毛泽东属于第二十代。《韶山毛氏家训》在那里世代相传。可以说，在一定意义上，它对韶山毛氏族人的思想、伦理、道德、行为及人生追求等方面进行了规范。

【原　　文】

西　江　月①

一、培植心田
一生吃着不尽，只是半点心田。
摸摸此处实无惭②，到处有人称羡。

不看欺瞒等辈，将来堕海沉渊。
吃斋念佛也徒然③，心好便膺帝眷④。

二、品行端正
从来人有三品⑤，持身⑥端正为良。
舞文弄法⑦有何长，但见天良尽丧。

居心无少邪曲⑧，行事没些乖张⑨。
光明俊伟子孙昌，莫作蛇神⑩伎俩。

三、孝养父母

终身报答不尽，惟尔⑪父母之恩。
亲意欣欣子色温，便见一家孝顺。

乌雏尚知报本⑫，人子应念顺存⑬。
若还忤逆悖天伦⑭，只恐将来雷震。

四、友爱兄弟

兄弟分形连气，天生忌翼是也。
只因娶妇便参差⑮，弄出许多古怪。

酒饭交接异姓，无端骨肉喧哗。
莫为些小竞分家，百忍千秋佳话。

五、和睦乡邻

风俗何以近古，总在和族睦邻。
三家五户要相亲，缓急大家帮衬⑯。

是非与他拆散，结好不啻朱陈⑰。
莫恃豪富莫欺贫，有事常相问讯。

六、教训子孙

子孙何为贤智，父母教训有方。
朴归陇田秀归庠⑱，不许闲游放荡。

雕琢方成美器，姑息⑲未为慈祥。
教子须如窦十郎⑳，舐犊养成无状㉑。

七、矜怜孤寡

天下穷民有四，孤寡最宜周全。
儿雏母苦最堪怜，况复㉒加之贫贱。

寒则予以旧絮，饥则授之余馕^㉓。
积些阴德福无边，劝你行些方便。

八、婚姻随宜

儿女前生之债，也宜随分^㉔还他。
一时逞兴务繁华，曾见繁华易谢。

韩侯方歌百两，齐姜始咏大珈^㉕。
大家从俭莫从奢，彼此永称姻娅^㉖。

九、奋志芸窗^㉗

坐我明窗讲习，几曾挥汗荷锄。
驱蚊呵冻^㉘志无休，诵读不分昼夜。

任他数伏数九，我只索典披图^㉙。
桂花不上懒人头^㉚，刻苦便居人右^㉛。

十、勤劳本业

天下有本有末，还须务本为高。
百般做作尽糠糟，纵有便宜休讨。

有田且勤尔业，一艺亦足自豪。
栉风沐雨^㉜莫辞劳，安用许多技巧。

【注　释】

① ［《西江月》］词牌名。按此组《西江月》有些句子的平仄和押韵不尽合律。
② ［愆（qiān）］罪，过失。
③ ［徒然］白费。
④ ［膺（yíng）］受。［帝眷］天帝的眷念。［膺帝眷］即受到神的保佑。
⑤ ［三品］汉儒董仲舒从先验论出发，把人性分为三等，即"圣人之性"、"中

民之性"、"斗筲（shāo）之性"。

⑥［持身］为人，做人。

⑦［舞文弄法］利用法令条文为奸作弊，搬弄是非，营私舞弊。那些人就是骂作"讼棍"的。

⑧［邪曲］不正。

⑨［乖张］不顺，不正常。

⑩［蛇神］神话中以蛇名，即蛇身神。喻虚幻荒诞。

⑪［惟］只。［尔］你。

⑫此句意为，乌雏长成，衔食哺母乌。

⑬［顺存］报答父母之恩。

⑭［忤（wǔ）逆］不顺从。［悖］混乱。［天伦］指父子、兄弟等天然的亲属关系。

⑮［参差（cēn cī）］不齐，不一致。这里引申为不和睦。

⑯［帮衬］帮忙，赞助。

⑰［啻（chì）］仅，止。［朱陈］村名，在今江苏丰县东南。唐白居易有《朱陈村》诗："徐州古丰县，有村曰朱陈。一村唯两性，世世为婚姻。"此处用以比喻和睦乡邻。

⑱［朴归陇田秀归庠］才能平凡的务农，才能优异的进乡学读书。［朴］未成器的材料，引申为才能平凡。［秀］特异，优秀。［庠（xiáng）］古代乡学名。

⑲［姑息］无原则地宽容。

⑳［窦十郎］五代后周渔阳人窦禹钧。以词学出名，官至右谏议大夫。藏书极多。教子有方，五个儿相继登科。

㉑［舐犊］喻人爱子女如老牛舐犊子。［无状］不成样子。

㉒［况］何况。［复］又。

㉓［饘（zhān）］粥饭。

㉔［随分（fèn）］照例，照样。

㉕［"韩侯"二句］《诗经·大雅·韩奕》："韩侯取妻，汾王之甥，蹶父之子。韩侯迎止，……百两（辆）彭彭，八鸾锵锵。"（取，通"娶"。汾王，周厉王。韩妻是厉王的外甥女。"蹶（guì）父"：周宣王的大臣。"子"，女儿。"迎"，娶。"止"：句尾虚词，无义。"彭彭"，众盛貌。"鸾"，铃。此谓迎亲之礼甚盛。）［齐姜］齐国贵族的女儿。齐君姓姜，因而这个宗族的女儿均称姜。齐姜指贵族女儿。［六珈］古代妇女发簪上所加的金玉装饰物。两句说只有贵富的人家亲事才讲得起豪华。

㉖［姻娅（yà）］婚父称姻，两婿互称为娅。这里泛指婚姻关系的亲戚。

㉗〔芸窗〕书房。

㉘〔驱蚊呵冻〕夏天驱蚊读书，冬天用口呵冻手使暖。指一年四季的刻苦勤学。

㉙〔索典披图〕指看书学习，钻研学问。〔索〕寻找。〔披〕翻阅。〔典、图〕书籍。

㉚〔桂花不上懒人头〕意为不勤学则不能登科成名。旧时以折桂喻登科。

㉛〔人右〕人上。

㉜〔栉（zhì）风沐雨〕以风梳发，以雨洗头，形容奔忙的辛劳。

（范嘉晨）

教子方法篇

父子之严，不可以狎；骨肉之爱，不可以简。简则慈教不接，狎则怠慢生焉。由命士以上，父子异宫，此不狎之道也。抑搔痒痛，悬衾箧枕，此不简之教也。

韩 非

曾 子 杀 彘

【作者简介】

韩非（？—公元前233），战国时期重要的思想家、散文家。韩国的旁支公子。他曾是荀子的学生。但其思想又源于老子，综合了商鞅、申不害前法家的思想，最后形成了更完整的法家思想体系。他见韩国削弱，曾屡次上书谏韩王，韩王不用。于是发愤著书。书传到秦国，为秦王所称赞。后韩非出使到秦，为李斯所陷害。

【内容提要】

本文选自《韩非子·外储说左上》。文章指出了儿童教育的严肃性。做父母的教育子女，要随时随地把身教与言教结合起来，以身作则，才能使子女健康成长。

【原　文】

曾子之妻之市①，其子随之而泣。其母曰："女还，顾反为女杀彘②。"妻适市来③，曾子欲捕彘杀之。妻止之曰："特与婴儿戏耳④。"曾子曰："婴儿非与戏也。婴儿非有知也，待父母而学者也，听父母之教。今子欺之，是教子欺也。母欺子而不信其母，非所以成教也。"遂烹彘也。

【注　释】

① [曾子] 即曾参，孔子的弟子。
② [女] 通"汝"。[反] 通"返"。[彘（zhì）] 猪。
③ [适市来] 从集市上归来。
④ [特] 但，此处为"不过"的意思。[婴儿] 泛指小孩。[戏] 说着玩。

【译　文】

　　曾子的妻子到集市上去，她的孩子跟着她哭。她说："你回家吧，妈妈从集市上回来给你杀猪吃。"妻子从集市上回来，曾子就要去捉猪准备杀它，妻子阻止他说："不过是同小孩子说着玩罢了。"曾子说："对小孩子不是随便可以说着玩的。小孩子还不懂道理，是照着父母的言行来学习的，听从父母的教导。现在你欺骗他，这就是教孩子骗人。当妈妈的欺骗孩子，孩子就会不相信他的妈妈，这不是教育好孩子的方法。"于是就把猪杀了，煮给孩子吃。

（高益荣）

颜之推

颜氏家训（节录）

教 子 篇

自 幼 施 教

【内容提要】

教育孩子同培育树苗一样，要自幼加以扶持和引导，使他们向着正确的方面发展。未出生进行胎教，不懂事时要适当劝诱，懂事之后则要用家长的威严和慈爱，使孩子在饮食行为和道德作风等方面都养成一个好习惯。"宜诫翻奖，应呵反笑"，这种做法并不明智。"习惯成自然"，人间善良的父母们，应切记此诫！

【原　文】

古者，圣王①有胎教之法：怀子三月，出居别宫，目不邪视，耳不妄听。音声滋味，以礼节之。书之玉版②，藏诸金匮③。生子咳嗯④，师保⑤固明孝仁礼义，导习⑥之矣。凡庶纵不能尔⑦，当抚婴稚，识人颜色，知人喜怒。便加教悔，使为则为⑧，使止则止。比及⑨数岁，可省笞罚。父母威严而有慈，则子女畏慎而生孝矣。吾见世间，无教而有爱，每不能然；饮食运为⑩，恣⑪其所欲，宜诫翻⑫奖，应呵⑬反笑，至有识知⑭，谓法⑮当尔。骄慢已习，方复制之，捶挞至死而无威，忿怒日隆⑯而增怨，逮⑰于成长，终为败德。孔子云："少成若天性，习惯如自然"是也。俗谚曰："教妇⑱初来，教儿婴孩。"诚哉斯言⑲！

【注　释】

① ［圣王］古时品德高尚的君王。如尧、舜、周文王、周武王等。

② [玉版] 刻写文字的白石版。

③ [金匮] 用金属制成的藏书柜。

④ [咳嗯（hái tí）] 二三岁婴儿的笑声。

⑤ [师保] 古指太师、少保之类教育皇太子的老师。

⑥ [导习] 劝教诱导。

⑦ [凡庶] 平民百姓。[尔] 像圣人那样进行胎教。

⑧ [使为则为] 让孩子做什么就做什么。

⑨ [比及] 等到。

⑩ [运为] 行为。

⑪ [恣] 放任，放纵。

⑫ [翻] 反而。

⑬ [呵] 斥责，制止。

⑭ [识知] 懂事。

⑮ [法] 礼法。

⑯ [隆] 盛。

⑰ [逮] 等到。

⑱ [妇] 媳妇。

⑲ [诚] 正确。

【译　文】

　　古时候，圣明的君王有胎教之法：王后怀孕三个月时，便离开王宫，单独居住在别的宫殿里，眼睛不看邪恶的东西，耳朵不听狂乱的声音。王后所听的音乐、所进的饮食都以礼法之名加以节制。圣王把这套胎教法刻写在洁白的石板上，保存在金属制成的书柜中，代代相传。王后生产后，孩子两三岁时，就为他请懂得孝仁礼义的老师，对其进行教习诱导。平民百姓家虽然没条件这样做，但也应让孩子在年幼天真时，懂得看大人的脸色，知道大人的喜怒。对其严加教诲，让他做就得做，让他停就得停。等他长到几岁时，便用不着鞭打惩罚了。父母亲威严而慈爱，那么子女便敬畏谨慎而生孝心。我看见人世间有些父母们，对孩子只有溺爱而不加管教，往往不能使孩子孝悌知礼。在孩子饮食行为方面，也放纵他们的欲望，该劝阻的地方反而夸奖，该呵斥的时候反而一笑了之，孩子长大后，便以为那些都是礼法所允许的。等他养成了傲慢的习惯才加以制止，这时就算把他鞭打至死都不能树立父母的威严，反而使他怨愤日盛而增加对父母的怨恨，最终他将成为一个没有道德修养的人。孔子说："小时候养成的习惯就像天生的一样，习惯成自然。"就是针对幼年教育而言的。民间谚语说："教媳妇趁新到，教孩子要赶早。"此话对极了。

教 子 从 严

【内容提要】

　　教子如治病。不用针灸，治不好重病，不施严厉也教不好孩子。如果家教不严，等到在社会上受到严教时，那可就悔之晚矣。"棍棒底下出孝子"，虽不可全用，也不可不用。试看那些被溺爱与放纵成性的孩子，几个能有好结果呢？

【原　　文】

　　凡人不能教子女者，亦非欲陷其罪恶①；但重②于呵怒，伤其颜色③，不忍楚挞④惨其肌肤耳。当以疾病为谕⑤，安得不用汤药针艾救之哉⑥？又宜思勤督训者⑦，可愿苛虐于骨肉乎？诚不得已也。王大司马⑧母魏夫人，性甚严正。王在湓城⑨时，为三千人将，年逾四十，少不如意，犹捶挞之，故能成其勋业⑩。梁元帝时，有一学士，聪敏有才，为父所宠，失于教义：一言之是，徧⑪于行路，终年誉之；一行之非，掩藏文饰⑫，冀其自改，年登婚宦⑬，暴慢日滋，竟以言语不择⑭，为周逖抽肠衅鼓⑮。

【注　　释】

　　①［陷其罪恶］使（孩子）陷入罪恶。

　　②［重］难。

　　③［颜色］孩子的脸色、表情。

　　④［楚挞］用树枝条鞭打。

　　⑤［疾病］治病。［谕］比喻。

⑥［针艾（ài）］治病用的石针和艾叶。

⑦［勤督训者］经常监督训斥孩子的人。

⑧［王大司马］王僧辩，梁朝人。

⑨［湓（pén）城］今江西九江市。

⑩［勋业］伟业。

⑪［徧］通"遍"。

⑫［文饰］掩饰。

⑬［登］升，成长。［婚宦］结婚，做官。

⑭［不择］出言不逊。

⑮［周迪］即梁代周迪，性情粗暴残酷。［衅鼓］用血祭祀战鼓。

【译　文】

大凡没有教育好自己子女的人，也并不是有意让孩子陷于罪恶之途，其根本原因是不愿意对孩子呵斥发怒。他们可怜孩子痛苦沮丧的表情，不忍心鞭打孩子，怕使他皮肉受苦。对此应拿治病来打比方。对病人哪能不用汤药和针艾去治疗呢？试想那些经常监督训斥管教自己孩子的人，他们何曾想虐待自己的骨肉呢？梁朝大司马王僧辩的母亲魏夫人，性情非常严厉端正。王僧辩在湓城时，统领三千军卒，年过四十，稍不称意，魏夫人还鞭打他，所以能使他成就丰功伟业。梁元帝时，有一学士，聪明敏捷而有才华，其父非常宠爱他，但教法失当。他说对一句话，其父便到处宣扬，终年赞赏；他做错一件事，其父便替他遮蔽掩藏，希望他自己改正。等到结婚、入仕，其性情日益凶暴傲慢，最后因为出言不逊，触怒了残暴之徒，而被周迪杀死，肠子被拉出来，血也被用去祭祀战鼓，不得善终。

严 慈 兼 施

【内容提要】

父亲对孩子既要威严，又要慈爱。不能亲热得没有限度，失去父亲的尊严，但也不能严肃得近乎冷漠，缺少对孩子的关照。严慈兼施，善得其中，这是处理父子关系的基础。

【原　文】

父子之严^①，不可以狎^②；骨肉之爱，不可以简^③。简则慈教不接，狎则怠慢生焉。由命士^④以上，父子异宫，此不狎之道也。抑搔^⑤痒痛，悬衾箧枕^⑥，此不简之教也。

【注　释】

① ［严］尊严。

② ［狎（xiá）］亲密，轻佻。

③ ［简］淡漠疏远。

④ ［命士］古时指士阶层的人。

⑤ ［抑搔］按摩。

⑥ ［悬衾箧（qiè）枕］把被子挂起来，把枕头放进箱子里。

【译　文】

父母亲在孩子面前应该保持尊严，不可与他过于亲昵随便；但父母与孩子之间的骨肉之爱，也不可过于淡漠疏远。过于淡漠则仁慈和孝心不能相通，过于亲昵则会导致孩子对父母的不恭敬。所以古礼规定，自士大夫以上的人，父母与孩子各居一室，这就是不过于亲昵的办法。孩子不忘孝敬父母，给他们按摩，解其痛痒；为他们收拾床铺、整理被枕；这就是不过于淡漠疏远的办法。

宠子无成

【内容提要】

溺爱孩子，这是天下父母易犯的通病，即使身为帝后，不免如此。春秋时姜氏宠爱共叔段而使其自取灭亡的故事，在后世还继续重演；北朝齐朝武成帝宠爱幼子，使他骄横傲慢，贪得无厌，长大之后竟在宫廷举兵，结果被处死，这难道不令人深思吗？

【原　文】

　　齐武成帝子琅琊王①，太子母弟也，生而聪慧，帝及后并笃爱②之。衣服饮食，与东宫相准③。帝每面称④之曰："此黠儿⑤也，当有所成。"及太子即位，王居别宫，礼数优僭⑥，不与诸王等；太后犹谓不足，常以为言，年十许岁，骄恣无节，器服玩好⑦，必拟乘舆⑧；常朝南殿⑨，见典御⑩进新冰，钩盾⑪献早李，还索不得，遂大怒，询曰⑫："至尊已有，我何意无？"不知分齐⑬，率皆如此。识者多有叔段、州吁之讥。后嫌宰相，遂矫诏⑭斩之，又惧有救，乃勒麾下⑮军士防守殿门，既无反心，受劳⑯而罢。后竟坐此幽薨⑰。

【注　释】

　　①［琅琊王］北朝齐慕容俨。十四岁时因在宫廷举兵，被杀。

　　②［笃爱］厚爱，偏爱。

　　③［东宫］太子所居住的宫殿。［相准］相同，一样。

　　④［面称］当面夸奖。

　　⑤［黠（xiá）儿］聪明的孩子。

　　⑥［礼数］礼仪的等级。［优僭（jiàn）］（礼数）优待，而不嫌他僭越过分。

　　⑦［器服］器物与服饰。［玩好］赏玩喜好的物品。

　　⑧［拟］相同，类似。［乘舆］皇帝所用的车舆，此代指皇帝。

　　⑨［南殿］皇帝理政的殿堂。

　　⑩［典御］掌管皇帝饮食的官。

　　⑪［钩盾］掌管皇帝园林的官。

　　⑫［询（gòu）］怒骂。《北齐书》载：由于太上皇和太皇后的娇宠，慕谷俨与皇帝争物，如果皇帝先得到新奇东西，而他没有，那么送物的官员就要遭罪。

　　⑬［分齐］本分齐限。

　　⑭［矫诏］假借皇帝的诏书。

　　⑮［勒］命令。［麾下］部下。

　　⑯［受劳］接受抚慰。

　　⑰［幽薨］悄悄死去。《北齐书》载：慕容俨在宫中作乱后，皇帝没有马上治他的罪，在一个深夜命人在幽巷之中将他用马拉死。

【译　文】

　　北朝时，齐朝武成帝之子，琅琊王慕容俨，与皇太子是同胞兄弟。天性聪慧，皇帝和皇后都很偏爱他，他的衣服饮食，都与太子相同。皇帝经常当面夸奖他说："这是个聪明的孩子，日后肯定有所成就。"太子即位后，慕容俨居住在别宫，在礼仪方面受特别优待，与其他诸王不同。太后还说对琅琊王不够好，时常叨唠。慕容俨十岁左右，愈发骄横放肆，不知礼节，所用的器物，所赏玩的物品，一定要与皇帝相同。有时在南殿朝拜，看见司膳官给皇帝进刚出窖的冰块，或看到司园官给皇帝献最早成熟的李子，便非要拿过来自己享用，不达到目的，便在殿中怒骂："皇帝有的东西，我为什么没有呢？"经常是如此不知本分，不知满足。有识者讥讽他是共叔段、州吁一类的人物。后来，他嫌宰相不顺意，于是假借皇帝诏令去杀他，怕有人来救，便命令部下士兵防守皇宫大门。他只想杀宰相，本无造反之意，见到皇帝亲自出阵，便接受抚慰息兵了。后来他还是因这件事而被悄悄处死在幽巷之中。

爱 不 偏 宠

【内容提要】

　　对孩子，无论是聪明的还是迟钝的，都应平等对待，不可偏宠。"有偏宠者，虽欲以厚之，更所以祸之。"偏宠孩子往往是造成家庭不和的祸根，小则宠子遭罪，大则亡国亡家。

【原　文】

　　人之爱子，罕亦能均①。自古及今，此弊②多矣。贤俊③者自可赏爱，顽鲁者亦当矜怜④。有偏宠者，虽欲以厚之⑤，更所以祸之⑥。共叔⑦之死，母实为之；赵王⑧之戮，父实使之。刘表⑨之倾宗覆族，袁绍⑩之地裂兵亡，可为灵龟明鉴⑪也。

【注　释】

① ［罕］很少。［均］平等。

② ［弊］危害。

③ ［贤俊］贤良聪明。

④ ［顽鲁］愚昧迟钝。［矜怜］怜惜。

⑤ ［厚之］使他得到好处。

⑥ ［祸之］给他带来灾祸。

⑦ ［共叔］春秋时郑国共叔段。《左传·隐公元年》载：共叔段因受母亲姜氏的宠爱，十分骄横，与兄郑庄公不和，企图谋取，后被郑庄公击败，逃往共国。

⑧ ［赵王］汉高祖刘邦之子赵隐王刘如意。刘邦生前很宠爱他，想让他取代太子。刘邦死后，吕后将他毒死。

⑨ ［刘表］东汉皇室。他有二子，一名刘琦，一名刘琮，他听信后妻之言，偏爱刘琮。刘表死后，刘琮以荆州之地投降了曹操。

⑩ ［袁绍］东汉末年大军阀。有三子：袁谭、袁熙、袁尚。袁绍偏爱袁尚，致使兄弟不和。他死后，兄弟之间相互拼杀，最终都被曹操消灭。

⑪ ［灵龟］龟甲上有纹路，可以占卜，故称之为灵龟。［明鉴］明确的借鉴。

【译　文】

人们喜爱自己的孩子，但很少有平均施恩的。从古到今，偏宠的弊端很多。贤良聪敏的孩子固然应该得到喜爱和奖赏，愚昧迟钝的孩子也应当受到怜惜。偏宠孩子的人，虽然是想让孩子多得到些好处，但更会使他因此而招来灾祸。春秋时共叔段之死，完全是他母亲偏心造成的；汉代赵隐王遭到毒害，也是他父亲过于宠爱带来的后果。刘表亡家灭族，袁绍地分兵败，都可以说是偏宠之害的明确借鉴啊！

注 重 气 节

【内容提要】

人生在世，重在气节。高尚的气节，有赖于父母亲的熏陶。为谋求功名富贵而背叛祖国的文化，这是十分卑鄙的。父母不应那样，更不能教孩子那样。而在北齐却就有这样一个父亲，为自己教儿子学鲜卑语去巴结权贵而洋洋得意，如此教子，能成才吗？

【原　文】

齐朝有一士大夫，尝谓吾曰：“我有一儿，年已十七，颇晓书疏^①，教其鲜卑^②语及弹琵琶，稍欲通解^③，以此伏事^④公卿，无不宠爱，亦要事也。”吾时俛^⑤而不答。异哉，此人之教子也！若由此业，自致卿相，亦不愿汝曹^⑥为之。

【注　释】

①［书疏］写奏疏、信礼之类的文字。

②［鲜卑］北方少数民族，东晋时在北方建立魏朝，是北朝各代占统治地位的民族。北齐皇帝高齐的祖先亦鲜卑人，他喜欢弹琵琶，当时不少士大夫都因通晓鲜卑语和琵琶而官运亨通。但当时对汉人来说，这是一种变节行为。

③［通解］精通。

④［伏事］服侍。

⑤［俛］通“俯”，低头。

⑥［汝曹］你们这些人。

【译　文】

南北朝时，北齐有一士大夫，曾经得意地对我说：“我有一个儿子，已经十七岁了，通晓写奏疏和信礼。我想教他学鲜卑语和琵琶，只要这两项稍有精通，凭此本领去服侍王公贵卿，没有一个不会宠爱他。这是教子的重要内容。”我当时低头不语。这人教子之道是多么荒唐啊！孩子们即使凭借鲜卑语和琵琶可以去获取卿相之位，我也不愿意让你们去做，那样会有损我们的民族气节。

（傅绍良）

家　颐

教　子　语

【作者简介】

家颐，字养正，宋代眉山（今属四川）人。著有《子家子》。

【内容提要】

这几则《教子语》，不单是对自己儿子的具体教诲，更是对天下父母应如何教子的一般规律的探讨。他把教子抬到了人生最重要的位置，而且提出了应普遍遵循的原则，如"不溺小慈"，"教子有五"等，还就不同家庭子女应有不同教法，表明己见，如"富家"、"贫家"的教子应有不同侧重点，等等。

【原　文】

人生至乐无如读书，至要无如教子。

父子之间不可溺于小慈，自小律之以威，绳之以礼，则长无不肖之悔。

教子有五：导其性，广其志，养其才，鼓其气，攻其病，废一不可。

养子如养芝兰，既积学以培植之，又积善以滋润之。

人家子惟可使觊①其德，不可使觊利。

富者之教子，须是重道；贫者之教子，须是守节。

子弟之贤不肖，系诸人，其贫富贵贱系之天，世人不忧其在人者，而忧其在天者，岂非误耶？士之所行，不溷②流俗，一以抗节于时，一以诒训于后。

士人家切勤教子弟，勿令诗书味短。

孟子以惰其四支为一③，不孝而为人子孙，游惰④而不知学，安得不愧。

【注　释】

① ［觌（dí）］见，相见。

② ［溷（hùn）］通"圂"，猪圈。引申为受污染。

③ ［孟子以惰其四支为一］《孟子·离娄下》："世俗所谓不孝者五。惰（懒惰）其四支（肢），不顾父母之养，一不孝也。"

④ ［游惰］懒散，无所事事。

（储兆文）

袁 氏 世 范 _(节录)

父母不可妄憎爱

【内容提要】

　　此篇针对父母容易溺爱幼子，致使子女慢慢滋长坏的习惯，等到子女长大，恶习形成，父母又容易吹毛求疵、薄其所爱的现象，劝告天下父母不要妄自爱憎，应该尽早严格要求，不要溺爱幼子；子女长大，虽有过失，也要以爱心来感化，不要过于苛责。

【原　　文】

　　人之有子，多于婴孺^①之时，爱忘其丑，恣^②其所求，恣其所为。无故叫号，不知禁止，而以罪保母^③；陵轹^④同辈，不知诫约，而以咎他人。或言其不然，则曰："小未可责。"日渐月渍^⑤，养成其恶，此父母曲爱之过也。及其年齿渐长，爱心渐疏，微有疵失，遂成憎怒，摭^⑥其小疵，以为大恶。如遇亲故，妆饰巧辞，历历陈数，断然以大不孝之名加之，而其子实无他罪，此父母妄憎之过也。爱憎之私，多先于母氏，其父者不知此理，则徇其母氏之说，牢不可解。为父者须详察此：子幼必待以严，子壮无薄其爱。

【注　　释】

　　①［婴孺］婴儿，幼儿。

　　②［恣］放纵，任凭。

　　③［保母］即保姆。

　　④［陵轹（lì）］欺压。

　　⑤［渍（zì）］浸，染。

⑥〔撷（zhì）〕拾取。

【译　文】

　　人们多在子女幼小的时候，因为爱他们而忘却了他们的缺点，任凭他要求什么，任凭他们胡作非为。子女无缘无故大声喧哗，不知道去禁止，却去怪罪保姆；子女欺压同辈伙伴，不去训诫制止他，却要责备他人。如有人说不应该这样对待他们，他便说："孩子小不能责备他。"日积月累，慢慢养成恶习，这完全是父母溺爱的过错。等到孩子年龄渐大，父母便减少对孩子的爱心，子女稍有过失，便憎恨发怒，揪住他们的小毛病，认为是严重的过错。如果遇到亲友，便添油加醋，编织言辞，陈说数落，武断地把大不孝的名声强加给子女，其实他的子女并无罪过，而是父母错误憎恨的过错。溺爱妄憎，多数先源自母亲，如果做父亲的不知道这个道理，按照母亲的说法去对待子女，这是万万使不得的。做父亲的必须认识到这一点：子女幼小的时候，一定要严格要求他们；子女长大后，对他们不要缺乏慈爱。

（储兆文）

郑太和

郑 氏 规 范

【作者简介】

郑太和，元代浦江（今属浙江）人。其家自远祖郑绮以来，自宋至明，近三百年，十世同居，有孝义之风，宋元二史俱载《孝义传》中，世称义门郑氏。

【内容提要】

该文共有 168 则。自冠婚丧祭至衣服饮食，治家的各个方面无所不包，语言通俗，妇孺亦能通晓。明初著名文学家宋濂在给该文写的序言中说："于厚人伦、美教化之道诚有益哉。"这里选其一，谈家长应重身教，公允无私，还要把握好"明"与"不明"的尺度：既不可对家事了解得很清楚，又不可不对家事有了解。有时需装糊涂，宽容为怀；有时又要明察秋毫，防微杜渐。

【原　　文】

为家长者，当以至诚待下，一言不可妄发，一行不可妄为，庶合古人以身教之之意。临事之际，毋察察而明①，毋昧昧②而昏，更须以量容人，常视一家如一人可也。

【注　　释】

①［察察］分析明辨之意。［毋察察而明］意即不要把任何事情都弄得清清楚楚，有时需要糊涂。

②［昧昧］愚昧，昏乱。

（薛　放）

吴玉章

新年话家常

【作者简介】

吴玉章（1878—1966），字永珊，四川荣县人。无产阶级革命家、教育家。先后任延安鲁迅艺术学院院长、延安大学校长、中国人民大学校长、中国文字改革委员会主任等职。著有《辛亥革命》等。

【内容提要】

本文节选自吴玉章的《新年话家常》。他主张正确的教育子女方法，应是爱与严的结合，反对家长纵容子女的骄惰，鼓励家长让子女到艰苦的环境中去经风雨、见世面。

【原　文】

正确教育子女的方法，我们认为最主要的应该是爱和严相结合。在生活上既要给予子女适当的父母之爱，在政治上又要严格要求他们，特别是舍得让他们到艰苦环境中去锻炼，在风雨中成长。这才是真正的爱。只有这样才能锻炼出人才，成为真正有作为的人。孟子说过这样的一段话："故天将降大任于斯人也，必先苦其心志，劳其筋骨，饿其体肤，空乏其身，行拂乱其所为，所以动心忍性，增益其所不能。"孟子这段话中关于"天命"的说法，当然是不对的。但他这种必须在艰苦中磨炼出来人，才能担当"大任"的道理，还是好的。在今天我们的社会里父母送子到艰苦中锻炼，已经成为一种社会风尚。这是一种移风易俗的变化，也可以说是家庭教育的一个革命。

（东方晓）

鲁　迅

我们现在怎样做父亲

【作者简介】

　　鲁迅（1881—1936），原名周树人。浙江绍兴人。中国现代文学家、思想家和教育家。早年留学日本学习医学。回国后历任浙江两级师范学堂、绍兴府中学教员、监学，北京中华民国教育部金事，北京大学讲师，女子师范大学、厦门大学、中山大学教授。新文化运动中，发表第一篇现代白话小说《狂人日记》。后结成小说集《呐喊》《彷徨》《故事新编》，散文诗集《野草》，散文集《朝花夕拾》，杂文集《坟》《热风》《华盖集》《花边文学》《且介亭杂文》等。鲁迅从 1928 年起一直客居上海，以写文为生，直到 1936 年病逝。

【内容提要】

　　鲁迅的家教观是完全新型的。他一扫传统父权社会相沿成习的父亲至上的伦理观念，以父子在人格、精神上的平等为基准，大胆地提出了以"天性的爱，无我的爱"施予儿女的家教观。这里回荡的是人道主义的自由、民主的声音。另一方面，鲁迅清醒的历史感又使他感到"自我身上背着的因袭的重担"对下一代的负面影响。因此，他又提出了"肩住黑暗的闸门，放他们到宽阔光明的地方去；此后幸福的度日，合理的做人"。这里包含着巨大的自我牺牲精神，鲁迅以后整个人生实践本身就证明了这一点。

【原　　文】

　　所以觉醒的人，此后应将这天性的爱，更加扩张，更加醇化；用无我的爱，自己牺牲于后起新人。开宗第一，便是理解。往昔的欧人对于孩子的误解，是以为成人的预备；中国人的误解，是以为缩小的成人。直到近来，经过许多学者的研究，才知道孩子的世界，与成人截然不同；

倘不先行理解，一味蛮做，便大碍于孩子的发达。所以一切设施，都应该以孩子为本位。日本近来，觉悟的也很不少；对于儿童的事业，都非常兴盛了。第二，便是指导。时势既有改变，生活也必须进化；所以后起的人物，一定尤异于前，决不能用同一模型，无理嵌定。长者须是指导者协商者，却不该是命令者。不但不该责幼者供奉自己，而且还须用全副精神，专为他们自己，养成他们有耐劳作的体力，纯洁高尚的道德，广博自由能容纳新潮流的精神，他就是能在世界潮流中游泳，不被淹没的力量。第三，便是解放。子女是即我非我的人，但既已分立，也便是人类中的人。因为即我，所以更应该尽教育的义务，交给他们自立的能力；因为非我，所以也应同时解放，全部为他们自己所有，成一个独立的人。

……

这样，便是父母对于子女，应该健全的产生，尽力的教育，完全的解放。

总而言之，觉醒的父母，完全应该是义务的，利他的，牺牲的，很不易做；而中国尤不易做。中国觉醒的人，为想随顺长者解放幼者，便须一面清结旧账，一面开辟新路。就是开首所说的"自己背着因袭的重担，肩住了黑暗的闸门，放他们到宽阔光明的地方去；此后幸福的度日，合理的做人"。这是一件极伟大的要紧的事，也是一件极困苦艰难的事。

（田　刚）

周作人

儿童的文学

【作者简介】

周作人（1885—1967），鲁迅二弟，原名周槐寿，又名周岂明、周知堂等。浙江绍兴人。中国现代文学家和学者。早年留学日本，归国后任北京大学、女子师范大学教授，是中国现代最早的儿童文学翻译者和研究者。五四时期，周作人是新文学的主将，其名文《人的文学》，曾轰动一时。抗日战争期间他依附日军，任伪华北教育总署督办。1949年后幽居北京，"文革"中病逝。

【内容提要】

周作人在这里对于儿童生理和心理上独立意义与价值的发现与肯定，在现代中国是具有划时代意义的。周作人把"儿童的发现"当作"人的发现"的一个重要组成部分。这里有两条原则，一是把儿童当作"人"，二是承认"儿童就是儿童"，由此而建立起来的教育思想必然是"儿童本位主义"的，这在五四时期可以说是对传统家教观彻底的反动和背叛。

【原　文】

儿童在生理上、心理上虽然和大人有点不同，但他仍是完全的个人，有他自己的内外两面的生活。儿童期的二十几年的生活，一面固然是成人生活的准备，但一面也自有独立的意义和价值。

以前的人对于儿童不能正当地理解，不是将他当作缩小的成人，拿"圣经贤传"尽量灌下去，便将他看作不完全的小人，说小孩懂得什么，一笔抹杀，不去理他。

儿童教育是应当依了他内外两面的生活需要，恰如其分地供给他，使他生活，满足生活。应当客观地理解他们，并加以相当的尊重。

（田　刚）

陶行知

论家庭教育

【内容提要】

　　陶行知先生认为，父母对教育子女应当有一致的措施，父亲对子女过严，母亲对子女过宽，都不利于教育子女。过严易失子女的爱心，过宽则易失子女的敬意。

【原　　文】

　　做父母的对于子女的教育应有一致的措施。中国家庭教育素主刚柔并济。父亲往往失之过严，母亲往往失之过宽。父母所用的方法是不一致的。虽然有时相成，但流弊未免太大。因为父母所施方法宽严不同，子女竟至无所适从，不能了解事理之当然。并且方法过严，易失子女之爱心。过宽则易失子女之敬意。这都是父母主张不一致的弊病。

（东方晓）

读书治学篇

鲤趋而过庭。曰：学《诗》乎？对曰：『未也。』曰：不学《诗》，无以言。鲤退而学《诗》。他日，又独立。鲤趋而过庭。曰：学《礼》乎？对曰：『未也。』曰：不学《礼》，无以立。鲤退而学《礼》。

孔 丘

庭 训

【作者简介】

　　孔子（公元前551—公元前479），名丘，字仲尼。鲁国陬邑（今山东曲阜）人。春秋末期思想家、政治家、教育家，儒家学派的创始者。据说曾删《诗》《书》，定《礼》《乐》，赞《周易》，修《春秋》。现存《论语》一书，记有孔子及其与门人的言论事迹，是研究孔子学说的主要资料。

【内容提要】

　　本篇记述的是孔子独自站在庭院里教育儿子的一番话。孔子教育儿子要努力学习古代文化，学习古代礼仪，这样才能在文章和道德等方面有所建树，干出一番事业来。古人称父教为庭训，即源于此。本文分别选自《论语》的《季氏》《阳货》两篇，题目为编者所拟。

【原　文】

　　鲤趋而过庭。曰：学《诗》①乎？对曰："未也。"曰：不学《诗》，无以言。鲤退而学《诗》。他日，又独立。鲤趋而过庭。曰：学《礼》②乎？对曰："未也。"曰：不学《礼》，无以立。鲤退而学《礼》。

　　子谓伯鱼曰：女为《周南》《召南》矣乎③？人而不为《周南》《召南》，其犹正墙面而立④也与。

【注　释】

　　①［《诗》］即《诗经》。我国最早的诗歌总集。共收西周初至春秋中期的民歌和朝庙乐章305篇。孔子时代贵族交往时往往借吟诵《诗经》里的句子来表达自己的意

思，所以孔子有"不学《诗》，无以言"的话。

②［《礼》］即《仪礼》。儒家经典之一。春秋、战国时期一部分礼制的汇编。

③［伯鱼］孔子的儿子。［《周南》《召南》］均为《诗经·国风》之一，文中以《周南》《召南》指代《诗经》。孔子认为《诗经》可以兴、观、群、怨，具有很强的社会认识价值，所以告诫他的儿子要好好学习《诗》。

④［墙面而立］即面墙而立，目无所见。比喻不学无术。

【译　文】

鲤恭敬地快步走过庭院。孔子叫住他，问道：你学《诗》了吗？鲤回答："没有。"孔子说：不学《诗》，就无法与人交谈。鲤退下去后就开始学《诗》了。又一天，孔子又独自站在庭院里思考问题。鲤恭敬地快步走过庭院。孔子叫住他，问道：你学《礼》了吗？鲤回答："没有。"孔子说：不学《礼》，就不能立身。鲤退下去后便开始学《礼》。

孔子对伯鱼说：你学《周南》《召南》了吗？作为人而不学《周南》《召南》，这不正像面墙而立、什么也看不见了吗？

（周晓薇）

孟轲母

母　训

【作者简介】

孟轲的母亲仉（zhǎng）氏在我国封建社会中因教子有方被推崇为贤母的典范。事迹见刘向《列女传》。

【内容提要】

这个故事生动地说明了人如果荒废学业，就会像快要织好的布被剪断一样半途而废。只有通过学习，才能养成好的修养和品德。孟子听从了母亲的教诲，改正错误，坚持不懈地勤苦学习，终于成为天下名儒。

【原　文】

孟子之少也，既学而归。孟母方织，问学所至，孟子自若。孟母以刀断其织，孟子惧而问其故。母曰："子之废学若吾断斯织也。"夫君子学以立名，问则广知。今而废之，是不免于厮役而无以离于祸患也。孟子惧，旦夕勤学不息，祖师子思[①]，遂成天下之名儒。

【注　释】

①［子思］战国初哲学家。姓孔，名伋，为孔子的孙子。孟子受业于他的门下，并将其学说加以发挥，形成了思孟学派。

【译　文】

孟子少年时，在外求学归来。孟子的母亲正在织布，便问孟子学习进展到了什么程度，孟子显出一副不以为然的样子。孟子的母亲就用刀割断了正在纺织的布，孟子很害怕，忙问母亲这样做的原因。母亲说："你荒废学业就像我割断这些织物一样。"有德行的人总是以学习来显亲扬名，通过虚心求教来获得广博的知识。你今天荒废了学业，这就不可避免要成为一个只会干粗活而供人使唤的人，从而也就无法脱离灾难了。孟子很恐惧，日夜不懈地勤奋学习，效法老师子思，终于成了天下有名的学问家。

（周晓薇）

刘 邦

手 敕 太 子

【作者简介】

汉高祖刘邦（公元前256—公元前195），西汉王朝的建立者。陈胜起义时，他起兵响应。公元前206年，率军攻入咸阳，推翻秦朝统治。后与项羽展开长达5年的战争。公元前202年，战胜项羽，建立汉朝。在位12年，注重加强中央集权制，实行重本抑末政策，发展农业生产，打击商贾；在一定程度上恢复和发展了社会经济。

【内容提要】

刘邦用自己的亲身经历告诫儿子要努力学习。刘邦小时候，正值秦始皇焚书的时代，没能够好好读书，即位以后才懂得了读书的意义。刘邦还以尧舜为例，说明了"任人唯贤"的道理。

【原　文】

吾遭乱世，当秦禁学①。自喜，谓读书无益。自践祚②以来，时方省③书，乃使人知作者之意。追昔所行，多不是。

尧舜④不以天子与子而与他人，此非不惜天下，但子不中立耳。人有好牛马尚惜，况天下耶？吾以尔是元子⑤，早有志意。群臣咸称汝友四皓⑥。吾所不能致，而为汝来，为可任大事也。今定汝为嗣⑦。

【注　释】

① ［禁学］指秦始皇时焚书之事。

② ［践祚］帝王即位。［践］履。古代庙、寝堂前两阶，主阶在东，称祚阶。祚阶上为主位，因此称即位行事为"践祚"。

③ ［省（xǐng）］通"醒"，意为知觉、醒悟。

④ ［尧］传说中父系氏族社会后期部落联盟领袖。传曾推选舜为其继承人。对

舜进行三年考核后，命舜摄位行政。[舜] 传说中父系氏族社会后期部落联盟领袖。尧去世后继位，选拔治水有功的禹为继承人。

⑤ [元子] 天子、诸侯的嫡长子。

⑥ [四皓 (hào)] 秦末东园公、甪里先生、绮里季、夏黄公隐于商山（今陕西商县东南），年皆八十多，时称"商山四皓"。

⑦ [嗣 (sì)] 继承，接续。

【译　文】

我小的时候遭逢纷乱的年代，正当秦始皇禁书之时。自己还很高兴，认为读书没有益处。自从即位以来，这才明白了读书的重要，于是让别人讲解，才知道著书人的意图。追忆昔日的所作所为，很多方面做得不好。

尧舜不将天子的地位传给自己的儿子而给与别人，这不是不珍惜天下，只是因为自己的儿子不适合继位罢了。人们有了好牛好马尚且爱惜，更何况天下呢？我因为你是嫡长子，早有立你为继承人的意图。大臣们都说你同"商山四皓"十分友善。我不能招他们来，而他们却能为你效命，因为你可以胜任国家大事啊。现在就定你为皇位继承人吧。

（周晓薇）

李 暠

勖 诸 子

【作者简介】

　　李暠（351—417），字玄盛，陇西狄道（今甘肃临洮）人，十六国时期西凉的建立者。400—417年在位，曾在北凉任敦煌太守，隆安四年自称大都督、大将军、凉公，领秦凉二州牧、护羌校尉，建元庚子，迁都酒泉。死后谥武昭王。由其子李歆继位。

【内容提要】

　　李暠针对他众儿子"弱年受任"这一情况写了此文，他用诸葛亮的《诫子书》告诫诸子，又举三国魏文学家应璩的奏谏，认为周公、孔子的教诲尽在其中，要儿子们照此去做。他认为要知古今之事，但若有近人可师，不必求远。诸葛亮、应璩就是如此之师。

【原　文】

　　吾负荷艰难，宁济之勋未建，虽外总良能，凭股肱①之力，而戎务孔殷，坐而待旦。以维城之固，宜兼亲贤，故使汝等未及师保②之训，皆弱年受任。常惧弗克，以贻咎悔。古今之事不可以不知，苟近而可师，何必远也。览诸葛亮训励，应璩奏谏，寻其终始，周、孔③之教尽在中矣。为国足以致安，立身足以成名，质略易通，寓目则了，虽言发往人，道师于此。且经史道德如采菽中原，勤之者则功多，汝等可不勉哉！

【注　释】

　　①［股肱（gǔ gōng）］比喻左右辅助得力的臣子。［股］大腿。［肱］手臂从肘到腕的部分。

　　②［师保］担任教导贵族子弟职务的官，有师有保，统称"师保"。

③〔周、孔〕指周公姬旦和孔子。

【译　文】

　　我肩负的担子很艰难，安定境内、拯济黎民的功业尚未建立，虽凭借着得力之臣的辅佐，但军务非常繁忙，每每坐着办事直到天亮。为的只是城邦的巩固，应该贤者与亲者并用，所以使你们未得到老师的教育，就都在年纪轻轻时担负重任。我常担心你们不能胜任，以致造成过错和悔恨。古今成败之事不能不知道，如果有眼前的典范可以学习，那又何必非要效法远的。我看诸葛亮的《诫子书》，应璩的奏谏，寻求其始末，周公、孔子的教导都在其中。用于治国足以使国家安定，用于立身足以使其成名。他们的文章辞语质朴简略，容易理解，一看即懂，虽然话语取发于古人，但对于今人仍具有教导作用。况且学习经史道德上的学问，犹如人到地里采摘豆子一样。勤劳的人功绩就多，你们能不自我勉励吗？

（高益荣）

萧 纲

诫 子

【作者简介】

梁简文帝萧纲（503—551），字世缵，兰陵（今江苏常州西北）人。梁武帝第三子，在位两年，为叛将侯景所杀。做太子时，常与文士徐摛、庾肩吾等，以轻靡绮艳的文辞，描写上层贵族的荒淫生活，时称"宫体"。著有《昭明太子传》等，后人辑有《梁简文帝集》。

【内容提要】

梁简文帝教育儿子要努力学习，并认为学习是人一生中最重要的事情。他不赞成对学习采取"面墙而立"、"沐猴而冠"的态度。既要对学习有兴趣，又要扎扎实实，不可不学无术，亦不可华而不实。

【原　文】

汝年时尚幼，所阙者学。可久可大，其唯学欤。所以孔丘言："吾尝终日不食，终夜不寝，以思，无益，不如学也。"若使面墙而立，沐猴而冠①，吾所不取。立身之道与文章异，立身先须谨重，文章且须放荡。

【注　释】

①〔沐猴〕猕猴。〔沐猴而冠（guàn）〕猕猴戴帽子，比喻虚有仪表。

【译　文】

你现在年龄还小，所缺少的就是学习。可以长久存在的，可以博大无边的，难道不是只有学习吗？所以孔子说："我曾经整天不吃饭整夜不睡觉，去思考，但没有收益，不如去学习。"如果对学习采取"面墙而立"、"沐猴而冠"的态度，那是我所不能赞同的。立德修身的道理与写文章是不同的，立德修身首先必须谨慎、自重，写文章就要放开些。

（周晓薇）

颜之推

颜 氏 家 训 （节录）

勉 学 篇

学 以 立 业

【内容提要】

读书学习是立业之本。农民种田，工匠造器，武士骑射，文士讲经，都需要学习。有人自恃有个好家世，能混得一官半职，但到考验他的真才实学时，却羞辱难堪，这又何苦呢！作者在这里反复晓谕，真挚剖世。凡有志于学者，都当录置案头，细细体会。

【原　文】

自古明王圣帝①，犹须勤学，况凡庶②乎！此事遍于经史，吾亦不能郑重③。聊举近世切要④，以启寤⑤汝耳。士大夫子弟，数岁已上莫不被教，多者或至《礼》、《传》⑥，少者不失《诗》、《论》⑦。及至冠婚⑧，体性⑨稍定；因此天机⑩，倍须训诱。有志尚⑪者，遂能磨砺，以就素业⑫；无履立者，自兹堕慢⑬，便为凡人。人生在世，会当⑭有业：农民则计量耕稼，商贾则讨论货贿⑮，工巧则致精器用⑯，伎艺则沉思法术⑰，武夫则惯习弓马，文士则讲议经书。多见士大夫耻涉农商，羞务工伎；射则不能穿札，笔则才记姓名；饱食醉酒，忽忽无事，以此销日，以此终年。或因家世余绪⑱，得一阶半级⑲，便自为足，全忘修学。及有吉凶大事，议论得失，蒙然⑳张口，如坐云雾；公私晏集，谈古赋诗，塞默㉑低头，欠伸㉒而已。有识旁观，代其入地。何惜数年勤学，长受一生愧辱㉓哉！

【注　释】

① ［明王圣帝］明哲圣贤的帝王。

② ［凡庶］平民百姓。

③ ［郑重］此指频繁，重复。

④ ［切要］切中要领。

⑤ ［启寤（wù）］开通，觉悟。

⑥ ［《礼》］《礼记》。［《传》］《春秋三传》，此处主要指《左传》。

⑦ ［《诗》］《诗经》。［《论》］《论语》。

⑧ ［冠婚］成年，结婚。

⑨ ［体性］性情。

⑩ ［天机］天赋和悟性。

⑪ ［志尚］志向。

⑫ ［就］成就。［素业］本业，此处指儒业。

⑬ ［履立］指德行学业方面的操守和建树。［堕］通"惰"。

⑭ ［会当］应当。

⑮ ［货贿］货物。古时金玉曰货，布帛曰贿。

⑯ ［工巧］能工巧匠。［致精器用］把器物制作修饰得精美。

⑰ ［伎艺］从事杂技和艺术的人。［法术］此指要玩的技法。

⑱ ［余绪］先辈的余恩。

⑲ ［一阶半级］即一官半职。

⑳ ［蒙然］茫然无知。

㉑ ［塞默］如口被塞，默不作声。

㉒ ［欠伸］困倦时打呵欠、伸懒腰。

㉓ ［愧辱］惭愧和羞辱。

【译　文】

　　自古以来，明哲圣贤的帝王还须勤奋学习，何况凡俗之人呢！这类事例在经史、典籍中处处可见，我就不用重复了。现在暂且举近世一些关键的事宜，来启发开导你们。士大夫子弟，几岁之后，没有不接受教育的，学得多的能学到《礼记》《春秋三传》，学得少的也没有漏掉《诗经》和《论语》。等到他们长大成人，结婚成家时，性情稍稍稳定，便要随其天资，格外对其训诱劝导。有志向的人，便能刻苦磨砺，以成就儒业；没有操守和建树的人，自幼懒惰怠慢，不肯发奋，便成为凡俗之人。人生在世，应该有自己谋生的事业：农民要丈量田亩，计算收成；商贾要辨别货物，商讨价格；能工巧匠要苦练手艺，使器物更加精美；要杂卖艺的人要开动脑筋，思考新的招术；武士们要练习射箭和骑马；文士们要讲解和研讨经书。近来我看见很多士大夫，羞于务农经商，又没有工匠的手艺和艺人的能耐；射箭连写字用的薄木片也射不穿，写字只能写自己的姓名；饱食醉酒，荡荡悠悠，无所事事，以此度日，以此终年。有的人蒙家世先辈的余荫，混得一官半职，便以此自足，忘记继续学习提高。遇有凶吉之类的大事，需要他议论得失时，张口哑然，不知所措，如坐云雾之中；在公私宴饮谈古赋诗时，口像被塞住一样，默然无声，低头闷坐，只会打个呵欠、伸个懒腰而已。有相识者在一旁看到，羞得恨不能代他钻到地缝中。为什么年轻时要吝惜短短几年时间不勤奋学习，而使自己的一生在惭愧和羞辱中度过呢？

贵 有 真 才

【内容提要】

天下太平时，纨绔子弟们悠闲终日，无所事事，自作风雅；一旦天下变异，改朝换代，他便无法生存。而只要有一技之长的人，无论在什么时代，都可触地而安，自谋生路。"知识就是力量"，培根的这句名言，在这里早已有形象的描述。

【原　文】

梁朝全盛之时，贵游子弟①，多无学术②，至于谚云："上车不落则著作③，体中何如则秘书④。"无不熏衣剃面⑤，傅粉施朱⑥，驾长檐车⑦，跟高齿屐⑧，坐棋子方褥⑨，凭斑丝隐囊⑩，列器玩于左右，从容出入，望若神仙⑪。明经求第⑫，则顾人答策⑬；三九公宴⑭，则假手⑮赋诗。当尔之时⑯，亦快士⑰也。及离乱⑱之后，朝市迁革⑲，铨衡选举⑳，非复曩者㉑之亲；当路秉政㉒，不见昔时之党。求诸身㉓而无所得，施之世㉔而无所用。被褐而丧珠㉕，失皮而露质㉖。兀㉗若枯木，泊若穷流㉘。鹿独㉙戎马之间，转死沟壑之际。当尔之时，诚驽材㉚也。有学艺㉛者，触地而安㉜。自荒乱以来，诸见俘虏㉝，虽百世小人㉞，知读《论语》、《孝经》者，尚为人师；虽千载冠冕㉟，不晓书记者，莫不耕田养马。以此观之，安可不自勉耶？若能常保数百卷书，千载终不为小人也。

【注　释】

①［贵游子弟］无官职的王公大臣的子弟们。南北朝时重门阀，贵族子弟多蒙荫授官。《抱朴子》外篇《崇教》中说："贵游子弟，生乎深宫之中，长乎妇人之手，忧惧之劳，未尝经心。或未免于襁褓之中，而加青紫之官，才胜衣冠，而居清显之位。"

②［学术］学问和才能。

③［上车不落］叮咛语。让别人上车时小心，不要跌下来。［著作］官名。

④［体中何如］问候语。问别人身体怎样。［秘书］官名。六朝时代，秘书郎、著作郎多由贵游子弟担任，他们没有真才实学，所以也只能说此叮咛之类的话，写问候之类的信。

⑤［熏衣］用香料把衣熏香。［剃面］剃尽胡须，使脸上白净光亮。

⑥［傅粉］抹擦白粉。［施朱］涂红颜料。自汉魏至南北朝，男子均有涂脂敷粉的习惯。

⑦［长檐车］即通幰车。车檐前的帷幔将车全盖住，故名。

⑧［跟］跟脚后跟，此处引申为穿。［高齿屐］一种木制的雨鞋，鞋下有高齿，踏在泥中不脏脚，南北朝时士大夫们晴天也爱穿屐，步法轻盈，十分优雅。

⑨［棋子］即棋子布，一种有方格图案的绢。［方褥］用棋子布成的方形坐垫。

⑩［凭］靠。［斑丝］杂色丝织成的布。［隐囊］坐定时用以凭倚的靠枕。

⑪［神仙］意谓像神仙一样飘逸悠然。

⑫［明经］取士科目之一。以明于经（治理）国之道来取士。［求第］求取科第。

⑬［顾］通"雇"。［策］考试科目之一。考试时，考官提出有关治国问题，举子立即回答出解决问题的策略。

⑭［三九］三公九卿的缩语，皆指显官。［公宴］在公府中设宴。

⑮［假手］请人代作。

⑯ [当尔之时] 在那个时候。

⑰ [快士] 佳士，有用之才。

⑱ [离乱] 遭遇动乱。

⑲ [朝市] 即朝廷。[迁革] 变换。

⑳ [铨衡选举] 量才选官。

㉑ [曩者] 昔日。

㉒ [当路秉权] 身居要职，掌握大权。

㉓ [求诸身] 从他身上找点东西。

㉔ [施之世] 把他放在社会中。

㉕ [被] 通"披"。[褐] 粗布或麻布做成的短衣，是贫苦人的服装。[丧珠] 失去其华美的东西。古人认为圣人虽身披褐衣，也如有美玉在胸，明洁高贵。此讽刺贵族公子们没有真才，只靠穿着华美的衣服来装饰自己。

㉖ [失皮] 揭开假面具。[露质] 暴露真相。

㉗ [兀] 光秃秃的样子。

㉘ [泊若穷流] 形容人神情呆滞，就像水将流尽一样。[泊] 通"洦"，浅水。

㉙ [鹿独] 方言，颠沛流离之意。

㉚ [驽材] 才能低下之人。

㉛ [学艺] 学问和技艺。

㉜ [触地而安] 随到哪里都能生活得安稳。

㉝ [诸] 指上文所说的贵族子弟和有学艺的人。[俘虏] 被俘的梁朝人士。

㉞ [小人] 地位低下之人。

㉟ [冠冕] 古时自命士以上都有冠冕，后代指官宦之家。

【译　文】

在梁朝全盛的时候，王公贵族的子弟，大多没有学问和才能，以至当时的谚语说："只会说上车不要跌倒之类话的是著作郎，只能写近来身体如何之类文字的是秘书郎。"这些官大多是贵族子弟担任的，他们无不熏香衣服、剃光脸面，擦白粉、涂红脂；驾着帷幔长垂的车子，穿着齿很高的木屐；坐在棋子格花布织成的方形坐垫上；靠在色彩鲜艳的丝绸做成的靠枕上；器皿和玩好排列在身边，出入庭院，悠然从容，远远望去，像神仙一样飘逸逍遥。明经考试时，则请别人来回答策问；三公九卿宴饮时，则让别人代为赋诗。在那个时代这也算是有用之才。等到社会动乱，朝廷政变，量才选官的，已不是昔时的亲友；当权执政的，也不是往日的朋党。从他身上找不到什么真才实学，把他放到社会中去又毫无用处。披上褐衣，也就失却了华贵；失去虎皮，便露出了羊质。头脑空空，就像一根枯木；精神呆滞，有如干涸的溪流。颠沛于戎马之间，转死于沟壑之中。在那时候，才真正是个庸才啊！而有学问和才艺的人，无论他走到何处，都能生活下去。自兵荒马乱以来，在被俘的人中，贵族子弟的窘态和有才学之人的自立，处处可见。所以虽然百世为平民百姓，只要知晓《论语》和《孝经》，就可以成为他人的老师；即使曾经千年为官宦之家，但后代若不会写信记事，没有不去耕田养马的。由此看来，怎能不勉励自己勤奋学习呢？若能经常保有数百卷书，千百年中都不会成为低贱之人。

读 书 自 立

【内容提要】

俗话说："积财千万，不如薄技在身。"聪明人不要成堆的黄金，只要那点铁成金的神指。知识就是神指，它能给人创造不尽的财富。

【原　　文】

夫明《六经》之指①，涉百家之书②，纵不能增益德行③，敦厉④风俗，犹为一艺⑤，得以自资⑥。父兄不可常依，乡国不可常保，一旦流离⑦，无人庇荫⑧，当自救诸身⑨耳。谚曰："积财千万，不如薄技⑩在身。"技之易习而可贵者，无过读书也。世人不问愚智，皆欲识人之多，多事之广，而不肯读书，是犹求饱而懒营馔⑪，欲暖而惰裁衣也。夫读书之人，自羲、农⑫已来，宇宙之下，凡识几人，凡见几事。生民⑬之成败好恶，固不足论，天地所不能藏，鬼神所不能隐也。

【注　　释】

①［明］精通。［六经］指《诗》《书》《易》《礼》《春秋》《乐》六部经典。

② [涉] 涉猎，浏览。[百家之书] 指除儒家之外的各种学术流派的著作。

③ [德行] 道德，操行。

④ [敦厉] 使之淳厚严肃。

⑤ [一艺] 即一经。

⑥ [自资] 自我谋生。

⑦ [流离] 漂流离散。

⑧ [庇荫] 依赖，保护。

⑨ [自救诸身] 自己拯救自己。

⑩ [薄技] 微小浅薄的技能。

⑪ [营馔] 经营饮食。

⑫ [羲] 伏羲。[农] 神农。都是远古时代的神人。

⑬ [生民] 人民。

【译　文】

通晓《六经》义理，广涉百家书籍，纵使不能补益人的道德情操，使风俗更加淳朴严正，也可以精通一经，作为自己谋生的资本。人不可能永远依靠父亲和兄长，国家和家园也不可能永远不遭战乱，一旦远离故乡，无人庇护，就应该靠自己拯救自己。俗话说："积存千万财物，不如身怀一种微小的技能。"技能中最容易学习而且使人高贵的，莫过于读书。世上人不论愚笨的还是聪明的，都想多认识些人，多见识些事，但却不肯读书，这就像想吃饱而又懒得做饭菜，想取暖而又不愿裁制衣服。读书之人，自远古伏羲氏神农氏以来，天地宇宙之下，共认识了多少人，见识了多少事。人生的成功失败、喜好和厌恶，当然不用说了，就连天地万物的道理、鬼神之事也都能知道。

安于贫困

【内容提要】

生活之路不是平坦的。红颜薄命固然泪渍青简，高才潦倒也史不绝书。也许有人饱读经书，才高八斗，却依然一贫如洗，累及妻儿。但毕竟有学问的人就像处在矿石状态中的金玉一样，虽然未为世用，但他仍有一份别人难以企及的品质，仍然可以向那些用富贵名位装饰自己的木石投去鄙夷的一笑。他钻研自然之道，探寻人生之理，精神上是多么富有！这不正是用以支撑人生的杠杆吗？所以当你徘徊在十字路口时，请听取下面这番殷切的叮咛吧！

【原　文】

有客难①主人曰："吾见强弩②长戟，诛罪③安民，以取公侯者有矣；文义习吏④，匡时⑤富国，以取卿相者有矣；学备古今，才兼文武，身无禄位，妻子饥寒者，不可胜数，安足贵学乎？"主人对曰："夫命之穷达，犹金玉木石也。修以学艺⑥，犹磨莹雕刻⑦也。金玉之磨莹，自美其矿璞⑧；木石之段块⑨，自丑其雕刻。安可言木石之雕刻⑩，乃胜金玉之矿璞哉？不得以有学之贫贱比于无学之富贵也。且负甲⑪为兵，咋笔⑫为吏，身死名灭者如牛毛，角立杰出者如芝草⑬；握素披黄⑭，吟道咏德，苦辛无益者如日蚀⑮，逸乐名利者如秋荼⑯，岂得同年而语矣。且又闻之：'生而知者上，学而知之者次。'所以学者，欲其多知明达⑰耳。必有天才，拔群出类，为将则暗与孙武、吴起同术⑱，执政则悬得管仲、子产⑲之教，虽未读书，吾亦谓之学矣。今子即不能然，不师古之踪迹，犹蒙被而卧⑳耳"。

【注　释】

① ［难］责问。

② ［强弩］力量很强的弓。

③ ［诛罪］诛灭罪人。

④ ［文义］办理文书，讲明事义。［习吏］熟悉吏事。

⑤ ［匡时］拯救艰危的时势。

⑥ ［修以学艺］用学问和技艺修缮自己。

⑦ ［磨莹］加工金玉，使之明亮光洁。［雕刻］加工木石，雕刻图案。

⑧ ［矿璞（pú）］未磨制加工的金和玉。

⑨ ［段块］未整理的木条和石块。

⑩ ［"安可"二句］说木石虽然经过雕刻也不会比未加工的金玉有价值。

⑪ ［负甲］披上铠甲。

⑫ ［咋笔］咬嚼毛笔头。

⑬ ［角立］像角一样突出特立。［芝草］灵芝草。

⑭ ［握素］手拿书本。古时书多用绢素写成，故以素代指书。［披黄］翻开书卷。［黄］黄色的书卷。唐朝前书多作成卷轴，用黄布包裹，以防虫囊。

⑮ ［日蚀］月亮与地球、太阳同处一条线上，将太阳遮住。古时称天狗食日。比喻很少出现。

⑯ ［秋荼］荼草在秋天长得十分繁茂，此处比喻众多。

⑰ ［多知］增加自己的知识。［明达］通晓事理，聪明善断。

⑱ ［孙武］春秋时齐国人，著名军事家，著有《孙子兵法》。［吴起］战国时卫国人。后为楚国大将，建树大功。［术］策略。

⑲ ［悬得］先天得到。［管仲］字夷吾，曾任齐国宰相，辅佐齐桓公称霸。［子产］郑国大夫，曾任郑国宰相二十年，以贤明著称。

⑳ ［蒙被而卧］即什么也看不见，一无所得。

【译　文】

　　有位客人责问主人说："在我看来，手执强弓长戟，诛灭罪孽，安定民众，以此封王封侯的人有；精通文章，学习吏法，拯救时代，振兴国家，经此取得卿相之位的人有；学通古今，才兼文武，却身无一官半职，妻子儿女也跟着忍受饥寒，这种人也不可胜数，读书有什么可值得重视呢？"主人回答说："人生命运的困厄和显达，就像金玉和木石的本质有优劣一样，用学问和技艺来修缮人生，就像用磨光和雕刻的方法去加工金玉和木石一样。经过磨光后的金玉，自然要比原始的矿金和璞玉美，原始的木条和石块自然要比雕刻过的木石丑。但怎么可以说雕刻过的木石就胜过原始的矿璞呢？所以不能把贫困的有学问的人与富贵的没有学问的人相比。而且披上铠甲、从军疆场，口咬笔头、为官公府，人死名销、一生碌碌的人多如牛毛，特立杰出的却像灵芝一样罕见。持书阅卷，读诵自然之道、人世之德，辛苦而没有收益的人就像日全食一样稀少，安闲愉快却有名有利的人却像秋天的荼草一样众多，这两类人怎能相提并论呢？而且我又听说：'生而知之者最聪明，学而知之者稍次之。'人之所以要学习，就是要使自己增加知识，善断事理，更加聪明。如果真有那种出类拔群的天才，带兵打仗则能暗合孙武、吴起的谋略，执掌政权则自然会得到管仲、子产的教化，即使没有读书，我也说他已经学习了。现在你们都不是这种天才，不学习古圣人的经验，就像蒙着被子睡觉，会一无所得。"

学 贵 广 博

【内容提要】

生活和工作是没有止境的，知识也是没有止境的。山外有山，天外有天，读书不能只学皮毛便洋洋自得，应学得深，学得广，不断使自己更加充实，更加完善。

【原　　文】

人见邻里亲戚有佳快①者，使子弟慕而学之，不知使学古人，何其蔽②也哉？世人但见跨马被甲，长矟③强弓，便云我能为将；不知明乎天道，辨别地利，比量逆顺④，鉴达兴亡之妙⑤也。但知承上接下⑥，积财聚谷，便云我能为相；不知敬鬼事神⑦，移风易俗，调节阴阳⑧，荐举贤圣⑨之至也。但知私财不入⑩，公事夙办⑪，便云我能治民；不知诚己刑物⑫，执辔如组⑬，反风灭火⑭，化鸱为凤⑮之术也。但知抱令守律⑯，早刑晚舍⑰，便云我能平狱⑱；不知同辕观罪⑲，分剑追财⑳，假言而奸露㉑、不问而情得之察也㉒。爰及农商工贾，厮役㉓奴隶，钓鱼屠肉，饭牛牧羊，皆有先达㉔可为师表，博学求之，无不利于事也。

【注　　释】

①［佳快］佳人快士，指品德才能优异、超出凡俗的人。

②［蔽］不明事理，没见识。

③［矟（shuò）］长矛。

④［比量］权衡。［逆顺］此指是否合乎天道民意。

⑤［鉴达］明察，通晓。［妙］奥秘。

⑥［承上接下］迎奉上司，接待下民。

⑦［敬鬼事神］古人认为在人世之外的一种超现实的鬼神，它们与人类生活密切相关，只有祭祀它们，祈求保佑，才能平安富裕。

⑧［阴阳］古人认为天地万物都是由阴阳化生的，所以善为政者应当懂得阴阳变化之理，因时施政，才能取得成就。

⑨［荐举贤圣］推举良才贤能。

⑩［私财不入］不侵吞百姓的私有财产。

⑪［夙办］及时办理。［夙］早。

⑫［诚己］使自己忠诚。［刑事］即型物，以天地规律为准则。

⑬［执辔］拉着马缰。［组］丝带。［执辔如组］比喻办事得法，轻松自如。又指善于治理天下。

⑭［反风灭火］比喻德性高尚，能感动天神。《后汉书·儒林传》载：有位叫刘昆的县令，注重德政，县境内每年都发生火灾，刘昆只要向火叩头，天上便降雨止风。［反］通"返"。

⑮［化枭为凤］比喻通过德政把恶人造就为善人。《后汉书·循吏传》载：有一个叫仇览的人，在乡里能以德化民，许多逆子经他劝教，都成为孝子。［枭］枭鹰，一种恶鸟。

⑯［抱令守律］严守刑法律令。

⑰［早刑晚舍］早上判决，晚上便赦免。

⑱［平狱］断案。

⑲［同辕观罪］比喻要在好坏相杂的地方识别真正的罪人。《左传》成公十七年载：有一个叫郤犨（hé chōu）的人与一个叫长鱼矫的人因争田发生冲突，郤犨便将长鱼矫反绑起来，并将他与他的父母亲、妻子一起捆在车辕上。

⑳［分剑追财］比喻善于体察民情，判案清明。《风俗通》载：沛郡有一富翁，妻子早亡。他病危中，儿子才几岁，不知事，女儿贪财，要父亲把所有的财产都分给她，只留一把剑给小弟，并说等小弟长到十五岁时，便将财产还给他。可十五年后，她却不认账，其弟与她打官司，当时一位叫何武的太守听了他们的讼辞后，果断判决，令女子把财产还给弟弟。

㉑［假言而奸露］通过辨别真假，查清真相。［奸露］使奸诈之情暴露出来。《魏书·李崇传》载：李崇任州刺史时，有两家为争一个孩子而打官司。李崇让他们把孩子留下，各自回家。十几天后，派人分别给两家一封信，说孩子已经病死。一家人听后号啕大哭，另一家只是叹息几声，一点也不悲伤。李崇便将孩子还给了痛哭的那一家。

㉒［不问而情得之察也］《晋书·陆云传》载：陆云任浚仪县令时，有一男人被

杀。陆云将死者的妻子传进衙门却不审问。十几天后放她出狱，派人暗中跟踪，并吩咐说："不出十里，定有一男人等她，与她说话，到时把他们全抓起来。"走到县城不到十里，果然如此。县吏将他们抓进衙门，陆云再审问，他们全招供了通奸杀夫的罪行。当时人都称陆云神明。

㉓[厮役] 干粗活的奴隶。

㉔[饭牛] 喂牛。[先达] 前辈。

【译　文】

　　世人见邻里和亲戚中有不同凡俗的能人，便让孩子们仰慕并学习他，却不知道让孩子去学习古人，这是多么没有见识的事啊！有些人只要跨上战马，披上铠甲，手持长矛强弓，便以为自己能成为将军；但却不知道明天道，察地势，权衡正义是非，鉴定历次战争胜败的原因。有些人只要会承迎官长，接待下民，积存财物，便以为自己能做宰相；却不知道顺应天意、敬事鬼神、注重教化、改变民风、调节阴阳变化、推举贤良等根本性的东西。有些人只要知道不侵吞百姓财产，及时办理公事，便以为自己能治理百姓；但不知道严于律己，遵奉法规，与民同乐，以德化民，以德感神。有些人只知道死守刑法律令，早晨判刑，晚上就给人赦免，便以为自己能审断案情；但却不知道古人有在众人中识别罪人，通过审度宝剑追回财产、判辨假言揭露真相、不加审问而查出奸情等高妙的本领。由此推及农民、工匠、商人、奴隶、钓者、屠夫，甚至养牛的、牧羊的人中，都有杰出的先辈，都可以作为师表，广泛学习，从他们身上吸取人生经验，这样对自己处世行事是很有好处的。

学 以 致 用

【内容提要】

　　读书不能没有选择，盲无目的。一个人在学问、工作、性格诸方面难免有不足之处，通过读书学习，可以从古人和他人那里得到借鉴，找到人生的楷模。作者对有的读书人"但能言之，不能行之"的批评，在今天仍然发人深省。

【原　文】

　　夫所以读书学问①，本欲开心明目，利于行耳。未知养亲②者，欲其观古人之先意承颜③，怡声下气④，不惮劬劳⑤，以致甘腝⑥，惕然⑦惭惧，起而行之也。未知事君者，欲其观古人之守职无侵⑧，临危授命⑨，不忘箴谏⑩，以利社稷，恻然⑪自念，思欲效之也。素骄奢者⑫，欲其观古人之恭俭节用，卑以自牧⑬，礼为教本，敬者身基⑭，瞿然⑮自失，敛容抑志也。素鄙吝者⑯，欲其观古人之贵义轻财，少私寡欲，忌盈恶满，赒穷恤匮⑰，赧然⑱悔耻，积而能散也。素暴悍⑲者，欲其观古人小心黜己，齿弊舌存⑳，含垢藏疾㉑，尊贤容众，苶然㉒沮丧，若不胜衣也。素怯懦者，欲其观古人之达生委命㉓，强毅正直，立言必信㉔，求福不回㉕，勃然奋厉，不可恐慑也。历兹以往，百行皆然，纵不能淳㉖，去泰去甚㉗，学之所知，施无不达。世人读书者，但能言之，不能行之，忠孝无闻，仁义不足。加以断一条讼㉘，不必得其理；宰千户县，不必理其民㉙；问其造屋，不必知楣横而棳竖也㉚；问其为田，不必知稷早而黍迟也；吟啸谈谑，讽咏辞赋，事既优闲，材增迂诞㉛，军国经纶，略无施用，故为武人俗吏所共嗤诋㉜，良由是也。

【注　释】

　　①［学问］学习和询问。

　　②［养亲］赡养父母。

　　③［先意］父母没有想到的先已想到，即善于体会父母的心意。［承颜］承顺颜色，即观察父母的脸色。《礼记·祭义》：曾子曰："君子之所谓孝者，先意承志，谕父母于道。"

　　④［怡（yí）声］语言和悦。［下气］态度恭顺。《礼记·内则》："及所（父母住处），下气怡声。问衣燠（yù）塞。"

　　⑤［不惮］不怕，不厌烦。［劬（qū）劳］辛劳。

　　⑥［致］送。［甘］甜美的食品。［腝（ér）］此指熟烂的食物。

　　⑦［惕然］警惕、戒备貌。

　　⑧［守职无侵］忠于职守，不越权侵上。

　　⑨［临危授命］在危急关头，不惜献出自己的生命。

⑩［箴谏］劝诫君主。

⑪［恻然］内心伤痛的样子。

⑫［素］生性。［骄奢］骄横奢侈。

⑬［自牧］自我培养。

⑭［敬者身基］恭敬是立身的根本。

⑮［瞿然］惊醒的样子。

⑯［鄙吝］鄙陋吝啬。

⑰［赒（zhōu）］救济赈灾。［匮］贫穷。

⑱［赧（nǎn）然］羞愧的样子。

⑲［暴悍］残暴凶悍。

⑳［齿弊舌存］比喻刚硬易折、柔能全身的道理。《说苑·敬慎》篇说：一位叫常拟的人生病了，老子前去探望，常拟张开嘴给老子看，问他的舌头在否，老子说在。他又问牙还在否，老子说全掉了。常拟问为什么，老子说："舌头之所以完好无损，是因为它柔，牙齿之所以全掉了，正是由于它刚。"

㉑［含垢藏疾］也作含垢纳污。比喻容忍他物的宽厚器量。《左传》宣公十五年："高下在心，川泽纳汙（汙泥），山薮藏疾（有害的东西），瑾瑜（玉器）匿瑕，国君含垢，天之道也。"

㉒［苶（nié）然］疲倦的样子。

㉓［达生委命］不受世事牵累，听凭命运安排。

㉔［必信］一定要实现。

㉕［求福不回］大胆地追求幸福，不要半途而废。［回］违背也。

㉖［淳］淳厚。

㉗［去泰去甚］去其过分、过甚的东西。《老子》："是以圣人去甚、去奢、去泰。"

㉘［断］审判。［一条讼］一件争讼。

㉙［理其民］治理县中的人民。

㉚［楣］房屋的横梁。［棁（zhuō）］横梁上竖立的短柱子。

㉛［迂诞］大而无当，不切实际，不合时务。

㉜［嗤诋（chī dǐ）］讥笑嘲骂。

【译　文】

　　人之所以要读书求学，就是要使自己提高认识，开阔眼界，有利于处世行事。不知道赡养父母的人，应让他看古人怎么孝敬双亲，察颜观色，说话和悦，态度恭敬，不辞辛劳，送饭送水，然后使其有所惭愧恐惧，起身去侍奉自己的父母亲。不知道辅佐君主的人，应让他看古人怎么忠诚职守，不越职侵权，危难时不惜生命，平素不忘记忠诚进言、劝诫君主，以利于国家，然后痛悔、反省，想着应去仿效古代的先贤。生性骄横奢侈的人，应让他看古人怎么宽和恭俭，生活简朴，自我克制，以遵礼作为教化的准绳，以谦恭作为立身的根基，从而使他忽然惊醒，若有所失，收敛其骄横之态，抑制其奢侈之志。向来鄙陋吝啬的人，应让他看看古人怎样重义气，轻财物，少私心，无贪欲，忌讳财多，讨厌货满，救济贫穷，从而使他面色羞红，心中悔耻，既能积攒钱财，又能散财济民。向来残暴凶悍的人，应让他看看古人怎么小心谨慎，自我贬抑，以柔自全，心胸宽厚，尊敬贤能，容纳众人，使他神情沮丧，仔细思考自己的不足。向来胆怯懦弱的人，应该让他看古人怎么性格豁达，听任命运的安排，刚毅正直，选中目标就一定要实现，为追求幸福决不回头，使他意气勃发，热情激昂，不再有什么恐惧和担忧。以此类推，各行各业都是一样。学习古人的美德纵使不能使人淳厚，也能使他克服一些错误的品行，从学习中所得到的东西，运用到实践中总会成功的。世间有些读书人，对所学的东西，只会说，不能做，既听不到他有忠孝的名声，仁义道德上有不足也不能克服。让他审断一桩案子，不一定能合理判决；让他去做一个小县令，不一定能把人民治理好；问他造房子的事，不一定能知道屋梁是横的，梁上的棁是竖的；问他种田的事，不一定能知道稷熟得早、黍熟得晚。他们只知道吟啸山水，谈笑戏耍，吟诗诵赋，优游闲逸，出语迂阔，大而无当，对统帅军队、治理国家，没有一点可取之处。有些书生被武士和一般小官吏讥笑嘲骂，根本原因也就在于此。

修身利行

【内容提要】

　　知识能指导生活，但不是个人炫耀的资本。读书应该踏实，切忌浮夸与狂傲。只有敬重他人的人，才能赢得别人的尊敬。文中通过古人与今人、为己与为人、春华与秋实、学问和行为等多重对比，勾画了读书人的两种心态、两种目的，一针见血，入木三分。

【原 文】

夫学者所以求益①耳。见读数十卷书，便自高大，凌忽②长者，轻慢同列；人疾之如仇敌，恶之如鸱枭③。如此以学自损，不如无学也。

古之学者为己，以补不足也；今之学者为人，但能说之④也。古之学者为人，行道以利世也⑤；今之学者为己，修身以求进⑥也。夫学者犹种树也，春玩其华⑦，秋登⑧其实；论讲文章，春华也；修身利行，秋实也。

【注 释】

① ［益］充实。

② ［凌忽］无礼，不尊敬。

③ ［鸱枭］两种恶鸟名。传说枭食其母。

④ ［但能说之］只会在口头上说，但不施于行动之中。

⑤ ［行道］行仁义孝悌之道。［利世］有利于社会。

⑥ ［求进］追求名誉，以图入仕。

⑦ ［华］通"花"。

⑧ ［登］收。

【译 文】

学习是为了使自己增加知识。我看见有人才读数十卷书，便妄自尊大，不尊敬长者，轻蔑急慢同行；人们都像恨仇敌一样对待他，像憎恶鸱枭一样讨厌他。像这样读了书却自我贬损，还不如不学。

古时的读书人读书，是为了弥补自己的不足；现在的读书人读书，只为哗众取宠，而不切实际。古时的读书人为他人，是为了按仁孝之道行事，以期有利于社会；现在的读书人为自己，只要修身，以求入仕做官。读书学习就像种树一样，春天欣赏花，秋天收其果。讲论文章，是春花；修身，利于处事，是秋实。

学 无 迟 早

【内容提要】

大器早成，固然可嘉；晚成大器，更是难得。学无止境，学无迟早，很多贤能之士不都是早迷而晚寤的吗？那些因早年误学便自暴自弃的人，读了这段文字，或许会对其中的两个妙喻感兴趣。

【原　文】

人生小幼，精神专利①，长成已后，思虑②散逸，固须早教，勿失机也。吾七岁时，诵《灵光殿赋》③，至于今日，十年一理④，犹不遗忘；二十之外，所诵经书，一月废置，便至荒芜⑤矣。然人有坎壈⑥，失于盛年⑦，犹当晚学，不可自弃。孔子云："五十以学《易》，可以无大过矣⑧。"魏武、袁遗⑨，老而弥笃，此皆少学而至老不倦也。曾子⑩七十乃学，名闻天下；荀卿⑪五十，始来游学，犹为硕儒；公孙弘⑫四十余，方读《春秋》，遂以登丞相；朱云⑬亦四十，始学《易》《论语》；皇甫谧⑭二十，始受《孝经》《论语》，皆成大儒，此并早迷而晚寤也。世人婚冠未学，便称迟暮，因循面墙⑮，亦为愚耳。幼而学者，犹日出之光，老而学者，如秉烛夜行，犹贤乎瞑目⑯而无见者也。

【注　释】

①［专利］专一而敏锐。

②［思虑］思考问题。

③［《灵光殿赋》］东汉王逸之子王延寿所作。

④［一理］此指看一遍。

⑤［荒芜］头脑茫然，记不清楚。

⑥［坎壈（lǎn）］困穷，不得志。

⑦［失于盛年］荒废了美好时光。

⑧此语出自《论语·述而》。

⑨ [魏武] 指魏武帝曹操。《魏志·武帝本纪》载：曹操统领军队三十余年，手不离书，白天讲武策，晚上读经传。[袁遗] 字伯业，袁绍的从兄，东汉末年人。曹操曾称："长大而能勤学，惟吾与袁伯业耳。"

⑩ [曾子] 春秋时人，孔子的弟子。

⑪ [荀卿] 名况，战国时期著名儒学家。《史记·孟荀列传》说他年五十，始来游学于齐。

⑫ [公孙弘] 汉代儒学家。《汉书·公孙弘传》载：他年四十余，始学《春秋》，汉武帝时拜为博士，官至丞相，封平津侯。

⑬ [朱云] 汉代儒学家。《汉书·朱云传》载：朱云年轻时行侠，年四十开始读书，后精通《周易》和《论语》。

⑭ [皇甫谧（mì）] 晋人。二十岁以前不好学，放荡无度。后变节求学，以著述为业，晚年号玄晏先生。事见《晋书·皇甫谧传》。

⑮ [面墙] 谓不求学的人如面墙而立，一无所见。《论语·阳货》："人而不为《周南》《召南》，其犹正面墙而立也。"

⑯ [瞑目] 闭上眼睛。

【译　文】

人在年幼时，精神专一而敏锐，长大成人之后，思想容易分散，所以应该从小开始教育，不要失去良机。我七岁时，背诵《灵光殿赋》，时至今日，隔十年看一次也不会遗忘；二十岁以后，所背的经书，一个月不看，便茫然无知。但如果因生活所迫，无条件读书求学，青春年华被荒废，到老也应学习，不要自暴自弃。孔子说："五十岁时学《周易》，仍可以使人不犯大错误。"魏武帝曹操和袁遗，越到老年学习越踏实，他们都是自幼学习到老也不松懈的典范。曾子七十岁开始求学，结果名闻天下；荀卿五十，外出求学，最终成为大儒学家；公孙弘四十余岁，才读《春秋》，凭借精通经学当上了丞相；朱云也是四十岁时开始学《周易》《论语》；皇甫谧二十岁才开始接触《孝经》《论语》；他们最终都成为大学问家，这些人都是早年迷途而晚年觉悟终成大器的典范。世上有人到及冠结婚之年未开始读书，便称已经晚了，自暴自弃，如面墙而立，一无所知，终为愚蠢之辈。自幼开始读书的人，就像旭日东升，前程万里；到老而求学之人，像秉烛夜游，虽然效果差了点，但精神可贵，比那些闭着眼睛一无所获的人要强得多。

不咬文嚼字

【内容提要】

读书最忌咬文嚼字，不合时用。古时有些儒生空守章句，老死在故纸堆里，所谓"博士买驴，书券三张，未有驴字"，简直像做文字游戏，这是不可取的。光阴似水，应利用一切时间学习对人生有益的东西。

【原　文】

学之兴废①，随世轻重。汉时贤俊②，皆以一经弘③圣人之道，上明天时，下该④人事，用此致卿相者多矣。末俗已来不复尔⑤，空守章句⑥，但诵师言，施之世务，殆无一可。故士大夫子弟，皆以博涉⑦为贵，不肯专儒⑧。梁朝皇孙以下，总丱⑨之年，必先入学，观其志尚；出身⑩已后，便从文史，略无卒业⑪者。冠冕⑫为此者，则有何胤⑬、刘瓛⑭、明山宾⑮、周捨⑯、朱异⑰、周弘正⑱、贺琛⑲、贺革⑳、萧子政㉑、刘绍㉒等，兼通文史，不徒讲说也。洛阳亦闻崔浩㉓、张伟㉔、刘芳㉕，邺下又见邢子才㉖：此四儒者，虽好经术，亦以才博擅名。如此诸贤，故为上品。以外率多田里间人，音辞鄙陋㉗，风操蚩拙㉘，相互专固㉙，无所堪能㉚，问一言辄酬㉛数百，责其指归㉜，或无要会㉝。邺下谚云："博士买驴，书券㉞三张，未有驴字。"使汝以此为师，令人气塞。孔子曰："学也，禄在其中矣㉟。"今勤无益之事㊱，恐非业也。夫圣人之书，所以设教㊲，但明练㊳经文，粗通㊴注义，常使言行有得㊵，亦足为人；何必"仲尼居"，即须两纸疏义㊶，燕寝讲堂㊷，亦复何在？以此得胜，宁有益乎？光阴可惜，譬诸逝水。当博览机要㊸，以济功业；必能兼美，吾无间焉㊹。俗间儒士，不涉群书，经纬㊺之外，义疏而已。吾初入邺，与博陵㊻崔文彦交游，尝说《王粲集》中难郑玄《尚书》事㊼，崔转为诸儒道之，始将发口，悬见排蹙㊽，云："文集只有诗赋铭诔㊾，岂当论经书事乎？且先儒之中，未闻有王粲也。"崔笑而退，竟不以粲集示之。魏收之在议曹㊿，与诸博士议宗庙[51]事，引据《汉书》，博士笑曰："未闻《汉书》得证经术[52]。"

收便忿怒，都不复言，取《韦玄成传》^㊿，掷之而起，博士一夜共披寻^㊾之，达明，乃来谢^㊽曰："不谓玄成如此之学也。"

【注　释】

① ［学］学问。［兴废］兴旺与衰落。

② ［贤俊］贤能杰出的人才。

③ ［弘］阐扬。

④ ［该］切合。

⑤ ［末俗］末世风俗，即东汉末年。［不复尔］不再这样。

⑥ ［空守章句］只拘限于经书上的文字。［章句］分析古书的章节和句读。

⑦ ［博涉］广泛涉猎。

⑧ ［专儒］专于一经。

⑨ ［总丱（guàn）］总角。古时男女未成年时把头发扎为两结，一边一个，像角一样，故名总角。

⑩ ［出身］此指做官。

⑪ ［卒业］修习完全部经书。

⑫ ［冠冕］即冠冕之族，指士族。

⑬ ［何胤（yìn）］梁朝隐士，通佛经，又兼通儒经，注《周易》《毛诗》《礼记》等。

⑭ ［刘瓛］字子圭，沛郡人，博通六经，人称关西孔子。

⑮ ［明山宾］字孝若，梁朝著名儒生，博通经义，居五经博士之首。注《吉礼仪注》《礼仪》《孝经丧礼服义》等。

⑯ ［周捨］字升逸。博学多才，精通义理。

⑰ ［朱异］字彦和。精通五经，曾参与军机大事。

⑱ ［周弘正］字思行。梁朝著名儒生，官至国子博生。著《周易讲疏》《论语疏》等，且兼通佛典。

⑲ ［贺琛］字国宝。精通《三礼》，官至通事舍人，著《三礼讲疏》《五经滞义》等。

⑳ ［贺革］字文明。博通五经，官至儒林祭酒。

㉑ ［萧子政］梁儒生，官至都官尚书，著《周易义疏》等。

㉒ ［刘绍（tāo）］字言明。精通《三礼》，官至尚书祠部郎。

㉓ ［洛阳］西晋以洛阳为都城。［崔浩］字伯渊，精通文史，兼通玄象阴阳百家之言，曾通过阴阳之术，协同皇帝处理军国大事。

㉔［张伟］字仲业，精通儒经。以孝悌之义感化乡民，颇受人爱戴。

㉕［刘芳］字伯文。注《尚书》《春秋公羊》等，官至中书侍郎，太子庶子。

㉖［邺下］即邺县，故城在今河北临漳县北。北朝后赵、前燕、北齐的都城。[邢子才]邢邵，字子才，北齐人，精通经义，又善文学，每一文出，京都为之纸贵。

㉗［音辞］语言文辞。［鄙陋］庸俗浅薄。

㉘［蚩拙］笨拙无知。

㉙［专固］专断顽固。

㉚［堪能］真正的能耐。

㉛［酬］回答。

㉜［责］求。［指归］意旨，意向。

㉝［要会］要领。

㉞［券］买卖的契据。

㉟［"学也"句］功名利禄就在读书之中。意思是说，靠读书来维持生计。

㊱［勤无益之事］为无益的事而劳累。

㊲［设教］确立教义。

㊳［明练］清晰明了。

㊴［粗通］大致通晓。

㊵［言行有得］言行符合教义，不违圣人之道。

㊶［疏义］疏通其义。古时注经有两种形式，解释经文称注，推演注义称疏。六朝时期疏义之风很盛。

㊷［燕寝］闲居处。［讲堂］讲习之处。这句说，注家们对"仲尼居"的理解不同，并争执不下。

㊸［机要］机微精要的东西。

㊹［兼美］既能专精一经，又能有益于功名。［无间］此即无可指责。

㊺［经纬］经书和纬书。纬书，汉人所著，托名孔子，以儒家经义，附会人间的凶吉祸福，多怪诞无稽之谈。

㊻［博陵］古郡名，今属河北省。

㊼［"尝说"句］王粲，字仲宣，三国魏人，建安七子之一。郑玄，字康成，东汉经学家，注《周易》《尚书》《毛诗》等。难，责怪。据《困学纪闻》载：王粲读郑玄所注《尚书》时，说郑玄的注虽然写得很多，但没有解释其中的疑难点。

㊽［悬］通"旋"，随即，立刻。［见］被。［排蹙］窘迫。

㊾［诗赋铭诔（lěi）］四种文体，均属韵文。

(50)［魏收］北齐人，以文章著称。［议曹］官署名。

(51)［宗庙］天子和诸侯祭祀祖先的地方。

(52)［经术］即经学。

(53)［韦玄成］字少翁，西汉人，官至丞相。曾上书请求罢诸侯国祭庙，又奏请不再到太上皇、孝惠、孝文、孝景诸灵寝祭祀。

(54)［披寻］翻阅。

(55)［谢］道歉。

【译　文】

学问的兴旺和衰落，随着时代的变化而变化。汉人的贤能聪颖之辈，都能精通一部经典，弘扬圣人之道，上明天意，下合人事，凭此官至卿相者很多。东汉末年以来，儒学家们却不能这样。他们死啃书本，拘于章句，只会吟诵先师之言，将他们放到现实之中，却毫无用处。所以，士大夫的子弟们，都倾向于广泛涉猎，而不愿专精一经。梁朝自皇孙以下，年幼之时，一定要先学儒经，观察他的志趣和爱好，做官之后，便改而从事文学或历史，很少有人能完成其早年所修的学业。士族们这样做的，有何胤、刘瓛、明山宾、周捨、朱异、周弘正、贺琛、贺革、萧子政、刘绍等，他们都兼通文史，不只是能讲经论典。西晋时洛阳有崔浩、张伟、刘芳，北齐邺下有邢子才，这四位儒士，虽然喜好经学，但也以才能广博著称。上面列举的这些贤人，自然可以算为杰出人物，除他们之外，大都是些田间舍翁，他们语言鄙陋，外形愚笨迂腐，相互之间专断而顽固，却又没有什么真本领。问他一句话，他回答几百句，求其意旨，却不得其要领。邺下民谚说："博士买驴，写了三张契据，不见一个驴字。"让你们以这些人为师，真要把人气得喘不过气来。孔子说："俸禄就在读书之中。"现在为那些无益的事花费精力，恐怕不是谋生之道。圣人著书是为了教化人，只要能明了经文的内容，大致理解注文的意义，使自己的言行合于道德，不违常理，就可以立身成人了；何必说到"仲尼居"，便写上两页注文，争论是"燕寝"还是"讲堂"，这有什么价值呢？即使争论赢了，对社会人生又有什么帮助呢？光阴如逝水，应该珍惜。读书要在博览之中抓住机微要领的东西，用以帮助自己谋求功名。如果有人既能博通经典，又能有益于世，两全其美，那我就无话可说了。世间有些儒士们，不广涉群书，除经书和纬书之外，只知道义疏之类的注文。我刚到邺下时，与博陵人崔文彦交往甚密，我曾同他谈起王粲责怪郑玄对《王粲集》的注书《尚书》不得要领，崔文彦不久同儒士们再说这事，话音未落，他便陷入了重围，那些儒生们说："文集中只有诗、赋、铭、诔，怎么能讲谈经书之事呢？而且在先儒中，没有听说过王粲。"崔笑着退出来，最终也没把《王粲集》给他们看。魏收在议曹时，与诸位博士们商议皇帝祭祀之事，他引用《汉书》作证，博士们讥笑说："没有听说过《汉书》可以证经学。"魏收很气愤，不再与他们答话，从《汉书》中取出《韦玄成传》，掷给他们，起身便走。博士们一夜之间都在翻阅《韦玄成传》，看到了其中有关韦玄成谏祭祀之言。第二天天刚亮，就到魏收处道歉说："想不到韦玄成有如此学问。"

帝 子 勤 学

【内容提要】

人非生而知之者，任何人都必须通过刻苦学习来求得丰富的知识。即使贵为王子，也不例外。

【原　文】

梁元帝尝谓吾曰："昔在会稽①，年始十二，便已好学。时又患疥②，手不得拳，膝不得屈。闲斋张葛帱避蝇独坐③，银瓯④贮山阴甜酒，时复进之，以自宽痛。率意⑤自读史书，一日二十卷，既未受师，或不识一字，或不解一语，要⑥自重之，不知厌倦。"帝子之尊，童稚之逸⑦，尚能如此，况其庶士，冀以自达⑧者哉？

【注　释】

①〔会稽〕南朝会稽府治所在山阴，即今浙江绍兴市。

②〔疥〕疥疮。

③〔闲斋〕一作"闭斋"，指清静的书房。〔葛帱〕用葛布做成的蚊帐。

④〔银瓯（ōu）〕银制的酒瓶。

⑤〔率意〕随意。

⑥〔要〕约束。

⑦〔逸〕逸乐，贪玩。

⑧〔自达〕靠自己的本领入仕通达。

【译　文】

南朝梁元帝曾对我说："我当年在会稽府时，年仅十二岁，便已喜欢学习。当时我正好患了疥疮，手不能握拳，膝不能弯曲，便在清静的书斋中搭起葛布帐子，避开苍蝇，独坐其中，用银制酒瓶装上山阴甜酒，时常喝几口，减轻身上的痛苦。自己随意拿起史书，一日读二十卷，没有老师教，有时一字不认识，有时一句话不能理解。但我约束自己，反复不停地学习，因而也不知厌倦。"尊贵的皇子，处在贪玩的童稚时代，尚且能如此，况且那些希望以读书博取功名的庶士呢？

穷 人 苦 学

【内容提要】

宝剑锋自磨砺出，梅花香自苦寒来。家境贫穷，但难不住有志求学的人。从这些苦学者的身上，我们能领悟到什么呢？

【原　文】

古人勤学，有握锥投斧①，照雪聚萤②，锄则带经③，牧则编简④，亦为勤笃。梁世彭城⑤刘绮，交州⑥刺史勃之孙，早孤家贫，灯烛难办，常买荻尺寸折之⑦，然明夜读⑧。孝元初出会稽⑨，精选寮案⑩，绮以才华，为国常侍兼记室，殊蒙礼遇，终于金紫光禄⑪。义阳⑫朱詹，世居江陵，后出扬都⑬，好学，家贫无资，累日不爨⑭，乃时吞纸以实腹⑮。寒无毡被⑯，抱犬而卧。犬亦饥虚，起行盗食，呼之不至，哀声动邻，犹不废业，卒成学士，官至镇南录事参军⑰，为孝元所礼。此乃不可为之事，亦是勤学之一人。东莞^⑱臧逢世，年二十余，欲读班固《汉书》，苦假借不久，乃就姊夫刘缓乞丐客刺书翰纸末^⑲，手写一本，军府服其志尚，卒以《汉书》闻。

【注　释】

①［握锥］即战国时苏秦引锥刺股的故事。《战国策》载，苏秦读书时疲乏，想睡觉时便拿锥刺自己的大腿，以痛提神。［投斧］即古时文党投斧试学的故事。《庐江七贤传》载，文党没有读书求学之前，常与人在山上打柴。有一天，他对同伴说："我想到远处去求学。如果我的斧头能挂在高枝上，那我的理想就能实现。"一投，斧头果然挂在树枝上。于是文党便到长安学习经术。

②［照雪］晋朝孙康家贫，买不起蜡，便在雪地里，映着雪光念书。［聚萤］晋朝东武子家贫，买不起灯油，夏天便捉数十只萤火虫放在口袋中，借萤光照亮读书。

③［锄则带经］锄地时带上经书，休息时便读经诵书。

④［牧则编简］汉代路温舒曾替父放羊，放牧时，取泽中蒲草裁成书简，联成一卷，在上面写字。简，竹片，古时无纸，写在竹片上，此指竹片大小的蒲草。编，联接在一起。

⑤［彭城］即今江苏徐州市。

⑥［交州］古州名，州治所在在今越南境内。

⑦［荻］草名，与芦苇同科，秆可燃烧。［尺寸折之］一尺一寸地折断。

⑧［然］通"燃"。

⑨［孝元初出令稽］梁元帝萧绎，曾任会稽太守。

⑩［寮（liáo）、宷（cài）］均指官。

⑪［金紫光禄］官名，即金紫光禄大夫，没有实权，用来表彰德行高尚的官。

⑫［义阳］梁地名，即今四川巴中县。

⑬［扬都］古都建业，即今江苏南京市。

⑭［爨（cuàn）］生火。

⑮［实腹］填饱肚子。

⑯［毡被］毡子做成的被褥。

⑰［镇南］即梁朝镇南将军幕府。梁元帝曾为镇南将军、江州刺史。［录事参军］幕府中主抄录之类的官。

⑱［东莞（guǎn）］古地名，即今江苏武进县。

⑲［就］到。［乞丐］此作动词，乞求。［客刺］客人投递的名片。［**书翰**］书札。

【译　文】

　　古时勤学的人，有的握锥刺股，有的投斧试学，有的映雪读书，有的聚萤照书，有的带着经书耕作，有的放牧时编制书简，这都是勤奋踏实的典范。南朝梁代彭城人刘绮，是原交州刺史刘勃的孙子，早年丧父，家庭贫寒，买不起灯盏和蜡烛，常买些荻草，一尺一寸地折断，燃烧照明，夜晚苦读。梁元帝刚任会稽太守时，精选官吏，刘绮因为才华出众，召为国常侍兼记室，特别受到礼遇，最后官至金紫光禄大夫。义阳人朱詹，先辈住在江陵。后徙居扬都，非常好学，但家庭贫穷，没有钱粮，连续几日揭不开锅，便不时吞下纸团填肚子。天寒时没有被褥，便抱着狗睡觉来暖身。狗也饿得受不住，起身跑开偷东西吃，朱詹连声呼叫，狗也不理睬，声音哀切，惊动了邻里，但他还是不废弃学业，最后终于成为有学之士。梁元帝为镇南将军时，聘他为幕府录事参军，受到梁元帝的礼遇。这是常人不可能做的事，也是勤学的例证之一。东莞人臧逢世，二十多岁时，想读班固《汉书》，但苦于借别人书的期限太短，便到姐夫刘缓家乞讨客人投递的名片和书札的纸末，亲自抄写了一本，军幕中人都佩服他有志向，他最终也以精通《汉书》而著称。

持 之 以 恒

【内容提要】

　　学习贵在坚持，要有一种春蚕到死丝方尽的顽强意志。即使遭到战乱、身处逆境，也不能荒废学业。作者就是在北齐灭亡、漂泊流荡的处境中这样勉励儿子的。在商品意识渗透到社会的每个角落的今天，这番话自有一番独特的魅力，它不啻于是对"弃学徇财"者的当头棒喝。

【原　文】

　　邺平①之后，见徙入关②。思鲁③尝谓吾曰："朝无禄位，家无积财，当肆筋力④，以申⑤供养。每被课笃⑥，勤劳经史，未知为子⑦，可得安乎?"吾命之曰:"子当以养为心⑧,父当以学为教⑨。使汝弃学徇财⑩,丰吾衣食,食之安得甘?衣之安得暖?若务先王之道⑪,绍⑫家世之业,藜羹缊褐⑬,我自欲之⑭。"

【注　释】

① [邺平] 即北齐被北周吞并。[邺] 北齐都城。

② [见徙] 被迁徙。[入关] 进入关中,北周都城在长安。

③ [思鲁] 颜之推之子。

④ [肆筋力] 竭尽力量。

⑤ [申] 表达。

⑥ [课笃] 即课督,意为敦促、强迫。

⑦ [未知为子] 未尽到做儿子的责任。

⑧ [以养为心] 以赡养父母为本。

⑨ [以学为教] 以读书作为教子的手段。

⑩ [徇财] 为谋求财物而作牺牲。[徇] 通"殉"。

⑪ [务] 从事。[先王] 即前代圣贤。

⑫ [绍] 继承。

⑬ [藜羹] 藜草糊。[缊(yùn)褐] 用乱麻做絮的衣袍。

⑭ [我自欲之] 我自己想那样,即心甘情愿。

【译　文】

　　邺都被攻破后,我家被周军迁徙入关。儿子思鲁对我说:"您在朝廷没有俸禄,家中又没有积余的钱财,我应该竭尽全力,挣钱来赡养您。而我每次都被督促苦读经史,未能尽到儿子的责任,心里怎能安稳呢?"我强令他说:"儿子应该以赡养父母为本,父亲应当以教子读书为本。如果你为谋求钱财牺牲学习,使我衣食丰裕,我又怎能吃得香、穿得暖呢?如果你能致力于钻研前代圣王的学说,继承家门世代相传的事业,即使吃野菜、穿粗布衣,我也心甘情愿。"

好 问 多 识

【内容提要】

学习应善动脑筋，勤学好问。不懂的地方，应谦虚请教，不可不懂装懂，贻笑大方。下面这几则笑话将会给人带来一些启迪。

【原　　文】

《书》①曰："好问则裕②。"《礼》云："独学而无友，则孤陋而寡闻。"盖须切磋③相起明也。见有闭门读书，师心自是④，稠人广坐⑤，谬误差失者多矣。《穀梁传》称公子友与莒挐相搏⑥，左右呼曰"孟劳"。"孟劳"者，鲁之宝刀名，亦见《广雅》。近在齐时，有姜仲岳谓："'孟劳'者，公子左右，姓孟名劳，多力之人，为国所宝。"与吾苦诤⑦。时清河郡守邢峙⑧，当世硕儒⑨，助吾证之，赧然而伏⑩。又《三辅决录》⑪云："灵帝殿柱题曰⑫：'堂堂乎张，京兆田郎⑬。'"盖引《论语》⑭，偶以四言，目京兆人田凤也。有一才士，乃言："时张京兆及田郎二人皆堂堂耳。"闻吾此说，初大惊骇，其后寻愧悔焉。江南有一权贵，读误本《蜀都赋》注⑮，解"蹲鸱，芋也"，乃为"羊"字；人馈羊肉，答书云："损惠⑯蹲鸱"。举朝惊骇，不解事义⑰，久后寻迹，方知如此。元氏⑱之世，在洛京⑲时，有一才学重臣，新得《史记音》，而颇纰缪⑳，误反㉑"颛顼"字，顼当为许录反㉒，错作许缘反，遂谓朝士言："从来谬音'专旭'，当音'专翾'耳。"此人先有高名，翕然信行㉓；期年㉔之后，更有硕儒，苦相究讨㉕，方知误焉。《汉书·王莽赞》云："紫色蛙声㉖，余分闰位㉗。"谓以伪乱真耳。昔吾尝共人谈书，言及王莽形状，有一俊士㉘，自许史学㉙，名价甚高，乃云："王莽非直鸱目虎吻㉚，亦紫色蛙声。"又《礼乐志》云："给太官挏马酒。"李奇注："以马乳为酒也、捶挏乃成。"二字并从手㉛。捶挏，此谓捶捣挺挏之㉜，今为酪酒㉝亦然。向学士以为种桐时，太官酿马酒乃熟。其孤陋遂至于此。

【注　释】

① ［《书》］即《尚书》。

② ［裕］富足。

③ ［切磋］相互商讨。

④ ［师心自是］以心为师，自以为是。

⑤ ［稠人广坐］即大庭广众，言人很多。

⑥ 事见僖公元年。［相搏］打斗。

⑦ ［诤］通"争"，争论。

⑧ ［清河］今属河北省。［邢峙］字士峻，北齐著名儒学家，通《三礼》和《左氏春秋》。

⑨ ［硕儒］大儒学家。

⑩ ［赧（nǎn）然］惭愧的样子。［伏］心服。

⑪ ［《三辅决录》］汉代赵岐著。

⑫ ［灵帝］即东汉灵帝刘弘。［殿柱］宫殿的柱子。［题］品题。

⑬ ［堂堂］形容仪表庄严大方。［田郎］指田凤。《初学记》卷十一引《三辅决录注》说，田凤任尚书郎，容貌仪表端庄大方，入朝奏事，汉灵帝目送他离宫，在殿柱上题写道："堂堂乎张，京兆田郎。"［京兆］即京兆尹，官名。

⑭ ［引《论语》］按《论语·于张》："堂堂乎张也，难与并为仁矣。"

⑮ ［误本］有错的版本。［《蜀都赋》］西晋左思《三都赋》之一。

⑯ ［损惠］谓损其所有以见惠。对人馈赠的敬辞。

⑰ ［事义］典故和意思。

⑱ ［元氏］北魏开国皇帝姓拓拔，孝文帝迁都洛阳后，下诏改拓拔姓为元。

⑲ ［洛京］即洛阳。

⑳ ［颇］多。［纰缪］错误。［缪］通"谬"。

㉑ ［反］即反切，古代注音法，以两个字来注另一个字的音，取前一字的声母，后一字的韵母和声调，合拼成一个字音。

㉒ ［许录反］即取许的声母，录的韵母声调，合拼为项。

㉓ ［翕然］聚合的样子。［信行］相信和使用。

㉔ ［期年］一周年。

㉕ ［究讨］研究考证。

㉖ ［紫色］此指不正之色。［蛙声］指淫靡的乐声。［蛙］通"蛙"。

㉗ ［余分］即非分。［闰位］不正之位。

㉘ [俊士] 聪明之士。

㉙ [自许史学] 自我称许精于历史。

㉚ [非直] 不仅。[鸱目虎吻]《汉书·王莽传》："莽所谓鸱目虎吻，豺狼之声者矣。"[鸱] 恶鸟。[鸱目] 目光凶猛。[虎吻] 嘴像虎一样。

㉛ [捶] 冲击。[挏] 拌动。[从手] 从部首"手"得字义。

㉜ [捣] 捶打。[挺] 摇动。

㉝ [酪酒] 用牛羊马乳等制成的酒。

【译　文】

　　《尚书》中说："好问则能丰富知识。"《礼记》中说："单独学习而不交朋友，那么就会孤陋寡闻。"学习应相互切磋，相互启发，我也见到过不少闭门读书，自以为是，在大庭广众之下却出错露丑的。《穀梁传》中载：公子友与莒挐打斗，左右的人都喊"孟劳"。"孟劳"是鲁国宝刀的名字，也见于《广雅》书中。前不久在北齐时，有一个叫姜仲岳的说："'孟劳'是公子的随从，姓孟名劳，力大无比，是国家的宝物。"与我苦争不下。这时，清河郡守邢峙，这位当代大儒学家，帮助我考证，那人才面色羞红，点头称是。又《三辅决录》中说："汉灵帝在殿柱上题写道：'堂堂乎张，京兆田郎'。"此句引自《论语》"堂堂乎张也"，偶然取其四字，称赞京兆尹田凤。有一才士却说："当时张京兆和田郎二人都相貌堂堂。"听到我的解释后，开始非常吃惊，不久又惭愧而后悔。江南有一权贵，读左思的《蜀都赋》，这是个有错误注解的注本，把"蹲鸱，芋也"的"芋"字误作"羊"字；后有人给他送来羊肉，他在回信中说："承蒙您惠赠我蹲鸱。"满朝人都很吃惊，想不出是来自哪个典故。很久以后寻其出处，才知道原因如此。北魏时代，在洛阳有位富有才学的大官，新作得两部《史记音》，但书中有很多错处，如把"颛顼"的音就注错了。"顼"应当为"许录切，音旭"，他则注为"许缘切，音翾"，还对朝廷的官员们说："以前都错念为'专旭'，应当念'专翾'。"此人名望很高，满朝人全都相信，并照他那样念。一年以后，有位大学者，刻苦钻研考证，才知道他注错了。《汉书·王莽赞》说："紫色蛙声，余分闰位。"意思是以假乱真。以前我曾与人谈论史书，说到王莽的外形时，有一位"聪明之士"，自吹精于史学，名望很高，他却说："王莽不仅长着鸥眼虎嘴，而且还面色发紫，声如蛙鸣。"又《礼乐志》说："给太官桐马酒。"·李奇注释说："这是用马奶酿的酒，捶桐而成。""捶桐"二字从"手"，此指冲捣、搅拌。与现在做酪的工艺一样。而以前却有学士以为种桐树时，太官酿的马奶酒才熟。他们孤陋浅薄到如此地步！

踏 实 求 学

【内容提要】

读书贵在踏实，精益求精，不可一知半解，附庸风雅。要是连"年富春秋"之类的词都弄不清楚，望文生义，误以为年岁已高，这就太可笑了吧。

【原　文】

谈说制文①，援引古昔②，必须眼学③，勿信耳受④。江南闾里⑤间，士大夫或不学问，羞为鄙朴⑥，道听途说，强事饰辞⑦。呼征质为周、郑⑧，谓霍乱为博陆⑨，上荆州必称陕西⑩，下扬都⑪言去海郡，言食则馎口⑫，道钱则孔方⑬，问移则楚丘⑭，论婚则宴尔⑮，及王则无不仲宣⑯，语刘则无不公干⑰。凡有一二百年，递相祖述⑱，寻问莫知原由，施安时复失所⑲。庄生有乘时鹊起之说⑳，故谢朓㉑诗曰："鹊起登吴台㉒。"吾有一亲表，作《七夕》诗云："今夜吴台鹊，亦共往填河㉓。"《罗浮山记》㉔云："望平地树如荠㉕。"故戴暠㉖诗云："长安树如荠。"又邺下有一人《咏树》诗云："遥望长安荠。"又尝见谓矜诞为夸毗㉗，呼高年㉘为富有春秋，皆耳学之过也。

【注　释】

① [制文] 写文章。

② [古昔] 即典故。

③ [眼学] 亲眼去读。

④ [耳受] 耳朵听到的。

⑤[闾里]乡里，泛指民间。

⑥[鄙朴]鄙陋朴野之人。

⑦[强]勉强。[事]进行。

⑧[呼征质为周、郑]《左传·隐公二年》"周、郑交质"。[质]即人质。古时男子没有聘财，便把自己身体抵押在女家，称为赘婿。[征质]即招婿入门。"交质"与"征质"二者联系得很勉强，所以本文作者不以为然，下几个例子均为此意。

⑨[谓霍乱为博陆]《汉书·霍光传》载，霍光封博陆侯。霍乱本一种病，只因与霍光同有一"霍"字，所以便以"博陆"代指霍乱病，十分可笑。

⑩[上荆州必称陕西]《南齐书·州郡志》："江左（江南）大镇，莫过荆（荆州），扬（扬州），周世二伯总督诸侯，周公主陕东，召公主陕西，故称荆州为陕西也。"

⑪[扬都]即扬州。

⑫[饲口]寄食，谋生。

⑬[孔方]晋鲁褒《钱神论》："亲爱如兄，字曰孔方。"

⑭[移]迁徙。[楚丘]春秋时卫国地名。即今河南滑县东。《左传·僖公二年》："诸侯城楚丘而封卫焉。"

⑮[宴尔]快乐的样子。《诗经·谷风》："宴尔新婚，如兄如弟。"

⑯[仲宣]三国魏王粲的字。

⑰[公干]三国魏刘桢的字。

⑱[祖述]师法，陈说。

⑲[施安]施行，运用。[失所]运用不当。

⑳["庄生"句]《太平御览》卷九百二十一引《庄子》："鹊上高城之堁（坏墙），而果于高榆之颠。城坏巢折，陵风而起。故君子之居世也，得时则蚁行，失时则鹊起也。""乘时鹊起"即谓此。

㉑[谢朓]字玄晖，东晋著名诗人。

㉒此句见《和伏武昌登孙权故城诗》："鹊起登吴山，凤翔陵楚甸。"吴山，别本作吴台。

㉓[吴台鹊]本源自谢朓诗，但意思不同，属望文生义。[填河]填银河。据说牛郎织女七夕之夜相会在鹊桥上时，鹊的羽毛全都脱去，填在银河中搭桥。

㉔[《罗浮山记》]古书名。

㉕[荠]荠菜。

㉖[戴暠]南北朝时诗人。此句见《度关山》诗："今上关山望，长安树如荠。"

㉗[矜诞]自负自傲。[夸毗]卑屈。二者意思完全相同。

㉘[高年]高寿，年龄大。

【译　文】

　　说话或写文章，援引典故时，必须要用亲眼看到的，不要相信耳朵听到的。江南民间，有些士大夫不学不问，但又羞作鄙陋朴野之人，便用道听途说的东西，来勉强修饰自己的言辞：称入赘为周、郑，说霍乱病为博陆，上荆州一定要说去陕西，下扬州一定要说到海郡，把吃饭叫糊口，把钱叫孔方，问别人搬家则用楚丘，谈婚娶则用宴尔，说到姓王的无不用仲宣，谈到姓刘的无不用公干。这类套语共有一二百种，辗转流传，相互师承，问其缘由则一无所知，运用时又常出差错。庄子有乘时鹊起之说，所以谢朓诗说："鹊起登吴台。"我有一位表亲，作《七夕》诗便说："今夜吴台鹊，亦共往填河。"《罗浮山记》说："望平地树如荠。"所以戴暠诗说："长安树如荠。"邺下有人作《咏树》诗则说："遥望长安荠。"我又曾见到人把"矜诞"说成"夸毗"，称高寿之人为"富有春秋"，这都是单凭道听途说所犯的错误。

（傅绍良）

韩 愈

符读书城南

【作者简介】

韩愈（768—824），字退之。河南河阳（今河南孟县）人。年少时孤贫，由兄嫂抚养。贞元进士，任国子博士、刑部侍郎等职，因谏阻唐宪宗奉迎佛骨被贬潮州刺史，后官至吏部侍郎，谥文。反对藩镇割据，尊儒排佛，倡导古文运动。为唐宋八大家之首，其诗力求新奇而流于险怪。有《昌黎先生集》。

【内容提要】

这是韩愈劝说儿子韩符要以读书为本的一篇诗诫。韩愈把知书识礼推到极其重要的位置，认为人与人之间的区别主要取决于腹中是否有学问，不读书的人与读书成名的有天壤之别。因而韩愈告诫其子要珍惜光阴，读书以识礼。

【原　文】

木之就规矩，在梓匠轮舆①。人之能为人，由腹有诗书。诗书勤乃有，不勤腹空虚。欲知学之力，贤愚同一初。由其不能学，所入遂异闾②。两家各生子，提孩巧相如③。少长聚嬉戏，不殊同队鱼。年至十二三，头角稍相疏④。二十渐乖张⑤，清沟映污渠。三十骨骼成，乃一龙一猪。飞黄腾踏去，不能顾蟾蜍⑥。一为马前卒，鞭背生虫蛆。一为公与相，潭潭⑦府中居。问之何因尔，学与不学欤。金璧虽重宝，费用难贮储。学问藏之身，身在即有余。君子与小人，不系父母且⑧。不见公与相，起身自犁锄。不见三公后，寒饥出无驴。文章岂不贵，经训乃菑畬⑨。潢潦⑩无根源，朝满夕已除。人不通今古，马牛而襟裾⑪。行身陷不义，况望多名誉。时秋积雨霁，新凉入郊墟。灯火稍可亲，简编⑫可卷舒。岂不旦夕念，为尔惜居诸⑬。恩义有相夺，作诗劝踌躇⑭。

【注　释】

① ［梓匠］木工。［轮舆］指轮人与舆人，轮人制车轮，舆人制车箱。

② ［异闾］不同的地位。［闾］本指住处、乡里，古代以二十五家为一闾。

③ ［提孩］即孩提，尚在襁褓中，刚知发笑，需携抱的幼儿。

④ ［头角］头顶左右之突出处，喻青少年的气概才华。［疏］差别。

⑤ ［乖张］分离。这里指不一致，有差别。

⑥ ［腾踏］即腾达。［蟾蜍］癞蛤蟆。

⑦ ［潭潭］宽深，广大。

⑧ ［且（jū）］助词，无实意。

⑨ ［菑（zī）畲（yú）］耕了一年的地曰菑，两年的曰畲。此处为辛勤读书写作。

⑩ ［潢潦］积水。

⑪ ［马牛而襟裾］像穿着衣服的牛马一样。［襟、裾］名词用作动词。

⑫ ［简编］指书籍。

⑬ ［居诸］指时光，岁月。《诗经·邶风·柏舟》："日居月诸，胡迭而微。"居、诸皆为语助词。

⑭ ［恩义有相夺］我对你尽的恩义有所不够。［夺］失误，遗漏。

【译　文】

木材通过雕磨将变成什么样子，取决于木工手艺的高低；

一个人最终将成为什么样的人，取决于他究竟有多少学问。

学问是由勤奋得来的啊，不勤奋就会腹中空空无所有。

想知道学问的威力吗？人的聪贤或愚钝在一开始是没有区别的；

由于他不勤学，因而就会处于不同的环境和地位。

两户人家各生一子，在襁褓中的时候完全相似；

他们稍大一些的时候，在一起玩耍就像一队游鱼一样没有区别；

当年龄长到十二三岁时，崭露头角就稍有不同；

二十岁时逐渐差别大了，就像清沟与污渠一样对照明显；

三十岁时风格气度定型时，他们的差别就像一个是龙一个是猪；

好的飞黄腾达而走，不可能再去关心那个像癞蛤蟆一样的同伴。

这样，一个成了马前的走卒，脊背被鞭打以至生蛆；

一个成了王公宰相，雍容大度地坐在官府之中。

问起他们为何有这样大的不同呢？是学习与不学习的缘故啊！

黄金白璧虽是贵重的宝物，但它们很快就会被消费掉而难以贮存；

学问学到了，只要你人还活着，就能享用不尽。

君子与小人的区别，不是因为父母带给他们什么不同啊。

难道没见过王公宰相，出身自犁锄的贫微人家？

难道没看到达官显贵的后人，又冷又饿，出门时连驴子也没得骑？

文章哪能说不贵重呢？经书古训你要好好去苦读啊！

积水池如果没有源源不断的水源，那么早晨满了晚上就会干涸；

人如果不通晓古今之事理，就像穿了衣服的牛马一样；

如果这样去行事，自身将陷入不仁不义的境地，哪里还能奢望有众多而美好的名誉呢？

现在秋雨刚过，郊外天气渐渐变凉爽了；

你要渐渐学会在夜晚的灯光下，将诗书摊开加紧苦读。

我哪能不朝朝暮暮地挂念你啊，希望你要珍惜大好光阴。

我对你的爱护抚育多有失误和不周到，作这首诗来勉励你也颇有些不安。

（储兆文）

郑　侠

教子孙读书

【作者简介】

郑侠（1041—1119），字介夫，北宋福州福清（今属福建）人。少以苦学为王安石所重，后临安上任，反对新法。借旱灾机会，绘流民图献给神宗，把灾民疾苦，归咎新法，后被贬英州。哲宗初为泉州教授，再贬英州。徽宗时得归，家居而卒。有《西塘集》。

【内容提要】

读书尤其不能浮躁，而必须用心专一。只有这样才能真正钻进书本，领略书的精髓和读书的乐趣。郑侠少以苦学为王安石所重，这可能是他的亲身体会和悟出的经验。作者把这种经验传授给子孙，具体方法是：（一）身定神凝；（二）专心思考；（三）眼看口诵；（四）耳闻默省。如能这样，便会收到事半功倍的效果。诗以盘盂盛水和镜子照人为喻，说明人应身定神凝。比喻新颖贴切，清晰明了。

【原　　文】

水在盘盂中，可以鉴毛发。盘盂若动摇，星日亦不察。
镜在台架上，可以照颜面。台架若动摇，眉目不可辨。
精神在人身，水镜为拟伦[1]。身定则神凝，明于乌兔轮[2]。
是以学道者，是先安其身。坐欲安如山，行若畏动尘。
目不妄动视，口不妄谈论。俨然望而畏，曝慢[3]不得亲。
淡然虚而一，志虑则不分。眼见口即诵，耳识潜自闻。
神焉默省记，如口味甘珍。一遍胜十遍，不令人艰辛。

【注　释】

① ［水镜为拟伦］可以拿水和镜子相比。

② ［乌兔轮］指太阳和月亮。传说太阳里有三足乌，月亮里有玉兔。

③ ［曝（pù）慢］即傲民。

（储兆文）

陆 游

示 儿 敏

【内容提要】

　　这首诗中，诗人教导儿子读书做学问要身体力行。

【原　　文】

　　　　　　　　学贵身行道，儒学世守经。

　　　　　　　　心心慕绳检①，字字讲声形。

　　　　　　　　吾已鬓眉白，汝方衿佩青②。

　　　　　　　　良时不可失，苦语直须听。

【注　　释】

　　①［绳检］约束。

　　②［衿（jīn）佩青］古时称读书人穿的衣服为青衿。诗中的"衿佩青"则指读书的年龄。

（东方晓）

袁 采

袁 氏 世 范 （节录）

子弟不可废学

【内容提要】

读书以求仕，并非必然。一些家长看到子女没有入仕希望时，便让子女辍学，以获取眼前利益，致使孩子饱食终日，缺乏修养，乃至为非作歹。求仕不是读书的唯一目的，读书可以丰富人的精神生活，作为人应该有高层次的精神追求。

【原　　文】

大抵富贵之家，教子弟读书，固欲其取科第，及深究圣贤言行之精微①。然命有穷达，性有昏明，不可责其必到，尤不可因其不到而使之废学，盖子弟知书，自有所谓无用之用者存焉。史传载故事，文集妙词章，与夫阴阳卜筮、方技②小说，亦有可喜之谈。篇卷浩博，非岁月可竟，子弟朝夕于其间，自有资益，不暇他务。又必有朋旧业儒者，相与往来谈论，何至饱食终日，无所用心，而与小人为非也。

【注　　释】

① ［精微］精细隐微。
② ［方技］指医、卜、星、相之术。

【译　　文】

大多数富贵人家让后辈子孙读书，固然是想让他们选中科名，以及深入地探究圣贤言行的精细隐微之处。但是人的命运有所不同，天性有聪明有愚钝，不可能苛求他们一定都能考中，尤其不能因为他考不上而让他辍学，因为让他们读书其中存在着一种无用之用的妙处。史传里记载着故事，文集里有精妙的词语文章，就是那些阴阳卜卦、星相小说之类作品，也有令人可喜的谈论。古今书籍浩繁广博，不是几天或几年可以看完的，只要教子弟早晚学习，自然有所帮助和裨益，这就没有时间再去干那些无益的事了。另外，读书之后，一定会有亲朋好友、同学老师互相交往而谈论学问，这样哪至于饱食终日，无所事事，而去和小人一道为非作歹呢？

（储兆文）

薛 瑄

【作者简介】

薛瑄（1389—1464），明代学者，文学家。河津（今属山西）人。字德温，号敬轩。永乐进士，宣德中授御史，得罪王振下狱，几至被杀。景帝嗣位后，任大理寺丞。英宗复辟为礼部右侍郎兼翰林院学士。卒谥文清。学宗程朱，有河东派之称。诗文平正自然。有《薛文清集》。

示 京 子 （一）

【内容提要】

这首诗告诫儿子要趁青春年少好好学习，只有学好本领，才能成为有用之才。同时教育儿子要尊老爱幼，不要耽于戏玩，荒废学业。

【原　　文】

京子今年十七时，青春正好力书诗。
儿童气象都无异，问学熏陶始见奇。
道大必先行孝悌①，业荒须切戒游嬉②。
老来善恶由今日，汝父之言汝细思。

【注　　释】

① ［孝］尊敬长辈。［悌］顺从兄长。
② ［游嬉］游戏玩耍，不务正业。语出韩愈：“业精于勤荒于嬉。”

示 京 子 （二）

【内容提要】

儿子已近而立之年，父亲告诫他光阴短暂，一定要珍惜时光，努力学习；有学问，又通达道理，才能成为圣哲之人。

【原　　文】

胜子行将至立年[①]，光阴莫使暂虚延。

收心切要存天理[②]，开户常须阅简编[③]。

玉不磨砻[④]难作器，人非学问岂成贤？

汝亲愿汝为君子，朝夕应须念此言。

【注　　释】

① ［立年］而立之年，指三十岁。

② ［天理］指宋明理学的伦理纲常之类。

③ ［简编］古人编竹简为书，此处指儒家经典著作。

④ ［砻（lóng）］用于去掉稻壳的碾米工具。此处指雕琢。

（马茂军）

朱瞻基

寄从子希哲

【作者简介】

明宣宗朱瞻基（1398—1435），在位时能任贤纳谏，政治较为清明，与民休养生息，发展生产，注意节俭。历史上有"明有仁宣，犹周有成康，汉有文景"之论。他是一个较开明的皇帝。

【内容提要】

这是一封皇帝教导儿子的家书。其中要儿子做三件事：行好事、做好人、交好友。

【原　文】

屡得汝平安书，甚慰。自汝之去，吾朝夕思汝，又朝夕忧汝。思，非为别离，惟欲汝做个好人；忧，亦非为汝劳苦，惟恐汝做些不好事。汝今在泾野门下，须服行其言，观法其行，乃真为弟子，否则虽见好人，不行好事，反不如凡夫也。待文王而兴，己非豪杰之士；文王所不能兴汝道，他比得凡夫否？益者三友，损者三友。学，四方人才所聚，若所交俱英才，乃忠厚有德者，其益不可胜言。若只泛交，与说闲话，为无益之事，其损亦不可胜言。谨、默二字，可铭诸心。

（马茂军）

庞尚鹏

庞氏家训（节录）

【作者简介】

庞尚鹏，明代南海（今属广东）人。字少南，嘉靖进士。曾任右佥都御史、福建巡抚等职。为政颇得民心，浙江、福建、广东人皆感德之，立祠祭祀。有《百可亭摘稿》。

【内容提要】

这是庞氏为使其子孙勿"为先人羞"、生活有所"绳束"而作的家训，文字朴实。共分务本业、遵礼度、严约束、崇厚德、端好尚、训蒙歌等十部分。确如前人所言，"是书亦老生常谈，然读之辄令人肃然起敬"。这里选录了其中一则，其主要内容是治学的目的是为了使自己的气质有所变化。

【原　文】

学贵变化气质，岂为猎章句、干利禄①哉。如轻浮则矫之以严重，褊②急则矫之以宽宏，暴戾则矫之以和厚，迂迟则矫之以敏迅。随其性之所偏，而约之使归于正，乃学问之功大。以古人为鉴，莫先于读书。

【注　释】

①［猎章句、干利禄］猎奇章句，求取名利。
②［褊（biǎn）］狭隘。

（薛　放）

唐顺之

与二弟正之[①]

【作者简介】

唐顺之（1507—1560），字应德，又字义修，人称荆川先生。明代毗陵（今江苏常州）人。嘉靖八年会试第一，官至翰林院编修，后以郎中赴浙江前线视师，泛海痛击倭寇，升右佥都御史，代凤阳巡抚。唐顺之为明代中叶重要的散文家，有《荆川文集》。他的文学主张是反对复古，主张学习唐、宋，作诗文"只是直抒胸臆，如谚语所谓'开口见喉咙'者，使后人读之，如真见其面目，瑕瑜俱不容掩，所谓本色"。

【内容提要】

清心寡欲，才能静心读书，才能有所得。做人要时刻检查自己的行为，切不可只看到别人的过错，却看不到自己的过错。

【原　　文】

行者居者，行迹各别。然理无二致也，日用工夫无二致也。汝兄在山中若不能谢遗世缘，彻澄此心，或止游玩山水，笑傲度日，是以有限日力作却无力靡费，即与在家何异？汝在家若能忍节嗜欲，痛割俗情，振起十数年懒散气习，将精神归并一路，使读书务为心得，则与在山中何异？艰哉！艰哉！各自努力。

居常只见人过，不见己过，此学者切骨病痛，亦学者公共病痛。此后读书做人，须苦切点检自家病痛。盖所恶人许多病痛，若真知反己，则色色有之也。

【注　　释】

① 本文录自《荆川文集》。

（党怀兴）

何 伦

何氏家规（节录）

【作者简介】

何伦，明江山（今属浙江）人。事亲至孝。一日盗入室，觉之不呼。将取釜乃语曰："请留釜，备吾晨炊，以食吾母。"盗愧，尽还所盗。有《何氏家规》。

【内容提要】

《何氏家规》篇幅较大，这里节选的部分，主要讲读书和做人两方面的问题。强调读书要熟读精思，谨守力行，不能自恃聪明；做人要以礼义养心。如此才能学有所成，于国、于家、于己有益。

【原　文】

学问之功与贤于己者处，常自以为不足，则日益；与不如己者处，常自以为有余，则日损。故取友不可不谨也，惟谦虚才能得之。

读书以百遍为度，务要反复熟嚼，方始味出，使其言皆若出于吾之口，使其意皆若出于吾之心，融会贯通，然后为得。如未精熟，再加百遍可也，仍要时时温习。若功夫未到，先自背诵，含糊强记，终是认字不真，见理不透，徒敝精神①，无益学问。

君子以礼义养心，则心广体胖②；如恣食肥甘，则神昏气溃。妇女以布御寒，则坚苦其志；以香熏罗绮，则浮荡其心。

【注　释】

① ［徒敝］白白地耗费。［敝］破烂，此处可引申为耗损。
② ［心广体胖（pán）］心情舒畅，身体健壮。语见《礼记·大学》。

（薛　放）

蒲松龄

与 诸 侄 书①

【作者简介】

蒲松龄（1640—1715），字留仙，别号柳泉居士，山东淄川人。清朝康熙时贡生，文学家，著作颇多，以《聊斋志异》最有名。

【内容提要】

在这篇家书中，作者提出写文章要像用兵一样，避实击虚。具体来说，就是"意乘间则巧，笔翻空则奇，局逆振则险，词旁搜曲引则畅"。

【原　　文】

古大将之才，类出天授。然其临敌制胜也，要皆先识兵虚实，而以避实击虚为百战百胜之法。文士家作文，亦何独不然。盖意乘间则巧，笔翻空则奇，局逆振则险，词旁搜曲引则畅。虽古今名作如林，亦断无攻坚擸实硬铺直写，而其文得佳者。故一题到手，必静相其神理所起止，由实字勘到虚字，更由有字句处，勘到无字句处。既入其中，复周索之士下四旁焉，而题无余蕴矣。及其取于心而注于手也，务于他人所数十百言未尽者，予以数言了之，及其幅穷墨止，反觉有数十百言在其笔下。又于他人数言可了者，予更以数十百言，排荡摇曳而出之。及其幅穷墨止，反觉纸上不多一字。如是又何等虑文之不理明辞达，神完气足也哉！此则所谓避实击虚之法也。大将军得之以用兵，文人得之以作文。纵横天下，有余力矣。

【注　　释】

① 本篇选自《聊斋佚文辑注》。

（东方晓）

汪帷宪

寒灯絮语

【作者简介】

汪帷宪，清代仁和（今浙江杭州市）人。字子宜，一字积山，号水莲，雍正拔贡。工于书法。有《尊闻录》《积山诗文集》。

【内容提要】

这篇家训主要是谈治学的。作者认为读书在精不在多；读书贵恒，恒则可成；读书还要有计划。凡此，可谓得治学之要害。

【原　　文】

古人读书贵精不贵多。非不事多也，积少以至多，则虽多而不杂，可无遗忘之患。此其道如长日之加益，而人颇不觉也。是故由少而多，而精在其中矣。一言以蔽之曰：无间断。间断之害，甚于不学。有人于此，自其幼时嬉戏无度，及长，始知向学，深嗜笃好，人虽休吾弗休，人将卧吾弗卧，不数年便可成就。苏明允①年二十七才大发愤，谢其往来少年，闭户读书，卒为大儒，此可证。若名为士人，而悠悠忽忽，一曝十寒②，人生几何，凡所谓百年者皆妄也。必也甫离成童③即排岁月次第，为立以中下之资自居，每日限读书若干。一岁之中，除去庆唁祭扫交接游宴④之事，大率以二百七十日为断。此二百七十日中须严立课程，守其道而无变，十年之间，经书可毕。且如此绳绳不已⑤，则资之钝者亦敏。而书可渐增。再加十年，子史古文俱渐次可毕矣。

【注　　释】

①［苏明允］即苏洵，北宋著名文学家。苏轼、苏辙之父。传说他27岁始发奋读书。

②［一曝十寒］晒了一天阳光又冻了十天，喻无恒心。

③［甫离成童］刚度过童年时期，指进入求学的少年时代。［甫］才。

④［庆唁祭扫交接游宴］庆贺朋友、安慰亲戚、祭祀祖宗、清明扫墓、与人交友、游玩山水和参加宴会。［唁（yàn）］对遭遇丧事的亲友表示慰问。

⑤［绳绳不已］形容勤奋努力、毫不懈怠的样子。

（孙逸行）

袁　枚

给弟香亭书

【作者简介】

袁枚（1716—1797），清代中叶著名诗论家和诗人。字子才，号随园老人，钱塘（今浙江杭州市）人。乾隆间进士，做过溧水、江宁等地方官。辞官后，于江宁（今江苏南京市）小仓山购置花园，称随园。袁枚在此过了五十多年的游乐生活。所著诗文颇多。作诗主张抒写胸臆，辞贵自然，强调独创。其首创性灵说，在当时影响颇大。有《小仓山房诗文集》《小仓山房文集》《随园诗话》等。

【内容提要】

"夫才不才者本也，考不考者末也。"作者看重的是真才实学，至于考不考得上科名却是不重要的。他不赞同在考试场中假冒籍贯、取巧作伪的行为，即使对于亲人也不例外。从这里我们可以窥出袁氏家教的特点。

【原　　文】

阿通年十七矣，饱食暖衣，读书懒惰。欲其知考试之难，故命考上元①以劳苦之，非望其入学也。如果入学，便入江宁籍贯，祖宗邱墓②之乡，一旦捐弃③，揆之齐太公五世葬周之义④，于我心有戚戚焉⑤。两儿俱不与金陵人联姻，正为此也。不料此地诸生，竟以冒籍控官。我不以为怨，而以为德。何也？以其实获我心故也。不料弟与纾亭大为不平，引成例千言，赴诉于县。我以为真客气也。

夫才不才者本也，考不考者末也⑥。儿果才，则试金陵可，试武林⑦可，即不试亦可。儿果不才，则试金陵不可，试武林不可，必不试废业而后可。为父兄者，不教以读书学文，而徒与他人争闲气，何不揣其本而齐其末⑧哉！"知子莫若父"，阿通文理粗浮，与"秀才"二字相离尚远。若以为此地文风，不如杭州，容易入学，此之谓"不与齐楚争强，而甘与江黄竞霸"⑨，何其薄待儿孙，诒谋⑩之可鄙哉！子路曰："君子之仕也，行其义也⑪。"非贪爵禄荣耀也。李鹤峰中丞之女叶夫人《慰儿落弟⑫诗》云："当年蓬矢桑弧⑬意，岂为科名始读书？"大哉言乎！闺阁中有此见解，今之士大夫都应羞死。要知此理不明，虽得科名作高官，必至误国、误民，并误其身面后已。无基而厚墉⑭，虽高必颠⑮，非所以爱之，实所以害之也。然而人所处之境，亦复不同，有不复不求科名者，如我与弟是也。家无立锥⑯，不得科名，则此身衣食无着。陶渊明云："聊欲弦歌，以为三径之资⑰"，非得已也。有可以不求科名者，如阿通、阿长是也。我弟兄遭逢盛世，清俸之余，薄有田产，儿辈可以度日，倘能安分守己，无险情赘行⑱，如马少游所云"骑款段马，作乡党之善人"⑲，是即吾家之佳子弟，老夫死亦瞑目矣，尚何敢妄有所希冀哉！

不特此也。我阅历人世七十年，尝见天下多冤枉事。有刚悍之才，不为丈夫而偏作妇人者；有柔懦之性，不为女子而偏作丈夫者；有其才不过工匠农夫，而枉作士大夫者；有其才可以为士大夫，而屈作工匠、村农者。偶然遭际，遂戕贼杞柳以为桮桊⑳，殊可浩叹！《中庸》有言"率性㉑之谓道"，再言"修道之谓教"，盖言性之所无，虽教亦无益也。孔、孟深明此理，故孔教伯鱼不过学诗学礼，义方㉒之训，轻描淡写，流水行云，绝无督责。倘使当时不趋庭，不独立，或伯鱼谬对以诗礼之已学，或貌应父命，退而不学诗，不学礼，夫子竟听其言而信其行耶？不视其所以察其所安耶？何严于他人，而宽于儿子耶？至孟子则云："父子之间不责善"㉓，且以责善为不祥㉔。似乎孟子之子尚不如伯鱼，故不屑教诲，致伤和气，被公孙丑㉕一问，不得不权词相答。而至今卒不知孟子之子为何人，岂非圣贤不甚望子之明效大验哉？善乎北齐颜之推㉖曰："子孙者不过天地间一苍生㉗耳，与我何与，而世人过于宝惜爱护之。"此真达人㉘之见，不可不知。

有门下士，因阿通不考为我怏怏者㉙；又有为我再三画策者。余笑而应之，曰："许由㉚能让天下，而其家人犹爱惜其皮冠；鹪鹩㉛愁凤凰无处栖宿，为谋一瓦缝以居之。诸公爱我，何以异兹？韩、柳、欧、苏，谁个靠儿孙俎豆㉜者？箕畴五福㉝，儿孙不与焉。"附及之以解弟与纾亭之惑。

【注　释】

①〔上元〕县名，唐代设置，清朝与江宁同属江苏省，今在南京市。

②〔邱墓〕即坟墓。〔邱〕通"丘"。

③〔捐弃〕舍去，除去。

④〔"揆（kuí）之"句〕揣度齐太公五世之后才葬在齐国的道理。〔齐太公〕即吕尚，名望，姓姜，也称姜子牙，通称齐太公。西周初年帮助文王、武王灭商有功，封齐，是齐国的始祖。《史记·齐世家》注："郑玄曰：太公受封，留为太师，死葬于周，五世之后乃葬齐。"〔揆〕揣测。

⑤〔"于我"句〕我的心便透亮了。这句话出自《孟子·梁惠王上》。〔戚戚〕心动的样子。

⑥〔"夫才"二句〕有没有才能是最根本的（最重要的），考不考试是不重要的。〔本〕根本，重要的东西。〔末〕末梢，不重要的。

⑦〔武林〕今浙江杭州市。

⑧〔不揣其本而齐其末〕这句出自《孟子·告子下》。全句是"不揣其本，而齐其末，方寸之木，可使高于岑楼。"意思是，如果不揣度基地的高低是否一致，而只比较其顶端，那一寸厚的木块（若放在高处），可以使它比高楼还高。

⑨〔"不与"二句〕不跟强大的齐国和楚国争强斗胜，而甘心情愿跟弱小的江国和黄国争霸业。齐、楚，战国七雄中的两雄。江、黄都是小国，均于公元前六百多年时为楚所灭。

⑩〔诒谋〕留下来的计策。语出《诗·大雅·文王有声》："诒厥孙谋，以燕翼子。"

⑪〔"君子"二句〕意即君子做官是执行那些正义的事。

⑫〔落弟〕通"落第"。科举时代应试不中叫落第。

⑬〔蓬矢桑弧〕象征男子有志四方。蓬梗做的矢叫蓬矢，桑木做的弓叫桑弧。《礼记·内则》："周君世子生，告于君……射人以桑弧蓬矢射天地四方。"后来用"桑弧蓬矢"，勉励人应胸怀大志。

⑭〔墉（yōng）〕墙。

⑮〔颠〕倾倒。

⑯〔家无立锥〕家中没有立锥的地方，形容家中狭窄、极度贫困。

⑰〔"聊欲"二句〕姑且把做官得来的薪俸，作为日后退隐的日用。〔弦歌〕象征做官。〔三径〕指归隐后所居的田园。

⑱［险情赘行］危险的情况，不正当的行为。

⑲［马少游］马援从弟。文中引语见《后汉书·马援传》。［骑款段马］形容乘骑行走迟缓的马。［款段］马行迟缓貌。［乡党］泛指乡里。

⑳［戕（qiāng）贼杞柳以为桮棬（quān）］毁伤柜柳树的本性用来制成杯盘。语出《孟子·告子上》。［戕贼］伤害，残害。［杞柳］即柜柳树。［桮棬］杯盘的总称。桮，"杯"的异体字。

㉑［率性］循着本性去做。

㉒［义方］古时指行事应该遵守的规矩法度，后来多指家教。

㉓［"父子"句］父亲本想教育好儿子，（往往由于望子成人心切，达不到愿望，引起忿恨，伤了感情，）便互相责备起来。语出自《孟子·离娄上》。

㉔［"且以"句］出自《孟子·离娄上》。原文是："责善则离，离则不祥莫大焉。"意思是：为了教育儿子而互相责备，就会使父子之间发生隔阂，父子间一有隔阂，那是最不好的事。

㉕［公孙丑］战国时代齐国人，孟子的弟子。

㉖［颜之推］北齐琅琊（今为山东临沂）人，字介，曾在梁、北齐、北周、隋各朝代做过官，他的重要著作是《颜氏家训》。

㉗［苍生］本意指生草木之处，后来借指百姓。

㉘［达人］指通晓事理的人。

㉙［怏怏］因不平或不满而郁郁不乐。

㉚［许由］上古高士，字武仲，尧以天下让位给他，他不接受，隐居箕山。见晋皇甫谧所著《高士传》。

㉛［鹪鹩（jiāo liáo）］鸟名，形小，体长约三寸，羽毛赤褐色，略有黑褐色斑点，尾羽短，略向上翘，以昆虫为主要食物，以细树枝、草叶、羽毛等交织成窠，很精巧。

㉜［俎豆］俎和豆都是古代祭祀用的器物，引申为祭祀、崇奉的意思。

㉝［箕畴］即九畴，指古代传说禹继鲧治水时，天帝赐给他的九种治理天下的大法。箕畴五福，就是指"九畴"第九条，"次九曰向用五福，威用六极"中的"五福"。《书·洪范》："五福：一曰寿，二曰富，三曰康宁，四曰攸好德，五曰考终命。"攸好德，是说所好的是德；考终命，是说善终不夭折。

（范嘉晨）

章学诚

家　书①

【作者简介】

章学诚（1738—1801），字实斋，号少岩，浙江会稽（今绍兴）人。清朝乾隆进士。自幼爱好史学，博览群书，中进士后，毕生从事著述和讲学，著有《文史通义》《校雠通义》《文集》等。他曾主讲很多书院，有关教育论议颇多。对于儿童教育，他认为要注意其记忆力胜于理解力的特点和学习兴趣，读经不可久专一经，易使其生厌。

【内容提要】

在这篇家书中，章学诚指出学习的目的要坚定不移，而内容和方法则可多样，要与自己的精神意趣相融洽，学习才能产生乐趣。他以挑担走路作比喻，只有中途休息，不断换肩膀，才有气力到达目的地。攻读与静思结合，就是"数休其力"；制数、文辞、义理循环学习，就是"屡易其肩"。会学习的人，常把变换学习内容作为一种休息。

【原　　文】

夫学贵专门，识须坚定，皆是卓然自立，不可稍有游移者也。至功力所施，须与精神意趣相为浃洽，所谓乐则能生，不乐则不生也。昨年过镇江访刘端临教谕，自言颇用力于制数，而未能有得，吾劝之以易意以求。夫用功不同，同期于道。学以致道，犹荷担以趋远程也，数休其力而屡易其肩，然后力有余而程可致也。攻习之余，必静思以求其天倪，数休其力之谓也；求于制数，更端而究于文辞，反覆而穷于义理，循环不已，终期有得，屡易其肩之谓也。夫一尺之捶，日取其半，则终身用之不穷②。专意一节，无所变计，趣固易穷，而力亦易见绌也。但功力屡变无方，而学识须坚定不易，亦犹行远路者，施折惟其所便，而所至之方，则未出门而先定者矣。

【注　释】

　　① 本篇选录自《文史通义外篇》。

　　② 此句出自《庄子·天下篇》："一尺之捶，日取其半，万世不竭。"［捶］通"棰"，短木棍。

（东方晓）

曾国藩

谕 纪 泽（一）

【内容提要】

看书学习应该从哪几方面入手？曾国藩告诫儿子的"四字真经"是：看、读、写、作。"看"，指泛读；"读"，指精读；"写"，指写字；"作"，指作文。四者缺一不可。这是读书的经验之谈，体现了泛读与精读、阅读与写作的辩证关系。

文中还指出做人之道，当以"敬恕"为本。

【原　　文】

读书之法，看、读、写、作，四者每日不可缺一。看者，如尔去年看《史记》《汉书》、韩文、《近思录》，今年看《周易折中》之类是也。读者，如《四书》《书》《易经》《左传》诸经，《昭明文选》，李、杜、韩、苏之诗，韩、欧、曾、王之文，非高声朗诵则不能得其雄伟之概，非密咏恬吟①则不能探其深远之韵。譬之富家居积②：看书则在外贸易③，获利三倍者也；读书则在家慎守，不轻花费者也。譬之兵家战争：看书则攻城略④地，开拓土宇⑤者也；读书则深沟坚垒⑥，得地能守者也。看书与子夏之"日知所亡"相近，读书与"无忘所能"相近，二者不可偏废。

至于写字，真⑦行篆隶，尔颇好之，切不可间断一日。既要求好，又要求快。余生平因作字迟钝，吃亏不少。尔须力求敏捷，每日能作楷书一万，则几⑧矣。

至于作诗文，亦宜在二三十岁立定规模；过三十后，则长进极难。作四书文⑨，作试帖诗⑩，作律赋⑪，作古今体诗⑫，作古文，作骈体文，数者不可一一讲求，一一试为之。少年不可怕丑，须有狂者进取之趣，过时不试为之，则后此弥不肯为矣。

至于作人之道，圣贤千言万语，大抵不外敬恕二字。"仲弓问仁"一章，言敬恕最为亲切。自此以外，如"立则见参于前也，在舆则见其倚于衡也"；"君子无众寡，无小大，无敢慢^⑬"，斯为"泰^⑭而不骄"；"正其衣冠，俨然人望而畏"，斯为"威而不猛"；是皆言敬之最好下手者。孔言"欲立立人，欲达达人"^⑮；孟言"行有不得，反求诸己^⑯"，"以仁存心，以礼存心"，"有终身之忧，无一朝之患"：是皆言恕之最好下手者。尔心境明白，于恕字或易著^⑰功，敬字则宜勉强行之，此立德之基，不可不谨。科场^⑱在即，亦宜保养身体。余在外平安，不多及。

【注　释】

① ［恬吟］静静地吟诵。

② ［居积］囤积居奇。

③ ［贸易］做买卖。

④ ［略］夺取，抢占。

⑤ ［土宇］领土。

⑥ ［垒］战争中防护军营的墙壁或建筑物。［坚垒］使壁垒坚固。

⑦ ［真］真书，楷书。

⑧ ［几］差不多。

⑨ ［四书文］八股文。

⑩ ［试帖诗］也叫"赋得体"，唐宋以来科举考试中采用的一种诗体，大多以古人诗句命题。

⑪ ［律赋］六朝以后形成的强调音韵和谐、对偶工整的赋。

⑫ ［古今体诗］"古体诗"指没有严格的音律、对仗要求的诗；"今体诗"指讲究平仄对仗的格律诗，也叫"近体诗"。

⑬ ［无敢慢］不敢怠慢。

⑭ ［泰］安泰平和。

⑮ ［欲立立人，欲达达人］见于孔子《论语》。意思是说：自己要站得住，同时也使别人站得住；自己要事事行得通，同时也使别人事事行得通。

⑯ ［反求诸己］反过来寻求自身，考虑自身。［诸］"之于"的合音。

⑰ ［著（zhuó）］加，附着。

⑱ ［科场］科举考试的场所，此指科举考试。

谕纪泽纪鸿（五）

【内容提要】

江山易改，秉性难易。然而勤读书却可改变气质，陶冶性情。立志读书，事事有恒，便可"金丹换骨"矣。

【原　　文】

今日专人送家信，甫经成行，又接王辉四等带来四月初十之信，尔与澄叔各一件，藉悉一切。

人之气质，由于天生，本难改变，惟读书则可变化气质。古之精相法①者，并言读书可以变换骨相。欲求变之之法，总须先立坚卓之志。即以余生平言之，三十岁前，最好②吃烟，片刻不离，至道光壬寅十一月二十一日立志戒烟，至今不再吃。四十六岁以前作事无恒，近五年深以为戒，现在大小事均尚有恒。即此二端，可见无事不可变也。尔于厚重二字，须立志变改。古称"金丹③换骨"，余谓立志即丹也。

【注　　释】

① ［相法］相面术。

② ［好（hào）］喜欢。

③ ［金丹］古代方士炼金石为药，称服之可长命百岁，叫金丹。

谕纪泽纪鸿（七）

【内容提要】

好的文章或有气势、识度，或有情韵、趣味，作诗作文者当从此处着想才为得法。

【原　　文】

　　闰五月三十日由龙克胜等带到尔二十三日一禀，六月一日由驿递到尔十八日一禀，具悉一切。

　　尔写信太短。近日所看之书，及领略古人文字意趣，尽可自摅①所见，随时质正②。前所示有气则有势，有识则有度，有情则有韵，有趣则有味，古人绝好文字，大约于此四者之中必有一长。尔所阅古文，何篇于何者为近？可放论而详问焉。鸿儿亦宜常常具禀③，自述近日工夫，此示。

【注　　释】

　　①［摅（shū）］抒发。

　　②［质正］寻问，就正。

　　③［具禀］写来书信。

（党怀兴）

左宗棠

与 孝 宽（节录）

【内容提要】

读书"只要明理，不必望以科名"，"子孙贤达，不在科名有无迟早"。"能学吾之耕读为业，务本为怀"，"以科名为门户计，为利禄计，则并耕读务本之素志而忘之，是谓不肖矣"。并告诫参加乡试"恪遵功令，勿涉浮嚣，庶免耻辱"。还指出，小时候读书"课程不必求多，亦不必过于拘束"。

【原　文】

吾积世寒素，近乃称巨室。虽屡申儆不可沾染世宦积习，而家用日增，已有不能撙节①之势。我廉金不以肥家，有余辄随手散去，尔辈宜早自为谋。大约廉余拟作五分，以一为爵田，余作四分均给尔辈，已与勋、同言之，每分不得过五千两也。爵田以授宗子袭爵者，凡公用均于此取之。

念恕所呈请安帖子字画端正，吾甚喜之。可饬其照常读书，以求长进。饬勋、同过兰时检箧匣中物赐之。吾本无珍异之物，且赐孙亦不在珍异耳。

诸孙读书，只要有恒无间，不必加以迫促。读书只要明理，不必望以科名。子孙贤达，不在科名有无迟早，况科名有无迟早亦有分定，不在文字也。不过望子孙读书，不得不讲科名。是佳子弟，能得科名固门闾之庆；子弟不佳，纵得科名亦增耻辱耳。

吾平生志在务本，耕读而外别无所尚。三试礼部，既无意仕进，时值危乱，乃以戎幕起家。厥后以不求闻达之人，上动天鉴，建节锡封，忝窃非分②。嗣复以乙科入阁，在家世为未有之殊荣，在国家为特见之旷典，此岂天下拟议所能到？此生梦想所能期？子孙能学吾之耕读为业，务本为怀，吾心慰矣。若必谓功名事业、高官显爵无忝乃祖，此岂可期必之事，亦岂数见之事哉？或且以科名为门户计，为利禄计，则并耕读务本之素志而忘之，是谓不肖矣！

勋、同请归赴试，吾以秀才应举，亦本分事，勉诺之，料尔在家亦必预乡试，世俗之见，方以子弟应试为有志上进，吾何必故持异论。但不可藉此广交游、务征逐、通关节为要，数者吾所憎也。恪遵功令，勿涉浮嚣，庶免耻辱。

丰孙读书如常，课程不必求多，亦不必过于拘束，陶氏诸孙亦然。以体质非佳，苦读能伤气，久坐能伤血。小时拘束太严，大来纵肆，反多不可收拾；或渐过憨呆，不晓世事，皆必有之患。此条切要，可与少云、大姊详言之。

【注　释】

① ［撙节］节省。

② ［忝］谦词。意为有辱于，有愧于。

（漆　水）

严 复

与四子严璇书（二）

【内容提要】

学问之道，如水到渠成，不间断，到时候自可见效。旅行观览山水名胜，"且能增进许多阅历学问，激发多少志气，更无论太史公文得江山之助者矣"。作者提醒儿子要预备多种学识，一是历史学识，次是地学知识，再加一摄影技术。

【原　文】

谕璇知悉：

前得儿书，知在唐校用功，勤而有恒，大慰大慰！学问之道，水到渠成，但不间断，时至自见，虽英文未精，不必着急也。所云暑假欲游西湖一节，虽不无小费，然吾意甚以为然。大抵少年能以旅行观览山水名胜为乐，乃极佳事，因此中不但怡神遣日，且能增进许多阅历学问，激发多少志气，更无论太史公文得江山之助者矣。然欲兴趣浓至，须预备多种学识才好：一是历史学识，如古人生长经由，用兵形势得失，以及土地、产物、人情、风俗之类。有此，则身游其地，有慨想凭吊之思，亦有经略济时之意与之俱起，此游之所以有益也。其次则地学知识，此学则西人所谓 Geology。玩览山川之人，苟通此学，则一水一石，遇之缘能彰往察来，并知地下所藏，当为何物。此正佛家所云："大道通时，虽墙壁瓦砾，皆无上胜法。"真是妙不可言如此。再益以摄影记载，则旅行雅游，成一绝大事业，多所发明，此在少年人有志否耳。汝在唐山路矿学校，地学自所必讲，第不知所谓深浅而已。

我到闽以后，喘咳实未见大差，打针服药，不过如是，然亦无如何加甚之处，儿可放心无虑。现在满盼春来，吾一切自当轻减也。自民国六年以来，经冬必大病，今岁但得稍可，便为庆幸，不敢奢望矣。二姊伴我在此，一切尚佳，目疾已九成愈，身体稍壮胖，亦可喜也。昨日邮局寄去厦门肉干一匣，想此信前后当收到也。

嘉平初六日　父泐

（漆　水）

陶行知

给子女的信

【作者简介】

陶行知（1891—1946），原名文浚，又名知行，安徽歙县人。是我国伟大的人民教育家。留学美国，曾任南京高等师范学校教育科主任，提倡过平民教育，他的教育思想集中反映在"生活教育"理论体系中，主张"生活即教育"、"社会即学校"。主要著作有《中国教育改造》《古庙敲钟录》《斋夫自由谈》《陶行知论文选辑》等。

【内容提要】

在这封信中，行知先生提出，先生不只教书还要教学生做人，学生不只专读书还应学做人。他教育女儿要做个有知识、有实力和有责任心的人，决不能做个书呆子，并指出做一个人应具备的要求。

【原　　文】

（一）

桃红：

我很希望你和小桃多学做事，我的主张是：有书读的要做事；有事做的要读书。先生不应该专教书；他的责任是教人做人。学生不应当专读书；他的责任是学习人生之道。我要你们做有知识、有实力、有责任心的国民；不要你们做书呆子。

1927 年 3 月 17 日

（二）

蜜桃：

……现在做一个小孩子要知道三件事。第一，做人的大道理要看得明白。第二，遇患难要帮助人。肚子饿让人先吃。没饭吃时，要想法子找出饭来大家吃。第三，勇敢。勇敢的活才算是美的活。

1937 年 11 月 29 日

（廉　碧）

立志成才篇

夫君子之行，静以修身，俭以养德。非淡泊无以明志，非宁静无以致远。夫学须静也，才须学也。非学无以广才，非志无以成学。

立志为下篇

郑 玄

诫子益恩书

【作者简介】

郑玄（127—200），字康成，北海高密（今属山东）人，东汉经学家。曾入太学及向名家学《京氏易》《公羊春秋》《古文尚书》《礼记》《左传》《韩诗》等，从师马融十余年。游学归来，在乡里聚徒讲学，弟子众至数千人。因党锢事被禁，潜心著述，以古文经说为主，兼采今文经说，遍注群经，成为汉代经学的集大成者，世称"郑学"。《后汉书》有传。

【内容提要】

作者回顾了他奔波流离与著书立说的一生，以自己广征博引、虚心求教、鄙弃利禄、潜心学问的品行来教导儿子要努力践行君子之道，节衣俭食，以扬名当世，做个品学兼优的人。文中还体现了作者勤奋严谨的治学精神和淡泊高远的人生态度，足以垂范青史。

【原　文】

吾家旧贫，不为父母昆弟所容。去厮役之吏①，游学周秦之都，往来幽、并、兖、豫②之域，获觐③乎在位通人、处逸④大儒，得意者咸从捧手⑤，有所受焉。遂博稽六艺⑥，粗览传记⑦，时睹秘书纬术⑧之奥，年过四十，乃归供养。假⑨田播殖，以娱朝夕。遇阉尹⑩擅执，坐党禁锢⑪，十有四年，而蒙赦令，举贤良方正⑫有道，辟大将军三司府。公车⑬再召，比牒并名⑭，早为宰相。惟彼数公，懿德⑮大雅，克堪⑯王臣，故宜式序⑰。吾自忖度，无任于此，但念述先圣之元意，思整百家之不齐，亦庶几⑱以竭吾才，故闻命罔从。而黄巾⑲为害，萍浮南北，复归邦乡。入此岁来，已七十矣。宿素⑳衰落，仍有失误，案之礼典，便合传家㉑。今我告尔以老，归尔以事，将闲居以安性，覃思㉒以终业。自非拜国君之命，问族亲之忧，展㉓敬坟墓，观省野物，胡尝扶杖出门乎！家事大小，汝一承之。咨尔茕茕㉔一夫，曾无同生相依。其㉕勖求君子之道，研钻勿替，"敬慎威仪，以近有德"。显誉成于僚友，德行立于己志。若致声称，亦有荣于所生㉖，可不深念邪！可不深念邪！吾虽无绂冕之绪㉗，颇有让爵之高。自乐以论赞㉘之功，庶不遗后人之羞。末所愤愤者，徒以亡亲坟垄未成，所好群书率皆腐敝，不得于礼堂㉙写定，传与其人。日西方暮，其可图乎！家今差多于昔，勤力务时，无恤饥寒。菲㉚饮食，薄衣服，节夫二者，尚令吾寡恨。若忽忘不识，亦已焉哉！

【注　释】

①［厮役］干粗活的奴隶，后用以泛指被人驱使的低微小吏。此处指郑玄在年轻时所任的征收赋税的乡啬夫。

②［幽、并、兖、豫］均为古代地域名，中国古代九州之一。其地域大致相当于今天的辽宁和河北、山西、山东、河南等地。

③［觐（jìn）］朝见。

④［处逸］处士，隐逸。旧时称未官于朝而居家的人为处士。

⑤［捧手］犹拱手，表示敬佩。

⑥［稽（jī）］研习。［六艺］指儒家的六经，即《诗》《书》《礼》《易》《乐》《春秋》。

⑦［传记］书传，记载。这里指解释或注释经文的书。

⑧［秘书］中秘之书，即皇家所藏的各种书籍。［纬术］即谶纬之术。用儒家经义，附会人、事的吉凶祸福，预言治乱兴废，多为怪诞无稽之谈，与方士所传的谶语，合称谶纬。

⑨［假］借，租赁。

⑩［阉（yān）尹］可出入宫室的宦官。

⑪［坐党禁锢］因结朋党被禁锢治罪。

⑫［贤良方正］汉文帝二年下诏推举贤良方正之才，并以此设科举名目。［贤良］有德行的人。［方正］公平正直的人。

⑬［公车］汉代官署名。掌管宫殿中司马门的警卫工作。臣民的上书和征召，都由公车接待。

⑭［比牒］连牒。［并名］齐名。

⑮ [懿（yì）德] 美德。

⑯ [克堪] 能够承当。

⑰ [式序] 指被任用而班列于朝堂之上，成为地位显赫的官僚。

⑱ [庶几] 也许可以，表示希望和推测之词。

⑲ [黄巾] 即东汉末年农民黄巾军起义。

⑳ [宿素] 平素，一向。

㉑ [传家] 家事传给子孙。《礼记·曲礼》："七十老而传。"

㉒ [覃（tán）思] 深思。

㉓ [展] 省视。

㉔ [咨（zī）] 叹息。[茕茕（qióng）] 孤零貌。

㉕ [其] 表示期望的语气。

㉖ [所生] 生身父母。

㉗ [绂冕] 比喻高官显位。[绪] 世业，功绩。

㉘ [论赞] 史传每篇后的评论叫论赞。这是郑玄比喻自己自乐于著书立说之事。

㉙ [礼堂] 讲学习礼之堂。

㉚ [菲] 微薄。

【译　文】

　　我家过去很贫穷，我又只爱学习，不爱做官，因此不能为父母与弟弟们所容。于是我干脆抛弃了做乡啬夫的苦役，而到周秦两朝的都城长安一带去周游求学，来往于幽、并、兖、豫等地，有幸拜见身居高位而又才能出众的显宦，以及隐居不仕、学识渊博的学者。每当遇到了自己觉得很如意的人，就恭敬地请教，从而学到了不少知识。于是我开始广泛研习六艺并粗略浏览传记。有时也看一些奥妙的皇家藏书和谶纬等书。年纪已过四十，才回家乡奉养父母。租来田地耕种收获，就这样自食其力地快乐度日。时逢宦官专权，指责我交结朋党而遭到禁锢之祸，达十四年之久。承蒙皇帝赦免了我的罪过，并被推举为贤良方正之人，做了大将军三司府的部下。那些与我连牒齐名而被公车召入朝廷的人，现在已做了宰相。他们那些人，有美德，有涵养，确实能够承担大臣的重任，因此应当被任用而班列于朝堂之上。我自己揣度，是不宜做官的人。只想着阐发先代圣贤的原本意图，思量着整理补充诸子百家不完备的方面，这也许可以竭尽我的才力吧，所以我未能服从朝命去做官。遭逢黄巾起义的战乱，像浮萍一样南北漂泊，战乱后我才回到了家乡。到今年，我已是七十岁的人了，心力不济，往往有所失误。依照礼节的规定，该是把家事传给子孙的时候了。现在我要告诉你的是，我老了，把家事托付给你，我将要悠闲地生活以安养性情，深入地思考以完成事业。除非接受国君的任命，或吊问亲族的丧事，或恭敬地祭扫坟墓，或观看野外的景致，又哪里用得着扶杖出门呢！家事无论大小，都将由你全部承担。可叹的是你孤单一人，没有兄弟相依靠。期望你努力寻求君子之道，深入钻研不要废弃，就像《诗经·大雅·民劳》篇所说的"使你的仪容和态度变得恭敬、谨慎和庄严，逐渐成为一个有高尚德行的人"。扬名显誉要依靠志同道合的朋友，树立德行在于自我心中的志向。一旦得到了荣誉与赞扬，也会给父母祖宗带来荣耀，你能不深思吗？你能不深思吗？我虽然没有高官显职的功业，却颇有推位让爵的品行。以著书立说为自己的快乐，只希望不要把羞辱留给后代。最终使我深感郁闷和遗憾的，只是亲人的坟墓尚未修成，所喜好的书籍大都陈腐破烂了，不能再到讲堂去抄改写定，并传给好学的人。日落西山已是迟暮之年，还有什么可图的呢？今天的家业已稍好于从前，望你勤勉务实，及时努力，不要为饥寒忧虑。节衣缩食，时刻注意这两个方面，便会让我少些遗憾。如果你忽略或忘记了，那我还有什么可说的呢？

（周晓薇）

蔡 邕

女 训

【作者简介】

蔡邕（132—192），字伯喈，陈留圉（今河南杞县）人。汉灵帝时为议郎，因上书论"朝正缺失"获罪，流放朔方，遇救后，逃命江湖十余年以避宦官陷害。董卓专权后，被任为侍御史，官左中郎将。卓被诛后，为王允所捕，死于狱中。通经史、音律、天文。其文工整典雅，又善辞赋。工篆、隶，尤以隶书著称，创飞白体，又能画。有《蔡中郎集》，今已佚，后人有辑本。

【内容提要】

这是从蔡邕《女训》三章里选录的第一章，它把修面与修心参照对比，通过修面这个日常生活中的具体细节，形象生动地说明修心的重要性及其方法。

【原　文】

心犹首面也，是以甚致饰焉。面一旦不修饰，则尘垢秽之；心一朝不修善，则邪恶入之。咸知饰其面，不修其心。夫面之不饰，愚者谓之丑；心之不修，贤者谓之恶。愚者谓之丑犹可，贤者谓之恶，将何容焉？故览照拭面，则思其心之洁也，傅脂则思其心之和也，加粉则思其心之鲜也，泽发则思其心之顺也，用栉则思其心之理也，立髻则思其心之正也，摄鬓则思其心之整也。

【译　文】

心就像头和脸一样，需要认真修饰。脸一天不修饰，就会让尘垢弄脏；心一天不修善，就会窜入邪恶的念头。人们都知道修饰自己的面孔，却不知道修养自己的善心。脸面不修饰，愚人说他丑；心性不修炼，贤人说他恶。愚人说他丑，还可以接受；贤人说他恶，他哪里还有容身之地呢？所以你照镜的时候，就要想到心是否圣洁；抹香脂时，就要想想自己的心是否平和；搽粉时就要考虑你的心是否鲜洁干净；润泽头发时，就要考虑你的心是否安顺；用梳子梳发时，就要考虑你的心是否有条有理；挽髻时，就要想到心是否与髻一样端正；束髻时，就要考虑你的心是否与髻发一样整齐。

（储兆文）

诸葛亮

诚 子 书

【作者简介】

诸葛亮（181—234），字孔明，阳都（今山东沂南）人，三国蜀汉丞相、政治家、军事家。东汉末，隐居隆中（今湖北襄阳西），留心世事，被称为"卧龙"。刘备三顾茅庐，从此成为刘备的主要谋士。后刘备根据其策略，联吴攻曹，取得了赤壁之战的胜利，建立了蜀汉政权。刘备死后，亮辅佐刘禅。

【内容提要】

本篇提出"淡泊明志，宁静致远"的治学及修身养德思想，对于人们立身、治学皆有启迪。文中对人生短暂、壮志难酬的浩然长叹也足以警醒世人珍惜生命的分分秒秒，建功立业，以免老大无成，噬脐莫及。

【原　文】

夫君子之行，静以修身，俭以养德。非淡泊①无以明志，非宁静无以致远。夫学须静也，才须学也。非学无以广才，非志无以成学。慆慢则不能励精②，险躁则不能治性③。年与时驰，意与日去，遂成枯落，多不接世④。悲守穷庐，将复何及？

【注　释】

① ［淡泊］恬淡寡欲。［淡］安静貌。
② ［慆（tāo）］通"滔"，意为怠慢。［励精］振奋精神。
③ ［险躁］冒险急躁。［治性］陶冶性情。
④ ［接世］即济世，指对社会有所作为，对社会有益。

【译　文】

　　有品行的君子，以静思来努力提高自己的修养，以节俭来努力培养自己的品德。不恬淡寡欲就不能使自己的志向明确坚定，不宁静安稳就不能达到远大的目标。学习必须静下心来，才干必须学习才能增长。不学习就不能有广博的才干，没有志向就不能成就学业。怠慢便不能振奋精神，冒险急躁便不能陶冶性情。年华随时间流逝，意志随岁月消磨，于是如枝枯叶落，大多数人不能对社会有所作为。等到悲凉地守着贫穷的小屋时，后悔又怎么来得及呢？

诫外生①书

【内容提要】

　　本篇提出做人要有高远的志向，并指出这种志向的具体内涵和实现它的途径。实现志向的重要前提——坚韧的毅力——在文中也得到了充分的强调。志存高远，是走出凡庸、实现伟业的第一步。

【原　文】

　　夫志当存高远。慕先贤，绝情欲，弃疑滞②。使庶几③之志，揭然有所存，恻然有所感④。忍屈伸，去细碎，广咨问，除嫌吝。虽有淹留，何损于美趣，何患于不济。若志不强毅，意不慷慨，徒碌碌滞于俗，默默束于情，永窜伏于凡庸，不免于下流矣。

【注　释】

　　①［生］通"甥"。

　　②［疑滞］怀疑滞留。这里作"疑虑"讲。

　　③［庶几（shù jǐ）］指好学并可以成才的人。

　　④［揭然］高举，这里作明确讲。［恻］通"切"，意为诚恳。

【译　文】

　　你应当胸怀高远的志向。仰慕前代贤人，戒绝情欲，抛弃疑虑。使成贤才的志向，明确在心中，并诚恳地为它所感动。忍受屈伸荣辱，丢掉琐碎的杂念，广泛地请教，切莫吝啬猜疑。即使仍然名位低下，又怎会损伤自己的美好志趣，又何必担心不能够成功。如果心志不坚强刚毅，意气不慷慨昂扬，只是被世俗所困扰而辛苦繁忙，被情欲所束缚而意志消沉，那势必永远沦为凡夫俗子之列，免不了成为低人一等的庸俗之辈。

（周晓薇）

王　修

诫　子　书

【作者简介】

王修，字叔治，三国北海营陵（今山东昌乐）人。曾附袁绍，后归曹操，任魏郡太守，后任大司农、郎中令、奉常等职。善知人，笃行义。

【内容提要】

王修从读书、做人两方面教育子女，要珍惜人生有限光阴，以高人、善人为楷模，做到举止有度，言出由思。

【原　文】

人之居世，忽去便过，日月可爱也。故禹不爱尺璧而爱寸阴，时过不可还，若年大不可少也，欲汝早之，未必读书，并学作人。欲令见举动之宜，观高人远节，志在善人左右，不可不慎。善否之要在此际也，行止与人务在饶之，言思乃出，行详乃动，皆动情实道理，违斯败矣。父欲令子善，唯不能杀身，其余无惜也。

【译　文】

人生在世，转眼便过去了，岁月值得珍重。所以大禹不爱尺璧财宝而珍爱寸阴时光，时光一去不复还，就像人老不能再年轻一样。要你早早地明白这一点，不一定局限于读书，更要学会做人。想让你知道一举一动都要有度，察看那些高尚之人的远大志向，你要努力达到他们的水平，不可不慎重。是善是恶就在这点滴之际的差别，行动举止务必宽容，话想好了才说，考虑周密了才实施行动，一切都要按照实际情况，合乎道理办事，违反了这些，必然会失败。父亲想让儿子学好，除了不能杀身，其余都在所不惜。

（储兆文）

羊 祜

诫 子 书

【作者简介】

羊祜（221—278），字叔子，泰山南城（今山东费县）人，西晋大臣。魏末参掌司马昭的密友。晋武帝（司马炎）代魏以后，与他筹划灭吴。泰始五年（269），封钜平侯，出镇襄阳。在镇十年，均在做灭吴的准备。多次请求出兵灭吴，未能实现。临终前，推举杜预代替自己。死后，吏民为之建庙立碑以表怀念。

【内容提要】

文中表示了作者对儿辈才能平庸的忧虑，并教导他们以忠信作为人生标准，在行为中要处处体现它。涵养要深，不可在人背后说长道短。

【原 文】

吾少受先君①之教。能言之年②，便召以典文③。年九岁，便诲以诗书。然尚犹无乡人之称，无清异之名④。今之职位，谬恩之回耳，非吾力所能致也。吾不如先君远矣，汝等复不如吾。谘度弘伟⑤，恐汝兄弟未能致也；奇异独达⑥，察汝等将无分也。恭为德首，慎为行基。愿汝等言则忠信，行则笃敬⑦。无口许人以财，无传不经之谈⑧，无听毁誉之语。闻人之过，耳可得受，口不得宣，思而后动。若言行无信，身受大谤，自入刑论⑨，岂复惜汝，耻及祖考⑩。思乃父言，聆乃父教，各讽诵⑪之。

【注 释】

① ［先君］自称去世的父亲。
② ［能言之年］指能写字的年龄。
③ ［典文］指可以作为典范的重要书籍。

④〔清异之名〕指特别的才能。

⑤〔谘（zī）度弘伟〕意谓见解高深，志向远大。

⑥〔奇异独达〕意谓才能非凡，智慧通达。

⑦〔笃（dǔ）〕诚笃，忠实。

⑧〔不经之谈〕没有根据的议论。

⑨〔刑论〕以刑罚论处。

⑩〔祖考〕祖父和父亲。祖，祖父。考，父亲。

⑪〔讽诵〕温习背诵。

【译　文】

　　我从小就受到父亲的教导。能写字的年龄，他就教我学那些可以作为典范的重要文籍。到了九岁，便教我学《诗经》《尚书》。但就是这样还没有得到家乡人的称誉，还没有特别的才能。今天我所得到的官职地位，可以说是皇帝误把恩惠赐给我罢了，并不是我的能力所能得到的。我远不如我的父亲，你们却又不如我。见解高深，志向远大，恐怕你们兄弟没有这个能力；才能非凡，智慧通达，看来你们也没有这样的天分。恭敬是道德的首要，谨慎是行事的基础。希望你们言语忠信，行为笃敬。不要随便许给别人财物，不要传播没有根据的谣言，不要偏听诋毁或浮夸的一面之词。听说了别人的过错，耳朵可以听，而不要再去宣扬，三思之后再决定如何去做。如果言行不讲信用，势必身受很多指责唾骂，甚至落得以刑罚论处，自取灭亡。我难道只是在为你们怜悯痛惜吗？我是担心要给先辈们也带来耻辱啊。好好想想你们父亲的话，听从你们父亲的教诲，每个人都要认真温习和背诵它。

（王其祎）

魏 收

枕 中 篇

【作者简介】

魏收（506—572），字伯起，小字佛助，下曲阳（今河北晋县）人，北齐史学家。北魏时任散骑常侍，编修国史。北齐时任中书令兼著作郎，奉诏编撰《魏书》，后累官至尚书右仆射，监修国史。

【内容提要】

这篇家训首先从管子的"任重"、"畏途"、"远期"落墨，再以此为内在意脉，旁征博引，归纳演绎，说明怎样才能成为君子，然后便能"以重任，行畏途，至远期"。他提出的教子为人的独特见解，既闪透着哲理的灵光，又显示了他作为史学家的严谨缜密和汇通今古、博大精深的才学。这篇训诫文辞华美流畅，排比铺陈，属对工整；遣词造句，变化多端；承接转折，丝丝入扣，具有较高的文学价值。

【原　　文】

吾曾览管子①之书，其言曰："任之重者莫如身，途之畏者莫如口，期之远者莫如年。以重任，行畏途②，至远期，惟君子为能及矣。"追而味之③，喟然长息。若夫岳立为重，有潜戴而不倾④；山藏称固，亦趋负而弗停⑤；吕梁独浚⑥，能行歌而匪惕；焦原⑦作险，或跻踵而不惊；九陔⑧方集，故渺然而迅举；五纪当定，想窅乎而上征⑨。

苟任重也有度，则任之而愈固；乘危也有术，盖乘之而靡恤。彼其远而能通，果应之而可必，岂神理之独尔？亦人事如其一！

呜呼！处天壤之间，劳死生之地，攻之以嗜欲，牵之以名利，梁肉不期而共臻，珠玉无足而俱致，于是乎骄奢乃作，危亡旋至。然则上知⑩大贤，惟几惟哲，或出或处，不常其节⑪，其舒也济世成务，其卷也声销迹灭。玉帛子女[12]，椒兰律吕[13]，谄谀无所先；称肉度骨[14]，膏唇桃舌[15]，怨恶莫之前。勋名共山河同久，志业与金石比坚。斯盖厚栋不挠[16]，游刃恚然[17]。

逮于厥德不常，丧其金璞[18]，驰骛人世，鼓动流俗。挟汤日而谓寒[19]，包溪壑而未足。源不清而流浊，表不端而影曲。嗟乎，胶漆谓坚，寒暑甚促，反利而成害，化荣而就辱，欣戚更来[20]，得丧仍续[21]。至有身御魑魅[22]，魂沉狴狱[23]，讵非足力不强，迷在当局！孰可谓车戒前倾[24]，人师先觉[25]？

闻诸君子：雅道之士，游遨经术；厌饫[26]文史，笔有奇锋，谈有胜理，孝悌之至，神明通矣。审道而行，量路而止，自我及物，先人后己。情无系于荣悴，心靡滞于愠喜[27]，不养望于丘壑，不待价于城市。言行相顾，慎终犹始，有一于斯，郁为羽仪[28]。

恪居展事[29]，知无不为。或左或右，则髦士攸宜[30]；无悔无吝，故高而不危。异乎勇进忘退，苟得患失，射[31]千金之产，邀万钟之秩[32]，投烈风之门[33]，趋炎火之室[34]，载蹶而坠其贻宴[35]，或蹲乃丧其贞吉[36]。可不畏欤！可不戒欤！

门有倚祸[37]，事不可不密；墙有伏寇[38]，言不可或失。宜谛其言，宜端其行。言之不善，行之不正，鬼执强梁[39]，人囚径廷[40]，幽夺其魄，明夭其命。不服[41]非法，不行非道。公鼎为己信，私玉非身宝。过缁为绀[42]，逾蓝作青；持绳视直，置水观平。时[43]然后取，未若无欲；知止知足，庶免于辱。是以为必察其几[44]，举必慎于微。知几虑微，斯亡则稀；既察且慎，福禄攸归，昔蘧瑗[45]识四十九非，颜子几三月不违[46]。跬步[47]无已，至于千里；覆一篑进，及于万仞。故云行远自迩，登高自卑。

可大可久，与世推移，月满如规[48]，后夜则亏，槿[49]荣于枝，望暮而萎。夫奚益而非损，孰有损而不害？益不欲多，利不欲大。惟居德者畏其甚，体真者惧其大，道遵则群谤集，任重而众怨会，其达也则尼父栖遑[50]，其忠也而周公[51]狼狈。无曰人之我狭[52]，在我不可而覆；无曰人之我厚[53]，在我不可而咎；如山之大，无不有也；如谷之虚，无不受也。能刚能柔，重可负也；能信能顺，险可走也；能知[54]能愚，期可久也。周庙之人，三缄其口[55]；漏卮在前，欹器留后[56]；俾诸来裔[57]，传之坐右[58]。

【注　释】

①［管子］即管仲（？—公元前645），春秋齐颍上（今安徽阜阳）人。初事公子纠，后相齐桓公，主张聚货积财，富国强兵，九合诸侯，一匡天下，使桓公成为春秋五霸之一，今存《管子》，多为后人伪托。

②［畏途］艰险可怕的道路。

③［追而味之］追想体味它们。

④［岳立］直立的山岳。［潜戴］传说海中巨鳌，背或负山。

⑤［趋负而弗停］用《列子·汤问》中愚公移山典。

⑥［吕梁独浚］指大禹疏浚吕梁洪水。见《水经注·河水》。

⑦［焦原］山名，在山东莒县南，《尸子》下曰："莒国有石焦原，广寻长五百步，临万仞之溪。"

⑧［九陔］通"九垓"，犹如九重天，谓天极高极远。

⑨［五纪］指岁、月、日、星辰、历数五种天象记录。［窅（yǎo）］深远的样子。

⑩［上知］上等的智人。［知］通"智"。

⑪［不常其节］不凝滞于一定的节度。

⑫［玉帛子女］指财物和美色。

⑬［椒兰律吕］指奸佞与声色。

⑭［称肉度骨］挑肥拣瘦，斤斤计较。［称、度］均指盘算、计算。

⑮［膏唇桃舌］说长道短，搬弄是非。

⑯［厚栋不挠］厚实的栋木不会弯曲。

⑰［游刃砉（huā）然］指游刃有余。

⑱［金璞］金玉般的品质。［璞］指未琢之玉。

⑲［挟汤日而谓寒］拥有艳阳还说自己寒冷。此句及下句皆言贪得无厌。

⑳［欣戚更来］欢喜与悲戚更替而来，此指乐去悲来。

㉑［得丧仍续］得和失相继出现，此指得去失来。

㉒［魑（chī）魅］山神怪物。

㉓［狴（bì）狱］监狱。

㉔［车戒前倾］以前车之倾为戒。

㉕［人师先觉］可以为人师者和先知先觉者。

㉖［厌饫（yù）］精通，饱学。

㉗［愠喜］愤怒，喜爱。

㉘［羽仪］表率。

㉙［恪居展事］恭敬谨慎地处世行事。

㉚［髦士］俊杰之士。［攸宜］顺性自得。

㉛［射］追求，逐取。

㉜［邀］求，招。［秩］俸禄。

㉝［烈风之门］有卓著功业的人家。

㉞［炎火之室］势力强大的人家。

㉟［载］动词词头。［蹶］跌倒，受挫。［贻宴］使子孙安吉。［宴］“燕”也，安定。

㊱［贞吉］坚贞的德操。

㊲［倚祸］指灾祸。化用《老子》“祸兮福所倚，福兮祸所伏”语意。

㊳［伏寇］潜藏的仇敌。

㊴［强梁］凶暴。

㊵［径廷］憨直。

㊶［服］顺从，服从。

㊷［缁（zī）］黑色。［绀］天青色，深青透红。

㊸［时］伺机，窥伺。

㊹［几］微小，丝毫。

㊺［蘧瑗］春秋卫人，字伯玉，年五十而知四十九年非，卫大夫史鳍知其贤，屡荐于灵公，皆不用。

㊻［颜子］颜回。［几］差不多。《论语·雍也》：“回也其心三月不违仁。”

㊼［跬步］一步。现在的两步古代才称“步”。

㊽［规］圆规。

㊾［槿］即木槿花，朝开夕凋。

㊿［尼父］孔子。“栖遑”恓惶，心惊胆战。

(51)［周公］即周公姬旦。周公辅政时，曾因管蔡流言而避居东都。后成王知其忠心，遂迎回成周。

(52)［人之我狭］“人狭我”的倒装，别人对我狭劣。

(53)［人之我厚］即“人厚我”，别人对我宽厚。

(54)［知］通“智”。

(55)［“周庙”二句］相传孔子至周，走进太庙，见有金人，三缄其口。［缄］封。

(56)［漏卮］渗漏的酒器。［欹器］倾斜易覆之盛水器，水少则倾，则由正，满则覆，人常置于座右以为诫。

57 ［俾诸来裔］把这些赠给后代。

58 ［坐右］即"座右"，作"座右铭"讲。

【译 文】

我曾读管仲的书，其中说："责任再重大，没有比保重自身的事更大；道路艰辛可怕，却没有比自己的言语更可怕的；希望传之久远，没有比岁月更长远的。担负重大的任务，走艰险可怕的道路，又让它传之久远，只有君子才能做到。"追思此话并仔细体味它，不禁让我喟然长叹。山岳固然沉重，鳌鱼却能背负着而不倒塌；山石虽然坚固，愚公却能担个不停；大禹独疏吕梁洪水，还歌唱着而不害怕；焦原山如此险峻，有人却能走在上面不惊怯；九重青天方就，就有想飞上天的；时律刚定就有想探溯其源的。

假如担任重大事务而言行有度，担负重任的地位也会更加稳固；假如身处危险境地而有计谋，就能在险境中行走无患。如能有远大目标又有途径到达，而且果真应验了，这哪是仅仅由于天意？也是由于人的不懈努力！

啊！人处在天地之间，劳作在这生生死死的土地上，嗜欲攻于内，名利牵于外，福禄不需苦求便完满到来，钱财不够时自然而然就会充足，这样便产生了骄奢淫逸的习性，危亡的时刻紧跟着也就到来了。但是大智大贤的人，见微知著，深谙哲理，或是出仕或是独处，都能随时推移，不凝滞于一定的节度。他施展开来则治理天下，成就伟业；他卷藏起来时声名不闻，形迹不著。财物美色，奸佞淫声，献媚阿谀不占先；挑肥拣瘦，搬弄是非，怨恨憎恶不近前。功勋名声可以与山川河流一样长久，志向事业可以与金玉璞石一样坚固，这就像厚实的栋木不会弯曲，高明的屠夫游刃有余一样。

至于像那些德行无常的人，丧失了金玉一般的品德，在人世间趋炎附势，追求名利，随俗逐流。拥有艳阳却仍说自己寒冷，囊括溪谷还不知满足。因为水源不清而导致水流浑浊，因为身表不端正所以影子弯曲。哎！如胶似漆可谓坚固，但随着时间的飞逝，不成利反而成害，把荣耀化为耻辱，欢喜离去而悲戚交替而来，得去而失来。以至有身陷山神水怪，冤魂沉入监牢的人，哪里是能力不够，关键是当局者迷失自我的缘故。后车当以前车的倾覆为借鉴，而人亦应先知先觉者为师。

我听说了君子们的道理，高雅有道之士，遨游在经典学术的大海里，饱学文史，下笔有奇锋，谈话有胜理，孝顺友爱无以复加，已经与神明相通了。仔细观察，审时度势，然后决定行止，从我而推及他物，先替别人着想然后才轮到自己。情不系挂于荣盛衰败，心不滞留于怒怨欢喜。不退居山林以沽名钓誉，不奇货自居于朝市。言行一致，善始善终。你有其中的一点，便可作为表率。

恭敬谨慎地处世行事，掌管的事没有不做的。能左右逢源，这样的俊杰之士，就能顺性自得；能无悔无恨，所以处于高位而没有危险，完全不同于那些只知勇猛前进而不知退却、一有所得就担心失去、追求千金产业、谋取万钟官禄、投靠有功名之人，趋附有势力之臣，一旦受到挫折便失去了使子孙安乐吉祥的环境，有的卑躬屈膝而丧失了坚贞的德操，这难道不可怕吗！不值得引以为戒吗！

家门有灾祸，事情不能不保密；墙外有暗敌，说话不能不慎重。要小心谨慎自己的言语，应该端正严肃自己的行为。不好的言论，不端正的行为会受到鬼和人的双重处分，鬼抓住凶暴的，人拘捕憨直的，暗里摄去魂魄，明里让你夭折。不做非法之事，不走不正之道。为公众谋福利使你得到威信，为自己聚私财而不有利自身。过分的黑便变成天青色，过度的蓝便变成青色；用绳墨观看它是否直，用水来察看它是否平。时机过了以后还去获取，不如没有私欲；懂得适可而止，知足常乐，就能够避免受辱。所以做事时必须洞察丝毫，行动时必须谨小慎微，连细枝末节都考虑到，这样失败的时候就少了；既洞察细节又慎重行事，福禄自然会来。过去蘧瑗五十岁时，知道自己前四十九岁都错在哪了，颜回也能够任何时候都不违背仁义。一步一步不停地走下去，终会到达千里之途；一筐一筐地搬运下去，最终会堆成万仞之山。所以说，走向远大目标是从近处开始的，向高处攀登是从低处开始的。

能否达到远大目标，流传可否长久，都将随着时世的变化而变化。月圆如圆规画出的圆，到后来的夜晚就会变残缺；木槿花早晨开得旺盛，一到晚上就枯萎了。怎么会盈满了以后而不亏损，亏损后又没有毁坏呢？不要过多的利益，不求过大的好处，只有那些拥有德行的人害怕过多的收益，体味真理的人担心过大的荣誉。如果你的地位太尊贵，就会有诽谤云集；你承担的任务重大，就会怨怒丛生。你若期望仕途通达，即使你有孔子一样的学识，你也会常感颠沛惊恐；你若想忠诚不二，即使你有周公一样的德行，你也会遭受谗言而处境狼狈。无论别人是否对我狭劣，我不能伺机报复；无论别人是否对我宽厚，我不能以牙还牙。要像山那样豁达，做到无所不有；像山谷那样虚心，做到无所不受。能刚能柔，可以承担重任；能忠信能顺从，可以通过言语之险途；能聪明能糊涂，可以期望传之久远。周庙里的金人，封口三重，就是为了警戒多言取祸啊。把漏酒器放在面前，要经常学着它的虚怀若谷；把易倾器放在背后，应时刻提防自己自满招败。把这些赠给后代，你们要把它当作座右铭。

（储兆文）

许善心母

母　训

【作者简介】

许善心之母范氏，隋高阳北新城（今属河北）人。少寡，养孤，博学有高节。其子许善心，字务本，累官至朝散大夫，摄左亲卫武贲郎将，授通议大夫。后被宇文化及所害，死后赠高阳县公，谥文节。善心遇难时，其母年已九十有二，临丧不哭，抚柩曰："能死国难，我有儿矣。"因卧不食，后十余日亦终。

【内容提要】

许善心年少时，有一次去当地首富孔免家，孔免要其子孔绍新和善心对饮谈论，许善心很晚才回家，还微带着醉意，其母范氏流着泪对儿子说了这番话。许善心跪拜受教，从此闭门读书。四年之中，涉猎万卷，终成大器。

【原　文】

汝是寡妇之子，为俗所轻，自非高才异行，不可以求仕进。孔绍新是当朝免子，易获声誉。彼宜逸乐，汝宜勤苦，何地殊而相效也。

【译　文】

你是寡妇的儿子，为世俗所轻视，你如果没有高才异行，是无法做官进取的。孔绍新是当朝孔免之子，他很容易获得声誉。他可以安逸游乐，你却必须勤奋刻苦，为什么你的地位与他不同，却要仿效他呢？

（储兆文）

元 稹

诲 侄 等 书

【作者简介】

元稹（779--831），字微之，河南（今河南洛阳）人，唐代诗人。早年家贫，举明经科，曾任监察御史。因得罪宦官及守旧官僚，遭到贬斥。后官至同中书门下平章事。与白居易友善，常相唱和，世称"元白"。长诗《连昌宫词》较著名，传奇《莺莺传》为后来《西厢记》故事所取材。有《元氏长庆集》。

【内容提要】

教育子女的方法向有言传、身教两种，这里侧重谈身教。主要内容有三：（一）祖上遗以子孙清贫，是为了砥砺后代自己去创业；（二）兄长任劳任怨，勤俭持家，且友爱兄弟；（三）自己少时勤学，入仕后忠于职守，不避祸远难以苟全。通篇渗溢着孝悌爱亲、当仁不让的伦理精神。

【原　文】

告仑等：吾谪窜方始，见汝未期。粗以所怀，贻诲于汝。汝等心志未立，冠岁①行登。古人讥十九童心，能不自惧。吾不能远谕他人，汝独不见吾兄之奉家法乎？吾家世俭贫，先人遗训，常恐置产怠子孙，故家无樵苏之地②，尔所详也。吾窃见吾兄自二十年来，以下士之禄，持窘绝之家，其间半是乞丐羁游③，以相给足。然而吾生三十二年矣，知衣食之所自。始东都为御史时④，吾常自思，尚不省受吾兄正色之训⑤，而况于鞭笞诘责⑥乎？呜呼，吾所以幸而为兄者，则汝等又幸而为父矣。有父如此，尚不足为汝师乎？吾尚有血诚⑦，将告于汝。吾幼乏岐嶷⑧，十岁知方⑨，严毅之训⑩不闻，师友之资尽废。忆得初读书时，感慈旨一言之叹，遂志于学。是时尚在凤翔⑪，每借书于齐仓曹⑫家。徒步执卷，就陆姊夫师授，栖栖勤勤⑬，其始也若此。至年十五，得明经及第⑭。因捧先人旧书于西窗下钻仰沉吟⑮，仅于不窥圆井矣⑯。如是者十年，然后粗沾⑰一命，粗成一名。及今思之，上不能及乌鸟之报复⑱，下未能减亲戚之饥寒。抱衅⑲终身，偷活今日。故李密⑳云："生愿为人兄，得奉养之日长。"吾每念此言，无不雨涕。汝等又见吾自为御史来，郊职无避祸之心，临事有致命㉑之志，尚知之乎？吾此意虽吾兄弟未忍及此。盖以往岁忝职谏官㉒，不忍小见，妄干朝廷，谪弃河南。泣血㉓西归，生死无告。不幸余命不殒，重戴冠缨㉔。常誓效死君前，扬名后代，殁㉕有以谢先人于地下耳。呜呼，及其时而不思，既思之而不及，尚何言哉？今汝等父母天地，兄弟成行，不于此时佩服《诗》《书》㉖，以求荣达，其为人耶？其曰人耶？千万努力，无弃斯须。积付仑、郑等。

【注　释】

① ［冠岁］古礼男子年二十而加冠，冠岁即二十岁。

② ［樵（qiáo）苏］打柴割草，以充燃料。［樵苏之地］代指自己的庄园地产。

③ ［羁（jī）］作客在外。

④ ［东都］指洛阳。［御史］官名，指元稹所任的监察御史。

⑤ ［省（xǐng）］知道。［正色］严肃，严厉。

⑥ ［诘（jié）］问。［诘责］诘问责备。

⑦ ［血诚］出自内心深处的诚意。

⑧ ［岐嶷（yí）］形容幼年聪慧。

⑨ ［知方］懂得道理和礼法。

⑩ ［严毅之训］父亲严厉的训诲。［严］旧指父亲。［毅］刚毅，果断，这里作严厉讲。

⑪ ［凤翔］府名。唐至德二年（757年）升凤翔郡为府。辖境相当于今陕西宝鸡、岐山、凤翔、麟游、扶风、眉县、周至等地。

⑫ ［仓曹］即仓曹司仓参军事，官名，掌管租调、仓库、市肆等。

⑬ ［栖（xī）栖勤勤］忙碌勤奋。［栖栖］忙碌不安的样子。

⑭ ［明经及第］考中了明经科。［明经］唐代科举制度中科目之一，与进士科并列，主要考试经义。

⑮ ［钻仰］钻研，崇仰。［沉吟］沉思吟诵。

⑯ ［仅］将近，几乎。［不窥圆井］不像井底之蛙那样，只看到井口那么大一点

天。喻学业已有所进步。[窥（kuī）] 看。

⑰ [沾] 蒙受。

⑱ [报复] 报答。

⑲ [衅（xìn）] 遗憾。

⑳ [李密（224—287）] 西晋犍为武阳（今四川彭山）人，字令伯，一名虔。少仕蜀为郎。蜀汉亡后，晋武帝征他为太子洗马。李密性情笃孝，为世所称。

㉑ [致命] 指捐躯。

㉒ [忝（tiǎn）] 辱，有愧于。[谏官] 指元稹做监察御史，向皇帝进谏。

㉓ [泣（qì）血] 哀伤之极。

㉔ [冠缨] 帽子。[缨] 官帽上的缨子，代指做官。

㉕ [殁（mò）] 死亡。

㉖ [佩服] 犹言铭佩，感念不忘的意思。这里可作认真研习讲。

【译　文】

告诉仑等侄儿们：我的贬谪流离生活刚刚开始，不知什么时候才可以见到你们。这里，我把一些粗略的想法，留给你们作为训诲。你们胸中的大志还没树立，而加冠的年龄就要到了。古人讽刺说十九岁仍怀着童心，能不感到自惧吗？我不能举远的、别人的例子来告诫你们，而你们真的看不到我的兄长是怎样奉行家法的吗？我的家世穷困贫乏，祖先留下训诲，时常怕多置产业会使子孙懒惰，因此家里没有自己的庄园田产，这你们是知道的。我看见我兄长二十余年来，以下等官职的俸禄，维持极端贫困的家庭。这期间又多半是为了求食而出游在外，以此来辅助供养的需求。然而我已活了三十二年了，这才知道衣食从哪里来。当初在东都任监察御史时，我常常自己沉思，尚且想不起曾受过我哥哥严厉的训斥，更何况有过鞭打诘责呢。啊，所以我有幸有这样的兄长，你们则有幸有这样的父亲。这样的父亲，难道不足以作为你们的师表吗？我以出自内心的诚意，还要告诉你们一些事情。我幼年并不聪慧，十岁才懂得道理和礼法。父亲严厉的训诲不听，老师朋友的帮助全部荒废不用。记得开始读书时，因为母亲的一句勉励的话，于是立志学习。当时正在凤翔郡，常常在齐仓曹家里借书。拿着书卷，步行到陆姐夫那里学习，忙碌勤奋，刚开始的情形就是这样的。到了十五岁那年，考中明经科，因而得以捧着前人的旧书在西窗下钻研沉吟，学业逐渐长进，差不多不再像井底之蛙那样只看到井口那一点天了。就这样过了十年，然而后来蒙恩得到了一个职位，也多少有了点名气。如今想起来，对上不能像乌鸦反哺那样报答父母的深厚恩情，对下又不能减轻亲戚的饥饿寒冷。终身怀着这样的遗憾，偷生活到今日。因此李密说："活在世上愿意作兄长，因为这样侍奉父母的日子可以多一些。"我每次想起这句话，没有不泪落如雨的。你们又见我自从做监察御史以来，效忠职守没有避祸之心，遇到事情有捐躯的志气，你们知道这些吗？我的这种意向就是我的弟兄也不忍心让我这样做。大概是因为以前有辱谏官的职务，忍不住提出自己的一点看法，妄加指责朝廷，结果遭贬谪而回到河南。痛心西归，生死没有依靠。不幸我这条命不该死，又重新戴上了官帽。我常发誓要在君主面前效命至死，要给后代留下好名声，这样就是死了也可以向地下的祖先谢罪了。唉，在那个时候没有去想，等想到了却又来不及了，还说什么呢？现在你们父母双全，兄弟成行，不在这时认真研习《诗经》《书经》，以求得荣华显达，还怎能做人呢？还怎能配称作人呢？千万要努力，片刻也不要放松对自己的要求。元稹写给仑、郑等侄儿。

（王其祎）

欧阳修

家 诫 二 则

【作者简介】

欧阳修（1007—1072），字永叔，号醉翁，又号六一居士，庐陵（今属江西吉安）人。天圣进士，曾官任枢密副使、参知政事，谥文忠。是北宋文坛盟主，唐宋八大家之一，诗风流畅自然，其词婉媚艳丽。曾与宋祁合修《新唐书》，并自撰《新五代史》。有《欧阳文忠公集》。

【内容提要】

这里选录欧阳修的两则训诫之文。其一为教诲其子要苦学以成人。其二是给侄子通理的回信，要他在多事之秋，勇于向前，临难死节。

【原　　文】

"玉不琢，不成器；人不学，不知道。"然玉之为物有不变之常德，虽不琢以为器，而犹不害为玉也；人之性因物则迁，不学则舍君子而为小人，可不念哉？

偶①此多事，如有差使，尽心向前，不得避事。至于临难死节，亦是汝荣事。但存心尽公，神明自佑，汝慎不可思避事也。

【注　　释】

① ［偶］通"遇"。

【译　　文】

"玉不经过雕琢，就无法成为器物；人不学习，就不会通晓道理。"玉作为一种物质，有它不变的常性，即使未把它雕琢成器物，它也不失为玉；人的习性是会随着外物的变化而改变的，不学习就成不了君子，反而会成为小人，难道这不值得认真思考吗？

　　现在，遇到这个多事之秋，如果有差事要你去服役，你要全心全意，勇往向前，不可回避。至于在战场上遇难为气节而死，也是件光荣的事。只要你一心为公，神灵自然会保佑你的，你千万要慎重，不要躲避战事啊。

（储兆文）

吕本中

童 蒙 训

【作者简介】

吕本中（1084—1145），原名大中，字居仁，北宋寿州（今安徽寿县）人。曾任中书舍人兼直学士院，为秦桧所嫉，罢官，谥文清。著有《春秋解》《师友渊源录》《东莱诗集》《童蒙训》等。

【内容提要】

吕本中出身达官贵人之家，接触过元祐时许多名臣、名士，学识渊博。南渡后就昔日所见所闻辑录成《童蒙训》一书，用来教育子弟。书中自立身处世、读书作文，到治国安民，涉及面广，事例典型，多为至理名训，感人至深。

【原　文】

荥阳公尝言：世人喜言"无好人"三字者，可谓自贼者也。包孝肃公①尹京时，民有自言："有以白金百两寄②我者死矣，予其子，其子不肯受，愿召其子与之。"尹召其子，其子辞曰："亡父未尝以白金委③人也。"两人相让久之。公因言："观此事而言无好人者，亦可以少④愧矣。"人皆可以为尧舜，盖观于此而知之。

刘公待制器之⑤尝为本中言，少时就洛中师事⑥司马公，从之者二年，临别，问公所以⑦为学之道，公曰："本于至诚。"器之因效颜子之问孔子曰："请问其目。"公曰："从不妄语始。"器之自此专守此言，不敢失坠。

近世故家，惟晁氏能以道训诫子弟，皆有法度，群居相处，呼外姓尊长，必曰某姓第几叔若兄。诸姑尊姑之夫，必曰某姓姑夫，某姓尊姑夫，未尝敢呼字也。其言父党交游⑧，必曰某姓几丈，亦未尝敢呼字也。当时故家旧族，皆不能若是。

李君行先生自虔州入京，至泗州，其子弟请先往。君行问其故，曰：

"科场[9]近，欲先至京师，贯开封户籍取应。"君行不许，曰："汝虔州人，而贯开封户籍，欲求事君而先欺君，可乎？宁缓数年，不可行也。"

正献公幼时未尝博戏[10]，人或问其故，公曰："取之伤廉，与之伤义。"正献公为枢密副使，年六十余矣，尝问太仆寺丞吴公传正安诗，己之所宜修，传正曰："毋敝精神于蹇浅[11]。"荥阳公以为传正之对，不中正献之病。正献清净不作为，患于太简也。本中后思得正献问传正时，年六十余矣，位为执政，当时人士皆师尊之；传正，公所奖进，年才三十余，而公见之犹相与[12]讲究，望其切磋，后来所无也。荥阳公独论其问答当否，而不言下问[13]为正献公之难。盖前辈风俗纯一，习与性成，不以是为难能也。

荥阳公与诸父自少官守生，未尝干[14]人举荐，以为后生之诚。仲父舜从，守官会稽，人或讥其不求知者，仲父对词甚好，云："勤于职事，其他不敢不慎，乃所以求知也。"

韩魏公留守北京，尝久使一使臣，求去参选，公不遣，如是数年，使臣怨公不遣，则白公："某参选方是作官，久留公门，止[15]是奴仆耳。"公笑屏人谓曰："汝亦尝记某年月日，私窃官银数十两，置怀袖中否？独吾知之，他人不知也。吾所以不遣汝者，正恐汝当官不自慎，必败官尔。"使臣愧谢。公之宽宏大度服人如此。

唐充之广仁每称前辈说："后生不能忍诟，不足以为人；闻人密论，不能容受而轻泄之者，不足以为人。"

明道先生尝语杨丈中立云："革作县处，凡坐起等处，并贴'视民如伤'四字，要时观省[16]。"又言："某常愧此四字。"

荥阳公尝言："朝廷奖用言者，固是美意，然听言之际，亦不可不审。若事事听从，不加考核，则是信谗用谮[17]，非纳善言也。"如欧阳叔弼最为静默，自正献当国[18]，常患不来，而刘器之乃攻叔弼，以为奔竞权门。器之号当世贤者，犹差误如此，况他人乎？以此知听言之道，不可不审也。

崇宁初，荥阳公谪居[19]符离。赵公仲长讳演，公之长婿也，时时自汝阴来省[20]公。公之外弟杨公讳[21]瑰宝，亦以上书谪监任符离酒税。杨公事[22]公如亲兄，赵公事公如严父。两人日夕在公侧，公疾病，赵公执药床下，屏气问疾，未尝不移时也，公命之去然后去[23]。杨公慷慨独立于当世，未尝少屈；赵公谨厚笃实，动法古人㉔，两人皆一时之英也。

范文正公㉕爱养士类，无所不至，然有乱法败众者，亦未尝假借㉖。尝帅陕西日，有士子怒一厅妓，以磁瓦伤其面，涅㉗之以墨，妓诉之官，公即追士子致之法，杖之曰："尔既坏人一生，却当坏尔一生也。"人无不服公处事之当。

绍圣、崇宁间，诸公迁贬相继，然往往自处不甚介意。龚彦和夬贬化州，徒步径往，以扇乞钱，不以为难也。张才叔庭坚贬象州，所居屋才一间，上漏下湿，屋中间以箔隔之，家人处箔内，才叔蹑屦端坐于箔外，日看佛书，了㉘无厌色：凡此诸公，皆平昔绝无富贵念㉙，故遇事自然如此；如使㉚世念不忘，富贵之心尚在，遇事艰难，纵欲坚忍，亦必有不怿㉛之容，勉强之色矣。邹志完侍郎尝称才叔云："是天地间和气熏蒸㉜所成，欲往相近，先觉和气袭人也。"

《国语》："公父文伯之母，告季康子：君子能劳，后世有继。"……《左传》亦言："民生在勤，勤则不匮㉝。"以此知勤劳者立身为善之本，不勤不劳，万事不举。今夫细民㉞能勤劳者，必无冻馁之患㉟，虽不亲人，人亦任㊱之；常懒惰者，必有饥寒之忧，虽欲亲人，人不用也。公父文伯之母，与《左传》所记，皆故家遗俗相传之语，其必自圣人出也。然则后生处身居业，其可不以勤劳为先者，而懒惰自弃其身哉！

太宗、真宗朝，睢阳有戚先生者，名同文，字同文，有至行㊲，乡人皆化之。睢阳初建学，同文实主㊳之，范文正与嵇内翰颖之父，皆尝师事焉，戚纶其后也。所居门前有大井，每至上元㊴夜，即坐井旁，恐游人坠井，守之至夜深，则掩井㊵而后归寝。尝有人盗其所衣衫者，同文适㊶见之，谕㊷盗弟将去，"然自此慎勿复然㊸，坏汝行止㊹，悔无及也。"盗惭谢而去，同文竟以衫与之。南康学中，至今有戚先生祠堂。范文正公初从戚先生学，志趣特异。初在学中，未知己实范氏子，人或告之，归问其母，信然。曰："吾既范氏子，难受朱氏资给㊺。"因力辞之。贫甚，日籴粟米一升，煮熟放冷，以刀画四段，为一日食。有道人怜之，授以烧金法，并以金一两遗㊻之，又留金一两，谓之曰："候㊼吾子来予之。"明年道人之子来取金，文正取道人所授金法，并金二两，皆封完未尝动也，并以遗之，其励行如此。后登科㊽，封赠朱氏父，然后归姓。

【注　释】

① ［包孝肃公］即包拯，"孝肃"是他的谥号。

② ［寄］托付。

③ ［委］托付。

④ ［少］稍微。

⑤ ［刘公待制器之］即刘器之，待制为官名，是宋朝加给文官的衔号。

⑥ ［师事］以师礼相待。

⑦ ［所以］凭什么，拿什么。

⑧ ［父党］父系亲族。［交游］朋友。

⑨ ［科场］科举考试的场所。

⑩ ［博戏］古代一种赌输赢的游戏。

⑪ ［敝］消磨，浪费。［蹇浅］通"蹇产"、"蹇滻"，屈曲的样子，此处指诗文创作中追求晦涩曲折的形式。

⑫ ［相与］互相。

⑬ ［下问］向比自己年轻或地位低的人请教。

⑭ ［干］求。

⑮ ［止］通"只"。

⑯ ［观省］观看检察。

⑰ ［谗］谗言。［谮（zèn）］诋毁别人的话。

⑱ ［当国］掌国家大权。

⑲ ［谪（zhé）居］被贬官后居住地。

⑳ ［省］看望，拜见。

㉑ ［讳］旧时称死去的君主或长辈的名字时，前面常加"讳"字，以示尊敬。

㉒ ［事］服侍。

㉓ ［去］离开。

㉔ ［动］常常。［法］效法。

㉕ ［范文正公］即范仲淹。

㉖ ［假借］宽恕，宽容。

㉗ ［涅（niè）］用黑色染，染黑。

㉘ ［了］全。

㉙ ［平昔］往昔，平时。［念］想。

㉚ ［如使］假使。

㉛ [怿（yì）] 高兴。

㉜ [熏蒸] 熏陶，熏染。

㉝ [匮] 贫乏。

㉞ [细民] 百姓。

㉟ [患] 担心。

㊱ [任] 任用。

㊲ [至行] 很高的品行，道德。

㊳ [主] 主持讲学。

㊴ [上元] 每年正月十五为上元节，十五之夜为上元夜，又称元宵。

㊵ [掩井] 盖好井。

㊶ [适] 正好。

㊷ [谕] 告谕，劝说。

㊸ [然] 这样。

㊹ [行止] 品行。

㊺ [资给] 资助，供给。

㊻ [遗（wèi）] 赠送。

㊼ [候] 等候。

㊽ [登科] 因科举考试得中而授官为登科。

【译　文】

　　荥阳公曾经说：世人总喜欢说"没好人"三个字，可以说是自己残害自己了。包孝肃公治理京地时，有一位百姓自己说："有个人曾把白银一百两托付给我，现在这个人死了，我要把白银交给他的儿子，可他的儿子不愿意接受，请将他的儿子召来并把白银给他。"包公于是下令召来那人的儿子，但那人的儿子却推辞说："先父从未曾将白银托付给人。"两人互相推让了很久。荥阳公就说："知道了这件事，但仍然说世上无好人的人，也可以稍感惭愧了。"大概由这件事可以看出，人都可以成为尧舜这样的圣人。

　　刘公待制曾经对我说，他年轻时到洛中随司马公读书学习，两年之后，将要分别时他请教司马公研究学问的道理、方法，司马公说："以'至诚'作为根本。"刘公待制于是模仿颜渊问孔子的话说："请问具体的纲目。"司马公说："从不随便讲话开始。"刘公待制从此一心恪守这句话，不敢有所偏离。

近世大家，只有晁氏能按一定的行为准则教诲子弟，很有法度、规程。子弟相处，称呼外姓长辈及年龄比自己大的人，一定称某姓第几叔或某姓第几兄。姑夫及尊姑夫，一定称某姓姑夫或某姓尊姑夫，从不直呼其名。称呼父亲的朋友，一定称某姓几丈，也不曾直呼其名。当时豪门大族的子弟，都未这样做。

李君行先生从虔州到京城去，到了泗州，他的子弟请求先行一步。君行问其中的缘故，子弟们说："科举考试在即，我们想先赶到京城，借开封户籍应试。"君行不答应，说："你们是虔州人，却用开封户籍，想通过应考，取得官职为皇上效力，却先欺骗皇上，这样做可以吗？宁愿再缓几年，但这样做是不可取的。"

正献公年轻时不曾玩各种赌博游戏，有人问其中的缘故，他回答说："（赢了）拿了别人的钱财，有损廉洁；（输了）把钱财给了别人，有碍道义。"正献公任枢密院副使，已六十多岁了，曾经向太仆寺丞吴安请教如何作诗，以及自己应当在哪些方面用功，吴安说："不要在追求晦涩曲折的形式上浪费精力。"荥阳公认为吴安的回答，并不是正献公作诗的问题所在。正献公清静无为，问题在于太简易。我后来寻思：正献公向吴安请教时，已六十多岁了。身为朝中执政大臣，当时的人都对他像老师一样尊奉；吴安是正献公所提拔的，三十多岁，然而正献公见到他后还互相研讨问题，切磋技艺，这是后来的人所难以做到的。荥阳公只评论吴安的回答妥当与否，而不说向地位比自己低的人请教是正献公的难得之处，正因为前辈们品德高尚，风气纯正，不耻下问已成为习惯与品性，不认为这是难以做到的事。

荥阳公与诸父自任官以来，未曾求人举荐，以此来劝诫晚辈。仲父舜从在会稽做官，有人讥笑他不求出名，仲父回答得非常好，他说："忙于公家的事，辛勤工作，不能不慎重，这才是真正的求名声。"

韩魏公在北京任职时，曾经长期使用一名家臣，家臣要求参加官吏选拔工作，韩魏公不派他去，像这样有几年，家臣抱怨不让他去，说："让我前去选拔官吏，这才叫做官，长期留在府上，只是您的一个奴仆罢了。"韩魏公笑了笑，让别人退下，对他说："你还记得不记得某年某月某日，你私自拿了公家的几十两银子，藏在你的衣袖中？此事只有我一人知道，别人都不知道。我不派你去选官的原因正担心你做官不慎重，必定败坏了官的名声。"家臣感到非常惭愧，并当面谢罪。韩魏公宽宏大量，令人佩服。

唐广仁总称道前辈说过的话："年轻人不能忍受耻辱与痛苦，不足以做人；听了别人的重要的话，不能保密而轻易泄露，不足以做人。"

明道先生曾经对杨中立大人说："他做县官时，休息、工作的地方都贴有'视民如伤'四个字，要自己时时观看。"又说："自己没有做到这一点，感到很惭愧。"

荥阳公曾经说："朝廷奖励从善如流的人，自然是件好事，但采纳别人的意见，也不能不慎重。如果事事听从，不加思考核对，那么就可能变成听信谗言恶语，不是采纳正确的言论了。"譬如欧阳叔弼最为恬静淡泊，但自从正献公主持国家大权后，常常担心他不来，而刘器之就攻击欧阳叔弼，认为这是依附权贵。刘器之号称当世贤明之人，尚且有这样的错，何况其他人呢？由此看来，采纳别人的意见，不能不慎重。

崇宁初年，荥阳公被贬官后居住在符离。赵仲长，讳演，是荥阳公的长婿，常常从汝阴来看望他。荥阳公的外弟杨瑰宝，也因上书朝廷贬官监视符离酒税。杨公侍奉荥阳公像对待亲兄长一样，赵公侍奉荥阳公就像对待父亲一样。两人每天早晚侍奉在荥阳公身边，荥阳公得病后，赵公拿着药站在床边，轻声问候，每次都停留很长时间，荥阳公让他离开他才离开。杨公愤世嫉俗，从不屈从于世俗；赵公谨慎，忠厚老成，追求实际，常效法古人，他俩都是当时的豪杰。

范文正（仲淹）公乐于供养儒生，对他们照顾得无微不至，但如有违法祸众的，也不曾包庇宽容。在陕西做官时，有一歌妓惹怒了一名他门下的儒生，儒生命人用破瓷片划破了歌妓的脸，并涂上黑墨。歌妓到官府控诉，范文正公就命令逮住儒生并绳之以法，用棍棒痛打，并说："你既毁了别人一生，也当毁了你的一生。"对文正公的处事公平无私，人们无不佩服。

绍圣、崇宁年间，诸公相继被贬官，但常常自得其乐，不十分介意。龚彦和夬被贬到化州，竟徒步直往，手拿扇子，沿路乞讨，也不以此为难事。张才叔被贬官象州，居住的地方只一间房，而且屋顶漏雨，地面潮湿。一家人住在里边，中间用竹帘子隔开，才叔脚踩木屐端坐在帘子外，每天翻阅佛经，没有一点忧虑的神情。以上诸公，都因为过去全无贪求富贵的念头，所以遇事不惊；假使俗念未灭，贪求富贵之心仍存，遇到艰难困苦，即使想坚忍不屈，也一定有不高兴的神色或强装样子的时候。邹志完曾称赞才叔说："他是天地间的和气熏陶培育而成的，如接近他，就会先感觉到和气袭人。"

《国语》上说："公父文伯的母亲告诉季康子说：'君子能勤劳是成家润业积德行善的根本'。"……《左传》也说："平民生活全凭勤劳，勤劳才能用度不匮乏。"因此，那些能吃苦耐劳的人，一定不担心挨冻受饿，即使不讨好别人，别人也会任用他。而懒惰的人，一定有饥寒之忧，即使讨好他人，人家也不会任用他的。公父文伯的母亲的话和《左传》所记载的，都是名门大家代代相传的习俗和家训，一定是从圣人那里得来的。这样看来晚辈成家立业，怎能不以勤劳为先，而懒惰懈怠、自毁一生呢？

太宗、真宗时，睢阳有位戚先生，名同文，字同文，品行很高尚，乡人都受到他的感化。睢阳当初建立学校，实际是戚先生主持讲学，范文正公与穆颖的父亲都曾拜他为师，戚纶是戚先生的后代。戚先生门前有一口大井，每到元宵之夜，先生就坐在井边，担心游人掉到井里，一直守护到深夜，才盖好井回去休息。曾经有人偷他的衣服，恰好让先生看见了，他告诉小偷，只管拿去，"但从此再不要偷别人东西了，败坏了你的品行，后悔莫及。"小偷感到惭愧，谢罪后离去，先生竟把衣衫给了小偷。南康学校中，至今还有戚先生的祠庙。范文正公当初跟随先生学习，志向非凡。最初入学，不知自己是范氏的后代，有人告诉了他，回家问了他的母亲，才相信这是真的。说："我既然是范氏的后代，再不能接受朱氏的资助。"于是坚持推辞掉（朱氏的帮助）。以致穷困至极，每天买一升粟米，煮熟后再放冷，用刀切成四片，作为一天的定量。有位道人可怜他，教给他烧金法，并赠给他一两金子，又留下一两金子说："等我儿子来了后你把金子给他。"第二年，道人的儿子前来取金子，文正公拿出道人传授的烧金法和那二两金子，都原封未动，一并交给道人的儿子，文正公就是这样勉励自己。后来科举得中，于是封给姓朱的养父官衔，然后复归范姓。

（雷西琴）

薛 瑄

诫 子 书

【内容提要】

作者在这篇《诫子书》中，指出了人和禽兽之间的本质不同。要求儿子不要像禽兽那样暖衣饱食，终日嬉戏游荡，无所用心；要尽人道，修身自立于世。当然，由于时代所限，训诫还没有超出封建伦理道德的范围。

【原   文】

　　人之所以异于禽兽者，伦理而已。何谓伦？父子、君臣、夫妇、长幼、朋友，五者之伦序是也。何谓理？即父子有亲，君臣有义，夫妇有别，长幼有序，朋友有信，五者之天理是也。于伦理明而且尽，始得称为人之名。苟伦理一失，虽具人之形，其实与禽兽何异哉？盖禽兽所知者，不过渴饮饥食，雌雄牝牡^①之欲而已，其于伦理则蠢然无知也。故其于饮食雌雄牝牡之欲既足，则飞鸣踯躅，群游旅宿，一无所为。若人但知饮食男女之欲，而不能尽父子、君臣、夫妇、长幼、朋友之伦理，既暖衣饱食，终日嬉戏游荡，与禽兽无别矣。圣贤忧人之陷于禽兽也如此，其得位者，则修道立教，使天下后世之人，皆尽此伦理；其不得位者，则著书垂训，亦欲天下后之人，皆尽此伦理。是则圣贤穷达虽异，而君师万世之心，则一而已。汝曹^②既得天地之理气，凝合祖父之一气流传，生而为人矣，其可不思所以尽其人道乎？欲尽人道，必当于圣贤修道之教，垂世之典，若小学^③，若四书^④，若六经^⑤之类，诵读之，讲习之，思索之，体认之，反求诸日用人伦之间。圣贤所谓父子当亲，吾则于父子求所以尽其亲；圣贤所谓君臣当义，吾则于君臣求所以尽其义；圣贤所谓夫妇有别，吾则于夫妇思所以有其别；圣贤所谓长幼有序，吾则于长幼思所以有其序；圣贤所谓朋友有信，吾则于朋友思所以有其信。于此五者，无一而不致其精微曲折之详，则日用身心，自不外乎伦理。庶几称其人之名，得免流于禽兽之域矣。其或饱暖终日，无所用心，纵其耳目口鼻之欲，肆其四体百骸之安，耽嗜⑥于非礼之声色臭味，沦溺于非礼之私欲宴安，身虽有人之形，行实禽兽之行。仰贻天地凝形赋理之羞，俯为父母流传一气之玷，将何以自立于世哉？汝曹其勉之敬之，竭其心力以全伦理，乃吾之至望也。

【注　　释】

①［牝（pìn）］鸟兽的雌性。［牡（mǔ）］鸟兽的雄性。

②［汝曹］你们。

③［小学］中国古时的儿童教育课本。宋代朱熹、刘子澄编，辑录符合封建道德的言行，共六卷，分内、外篇。内篇包括《立教》《明伦》《敬身》《稽古》；外篇包括《嘉言》和《善行》。

④［四书］《大学》《中庸》《论语》《孟子》的合称。宋代以《孟子》升经，又抽出《礼记》中的《大学》《中庸》二篇，与《论语》《孟子》配合。至朱熹撰《四书章句集注》，"四书"之名始立。此后，长期成为封建政府科举取士的初级标准书。

⑤［六经］六部儒家经典。即在《诗》《书》《礼》《易》《春秋》五经外，另加《乐》经。

⑥［耽嗜］沉溺，贪求。

（范嘉晨）

王守仁

示 正 宪

【作者简介】

王守仁（1472—1528），字伯安，余姚（今属浙江）人，世称阳明先生，明代哲学家、教育家。早年反对宦官刘瑾，后镇压农民起义，封新建伯，官至南京兵部尚书。创"心学"对抗程朱理学，提出"致良知"、"知行合一"的学说，著作由门人辑成《王文成公全书》，其中哲学方面最重要的是《传习录》和《大学问》。

【内容提要】

这首小诗主要谈立志问题，作者认为对青年人来说，一切皆枝叶小事，唯有立志乃做人根本。

【原　　文】

汝自冬春来^①，颇解学文义。

吾心岂不喜，顾^②此枝叶事。

如树不植根，暂荣终必悴^③。

植根可如何？愿汝且立志。

【注　　释】

① 原注："时值冬夏，书扇以示。"

② ［顾］只是。

③ ［悴］干枯。

（马茂军）

汤显祖

智志咏①示子

中国人的教育智慧·经典家训版

【作者简介】

汤显祖（1550—1616），字义仍，号海若、若士、清远道人，江西临川人。明代杰出的戏曲家和文学家。仕途坎坷，但为官清廉，与民作主。后弃官归家，潜心创作。有颇负盛名的戏剧《牡丹亭》。

【内容提要】

这首小诗主要谈智慧和志向的辩证关系。作者认为只有立下远大志向，并努力奋斗，才能增长人的智慧，所以全诗的重点是立志。又从反面说一个人志大才疏还不行，只有努力磨炼自己的智慧，才真正是有志之人。

【原　　文】

有志方有智，有智方有志。
惰士鲜明体②，昏人无出意③。
兼兹庶④其立，缺之安所诣⑤。
珍重少年人，努力天下事。

【注　　释】

① [智志咏] 咏怀智慧和志向的诗。
② [明体] 明礼。
③ [出意] 干出惊天动地的事业。
④ [庶] 表示希望的语气。
⑤ [安所诣] 怎么能成功呢？[诣] 到达，成功。

（马茂军）

顾宪成

示淳儿帖

【作者简介】

顾宪成（1550—1612），字叔时，世称东林先生，也叫东阳先生，明代无锡（今属江苏）人。万历进士，官至吏部文选司郎中。后革职还乡，与弟允成和高攀龙等在东林书院讲学。与赵南星、邹元标号称为"三君"。他们议论朝政人物，得到部分士大夫的支持，形成集团，被称为东林党。有《小心斋札记》《泾皋藏稿》《顾端文遗书》。

【内容提要】

顾宪成为当时"三君"之一，正直耿介。儿子应试不第，但他决不为儿子求情，而是教导儿子要学好本领，成为有真才实学的人，凭着自己的努力去开拓人生的道路，并且教导儿子虽然社会风习是凭权势财物钻营求官，但我等仍须不同流俗，做个正直而又有才能的人。

【原　　文】

凡为父兄的，莫不爱其子弟；凡爱子弟的，莫不愿其读书进取。目今府县考童生①，汝弟方病痱②，度未能赴，且尚幼，何须著急？汝则长矣，往年又曾经考过来，而今岂能不重以得失为念，然吾始终不欲以汝姓名一闻于主者，非恝然③于汝也，汝质尽可望进步，吾又非弃汝而不屑也，吾自有说耳。何以言之？就义理上看，男儿七尺之躯，顶天立地，何如开口向人道个求字？孟夫子《齐人》一章便是这个字的行状④，至今读之尚为汗颜，不可作等闲认也。就命上看，人生穷通利钝，即堕地一刻都已定下，如何增损得些子？眼前熙熙攘攘赴童生试的哪个不要做秀才，赴秀才试的哪个不要做举人，赴举人试的哪个不要做进士？到底有个数在。若是贵的可以势求，富的可以力求，那不会求的便没有份，造化亦炎凉也。就我分上看，我本薄劣无尺寸之长，赖天之佑，祖父之庇，幸博一等，再仕再不效，有丘山之罪，然犹饱食暖衣安享太平，在昔大圣大贤往往穷厄以老，甚而有囚有窜，流离颠沛不能自存者。我何人，斯不啻⑤过分矣！更为汝干进⑥耶，是无厌也。就汝分上看，但在汝自家志向何如，若肯刻苦读书，到得功夫透彻，连举人进士也自不难，何有于一秀才？若又肯寻向上支要做个人，连举人进士也无用处，何有于一秀才？汝试于此绎而思之，余其恝然于汝也耶？抑爱汝以德也耶？余其弃汝而不屑也耶？抑玉汝而进汝以远且大也耶⑦？此意本欲待汝自悟，恐汝究竟不察，谬生疑沮⑧，不得不分明道破。汝若能识得，省却了多少闲心肠，省去了多少闲气力，省却了多少闲悲喜，便是一生真受用也。记之，记之！

【注　释】

① [考童生] 考秀才。童生是指没有考取秀才的读书人。

② [病疡] 肠胃有病。

③ [恝（jiá）然] 漠不关心的样子。

④ [孟夫子《齐人》一章便是这个行状] 孟子《齐人》这一章讲的就是男子汉要顶天立地，具有浩然正气，不可对别人低声下气。《齐人》见《孟子·离娄下》：齐国有一个人，家有一妻一妾。那丈夫每次外出，都吃饱喝足才回来，对妻子说是有钱有势的人请他。妻子感到怀疑，次日就暗中跟在他后面看看他究竟到了些什么地方，一直跟到郊外的墓地，见他走近祭扫坟墓的人那里，讨些残菜剩饭；如若不够，又东张西望地跑到别处去乞讨了——这便是他吃饱喝足的办法。妻子回到家里，便把这情况告诉他的妾，两人感到羞辱，抱头而哭，而丈夫还不知道，高高兴兴地从外面回来，向他的两个女人摆威风。孟子在讲述了这个故事后深有感慨地说："在君子看来，有些人所用的乞求升官发财的方法，能不使他妻妾引为羞耻而共同哭泣的，是很少的啊！"

⑤ [不啻（chì）] 不只。

⑥ [干进] 指钻营（求官等）。

⑦ [玉] 玉成。[玉汝] 帮助你干好某事。[进汝] 让你上进。

⑧ [谬生疑沮] 错误地产生怀疑和悲观的思想。[谬] 不正确。[沮] 消极悲观。

（马茂军）

孙奇逢

示 奏 儿

【内容提要】

儿子年少，涉世不深。作者深知这一点，故告诫儿子，做好男子，须经磨炼，风波患难来临，莫要愁闷，应有胆量、有硬骨，生于忧患死于安乐。

【原　　文】

风波之来，固自不幸，然要先论有愧无愧。如果无愧，何难坦衷①当之。此等世界，骨脆胆薄，一日立脚不得。尔等从未涉世，做好男子须经磨炼。生于忧患，死于安乐②，千古不易之理也。孟浪③不可一味，愁闷何济于事？患难有患难之道，"自得"二字，正在此时理会④。

【注　　释】

①〔坦衷〕心里平静。〔衷〕内心。

②〔生于忧患，死于安乐〕语出《孟子·告子下》。意思是说，忧愁患害可以使人生存，而安逸享乐使人萎靡死亡。

③〔孟浪〕鲁莽，轻率。

④〔理会〕理解，领会。

（范嘉晨）

曾国藩

谕 纪 泽（二）

【内容提要】

"锲而不舍，金石可镂"。只要毫不松懈，奋斗到底，不论年老年少，不论事大事小，天下没有干不成的事情。"有常"是人生的一大美德。愚公之所以能移大山也正在此。

【原　　文】

连接尔十四、二十二日在省城所发禀，知二女在陈家，门庭雍睦①，衣食有资，不胜欣慰。

尔累月奔驰酬应，犹能不失常课，当可日进无已②。人生惟有常是第一美德。余早年于作字一道，亦尝苦思力索，终无所成。近日朝朝摹写，久不间断，遂觉月异而岁不同。或见年无分老少，事无分难易，但行之有恒，自如种树畜养，日见其大而不觉耳。

尔之短处在言语欠钝讷，举止欠端重，看书能深入而作文不能峥嵘。若能从此三事上下一番苦工，进之以猛，持之以恒，不过一二年，自尔精进而不觉。言语迟钝，举止端重，则德进矣。作文有峥嵘③雄快之气，则业进矣。尔前作诗，差有端绪④，近亦常作否？

【注　　释】

① ［雍睦］和睦。
② ［已］断，停。
③ ［峥嵘］不平凡，不寻常。
④ ［差］略微。［端绪］头绪。

谕 纪 泽（三）

【内容提要】

人性莫不贪睡晏起，安于舒适。"早起"是克服懒惰的最好办法。不论干什么事，善始容易善终难。善始善终，持之以恒，是古今成大事业者的可贵品质。

【原　文】

接尔十九、二十九日两禀①，知喜事完毕，新妇能得尔母之欢，是即家庭之福。

我朝列圣相承，总是寅正即起②，至今二百年不改。我家高曾祖考相传早起③，吾得见竟希公、星冈公皆未明即起，冬寒起坐约一个时辰④，始见天亮。吾父竹亭公亦甫黎明即起，有事则不待黎明，每夜必起看一二次不等，此尔所及见者也。余近亦黎明即起，思有以绍⑤先人之家风。尔既冠授室⑥，当以早起为第一先务，自力行之，亦率新妇力行之。

余生平坐⑦无恒之弊，万事无成，德无成，业无成，已可深耻矣。逮⑧办理军事，自矢靡他⑨，中间本志变化，尤无恒之大者，用为内耻。尔欲稍有成就，须从有恒二字下手。

余尝细观星冈公仪表绝人⑩，全在一重字。余行路容止⑪亦颇重厚，盖取法于星冈公。尔之容止甚轻，是一大弊病，以后宜时时留心，无论行坐，均须重厚。早起也，有恒也，重也，三者皆尔最要之务。早起是先人之家法，无恒是吾身之大耻，不重是尔身之短处，故特谆谆诫之。

【注　释】

① [禀] 旧指下对上的报告，此指信。

② [寅] 十二时辰之一，指凌晨三点至五点。

③ [高曾祖考] 指高祖、曾祖、祖父。

④ [一个时辰] 相当于今天两个小时。

⑤［绍］继承，继续。

⑥［授室］结婚。

⑦［坐］因为犯……错误。

⑧［逮］等到。

⑨［自矢靡他］自己发誓要有恒心。［矢］誓。［靡他］没有别的打算。《诗经·鄘风·柏舟》有"之死矢靡它"之句。

⑩［绝人］超人。

⑪［容止］行为举止。

（党怀兴）

毛泽东

给儿子的信（节录）

【内容提要】

在这两封信中，毛泽东教育儿子要趁年轻的大好时光，先多学自然科学，将来可以社会科学为主，自然科学辅之。学习还需有热情，有恒心，绝不能有虚荣心。

【原　　文】

毛泽东致毛岸英、毛岸青的信

趁着年纪尚轻，多向自然科学学习，少谈些政治。政治是要谈的，但目前以潜心多习自然科学为宜，社会科学辅之。将来可倒置过来，以社会科学为主，自然科学为辅。总之注意科学，只有科学是真学问，将来用处无穷。人家恭维你抬举你，这有一样好处，就是鼓励你上进；但有一样坏处，就是易长自满之气，得意忘形，有不知脚踏实地、实事求是的危险。你们有你们的前程，或好或坏，决定于你们自己及你们的直接环境，我不想来干涉你们，我的意见，只当作建议，由你们自己考虑决定。

1941 年 1 月 31 日

毛泽东致毛岸英的信

一个人无论学什么或作什么，只要有热情，有恒心，不要那种无着落的与人民利益不相符合的个人主义的虚荣心，总是会有进步的。

1947 年 10 月 8 日

（东方晓）

傅　雷

傅雷家书（节录）

【作者简介】

　　傅雷（1908—1966），我国著名文学艺术翻译家。他从20世纪30年代起，即致力于法国文学的翻译介绍工作，毕生翻译作品30余部。主要有罗曼·罗兰的长篇巨著《约翰·克利斯朵夫》，传记《贝多芬传》《托尔斯泰传》《弥盖朗琪罗传》；巴尔扎克的《高老头》《欧也妮·葛朗台》等以及伏尔德的《老实人》《天真汉》《查第格》，梅里美的《嘉尔曼》《高龙巴》和丹纳名著《艺术哲学》等。写有《世界美术名作二十讲》等专著。

【内容提要】

　　这里选编的是傅雷夫妇写给他的两个儿子傅聪、傅敏的家书。贯穿这些家书的全部情意，就是要儿子知道国家的荣辱、艺术的尊严，要他们用严肃的态度对待一切，做一个"德艺俱备、人格卓越的艺术家"。

【原　　文】

　　……从今以后，处处都要靠你个人的毅力、信念与意志——实践的意志。

　　另外一点我可以告诉你：就是我一生任何时期，闹恋爱最热烈的时期，也没有忘却对学问的忠诚。学问第一，艺术第一，真理第一，——爱情第二，这是我至此为止没有变过的原则。你的情形与我不同：少年得志，更要想到"盛名之下，其实难副"，更要战战兢兢，不负国人对你的期望。你对政府的感激，只有用行动来表现才算是真心感激！……一个艺术家必须能把自己的感情"升华"，才能于人有益。

（1954年3月24日）

　　……你对时间的安排，学业的安排，轻重的看法，缓急的分别，还不能有清楚明确的认识与实践。这是我为你最操心的。因为你的生活将来要和我一样的忙，也许更忙。不能充分掌握时间与区别事情的缓急先后，你的一切都会打折扣。所以有关这方面的问题，不但希望你多多听我的意见，更要自己多想想，想过以后立刻想办法实行，应改的、应调整的都应当立刻改、立刻调整，不以任何理由耽搁。

　　自己责备自己而没有行动表现，我是不赞成的。这是做人的基本作风，不仅对某人某事而已，我以前常和你说的，只有事实才能证明你的心意，只有行动才能表明你的心迹。待朋友不能如此马虎。生性并非"薄情"的人，在行动上做得跟"薄情"一样，是最冤枉的，犯不着的。正如一个并不调皮的人要调皮而结果反吃亏，一个道理。

　　一切做人的道理，你心里无不明白，吃亏的是没有事实表现；希望你从今以后，一辈子记住这一点。大小事都要对人家有交代！

（1954 年 4 月 7 日）

　　人生的苦难，theme 不过是这几个，其余只是 variations 而已。爱情的苦汁早尝，壮年中年时代可以比较冷静。古语说得好，塞翁失马，未始非福。你比一般青年经历人事都更早，所以成熟也早。这一回痛苦的经验，大概又使你灵智的长进了一步，你对艺术的领会又可深入一步。我祝贺你有跟自己斗争的勇气。一个又一个的筋斗栽过去，只要爬得起来，一定会逐渐攀上高峰，超脱在小我之上。辛酸的眼泪是培养你心灵的酒浆。不经历尖锐的痛苦的人，不会有深厚博大的同情心。所以孩子，我很高兴你这种蜕变的过程，但愿你将来比我对人生有更深切的了解，对人类有更热烈的爱，对艺术有更诚挚的信心！孩子，我相信你一定不会辜负我的期望。

（1954 年 4 月 20 日）

　　可是关于感情问题，我还是要郑重告诫。无论如何要克制，以前途为重，以健康为重。在外好好利用时间，不但要利用时间来工作，还要利用时间来休息，写信。别忘了杜甫那句诗："家书抵万金！"

（1954 年 7 月 4 日晨）

　　艺术家天生敏感，换一个地方，换一批群众，换一种精神气氛，不知不觉会改变自己的气质与表达方式。但主要的是你心灵中最优秀最特殊的部分，从人家那儿学来的精华，都要紧紧抓住，深深的种在自己性格里，无论何时何地这一部分始终不变。这样你才能把独有的特点培养得厚实。

你记住一句话：青年人最容易给人一个"忘恩负义"的印象。其实他是眼睛望着前面，饥渴一般的忙着吸收新东西，并不一定是"忘恩负义"；但懂得这心理的人很少；你千万不要让人误会。

（1954 年 8 月 11 日午前）

幸运的孩子，你在中国可说是史无前例的天之骄子。一个人的机会，享受，是以千千万万人的代价换来的，那是多么宝贵。你得抓住时间，提高警惕，非苦修苦练，不足以报效国家，对得住同胞。看重自己就是看重国家，不要忘记了祖国千万同胞都在自己的岗位上努力，为人类的幸福而努力。尤其要想到目前国内生灵所受的威胁，所作的牺牲。把你个人的烦闷，小小的感情上的苦恼，一齐割舍干净。这也是你爸爸常常和我提到的。我想到爸爸前信要求你在这几年中要过等于僧侣的生活，现在我觉得这句话更重要了。你在万里之外，这样舒服，跟着别人跟不到的老师；学到别人学不到的东西；感受到别人感受不到的气氛；享受到别人享受不到的山水之美，艺术之美；所以在大大小小的地方不能有对不起国家，对不起同胞的事发生。否则艺术家的慈悲与博爱就等于一句空话了。

（1954 年 8 月 16 日）

你素来有两个习惯：一是到别人家里，进了屋子，脱了大衣，却留着丝围巾；二是常常把手插在上衣口袋里，或是裤袋里。这两件都不合西洋的礼貌。围巾必须和大衣一同脱在衣帽间，不穿大衣时，也要除去围巾。手插在上衣袋里比在裤袋里更无礼貌，切忌切忌！何况还要使衣服走样，你所来往的圈子特别是有教育的圈子，一举一动务须特别留意。对客气的人，或是师长，或是老年人，说话时手要垂直，人要立直。你这种规矩成了习惯，一辈子都有好处。

在饭桌上，两手不拿刀叉时，也要平放在桌面上，不能放在桌下，搁在自己腿上或膝盖上。你只要留心别的有教养的青年就可知道。刀叉尤其不要掉在盘下，叮叮当当的！

总而言之，你要学习的不仅在音乐，还要在举动、态度、礼貌各方面吸收别人的长处。

（1954 年 8 月 16 日晚）

孩子，耐着性子，消沉的时间，无论谁都不时要遇到，但很快会过去的。游子思乡的味道你以后常常会有呢。

得失成败尽量置之度外，只求竭尽所能，无愧于心；效果反而好，精神上平日也可减少负担，上台也不致紧张。千万千万！

（1954 年 9 月 21 日晨）

人一辈子都在高潮——低潮中浮沉，唯有庸碌的人，生活才如水一般；或者要有极高的修养，方能廓然无累，真正的解脱。只要高潮不过分使你紧张，低潮不过分使你颓废，就好了。太阳太强烈，会把五谷晒焦；雨水太猛，也会淹死庄稼。我们只求心理相当平衡，不至于受伤而已。你也不是栽了筋斗爬不起来的人。我预料国外这几年，对你整个的人也有很大的帮助。这次来信所说的痛苦，我都理会得；我很同情，我愿意尽量安慰你，鼓励你。克利斯朵夫不是经过多少回这种情形吗？他不是一切艺术家的缩影与结晶吗？慢慢的你会养成另外一种心情对付过去的事：就是能够想到而不再惊心动魄，能够从客观的立场分析前因后果，做将来的借鉴，以免重蹈覆辙。一个人唯有敢于正视现实，正视错误，用理智分析，彻底感悟，终不至于被回忆侵蚀。我相信你逐渐会学会这一套，越来越坚强的。

（1954 年 10 月 2 日）

我个人认为中国有史以来，《人间词话》是最好的文学批评。开发性灵，此书等于一把金钥匙。一个人没有性灵，光谈理论，其不成为现代学究、当世腐儒、八股专家也鲜矣！为学最重要的是"通"，通才能不拘泥，不迂腐，不酸，不八股；"通"才能培养气节、胸襟、目光。"通"才能成为"大"，不大不博，便有坐井观天的危险。我始终认为弄学问也好，弄艺术也好，顶要紧是 human，要把一个"人"尽量发展，没成为××家××家以前，先要学做人；否则那种××家无论如何高明也不会对人类有多大贡献。

（1954 年 12 月 27 日）

我时时刻刻要提醒你，想着过去的艰难，让你以后遇到困难的时候更有勇气去克服，不至于失掉信心！人生本是没穷尽没终点的马拉松赛跑，你的路程还长得很呢：这不过是一个光辉的开场。

（1955 年 3 月 21 日上午）

一个人的思想是一边写一边谈出来的，借此可以刺激头脑的敏捷性，也可以训练写作的能力与速度。此外，也有一个道义的责任，使你要尽量的把国外的思潮向我们报道。一个人对人民的服务不一定要站在大会上演讲或是做什么惊天动地的大事业，随时随地、点点滴滴的把自己知道的、想到的告诉人家，无形中就是替国家播种、施肥、垦植！

（1955 年 3 月 27 日）

一个人太容易满足固然不行，太不知足而引起许多不现实的幻想也不是健全的。……

做一个名人也是有很大的危险的，孩子，可怕的敌人不一定是面目狰狞的，和颜悦色、一腔热爱的友情，有时也会耽误你许许多多宝贵的光阴。孩子，你在这方面极需要拿出勇气来！

（1955 年 4 月 21 日）

你不是抱着一腔热情，想为祖国、为人民服务吗？而为祖国、为人民服务是多方面的，并不限于在国外为祖国争光，也不限于用音乐去安慰人家——虽然这是你最主要的任务。我们的艺术家还需要把自己的感想、心得，时时刻刻传达给别人，让别人去作为参考的或者是批判的资料。你的将来，不光是一个演奏家，同时必须兼做教育家；所以你的思想，你的理智，更需要训练，需要长时期的训练。我这个可怜的父亲，就在处处替你作这方面的准备，而且与其说是为你作准备，还不如说为中国音乐界作准备更贴切。孩子，一个人空有爱同胞的热情是没用的，必须用事实来使别人受到我的实质的帮助。这才是真正的道德实践。别以为我们要求你多写信是为了父母感情上的自私——其中自然也有一些，但决不是主要的。你很知道你一生受人家的帮助是应当用行动来报答的；而从多方面锻炼自己就是为报答人家作基本准备。

（1955 年 4 月 20〔？〕日）

我认为一个人只要真诚，总能打动人的；即使人家一时不了解，日后仍会了解的。……因为我一生作事，总是第一坦白，第二坦白，第三还是坦白。绕圈子，躲躲闪闪，反易叫人疑心；你要手段，倒不如光明正大，实话实说，只要态度诚恳、谦卑、恭敬，无论如何人家不会对你怎么的。我的经验，和一个爱弄手段的人打交道，永远以自己的本来面目对付，他也不会用手段对付你，倒反看重你的。

一个艺术家若能科学地处理日常生活，他对他人的贡献一定更大！

（1955 年 5 月 11 日）

还要说两句有关学习的话，就是我老跟恩德说的："要有耐性，不要操之过急。越是心平气和，越有成绩。时时刻刻要承认自己是笨伯，不怕做笨功夫，那就不会期待太切，稍不进步就慌乱了。"对你，第一要紧是安排时间，多多腾出无谓的"消费时间"，我相信假如你在波兰能像在家一样，百事不打扰，每天都有七八小时在琴上，你的进步一定更快！

毛选中的《实践论》及《矛盾论》，可多看看，这是一切理论的根底。此次寄你的书中，一部分是纯理论，可以帮助你对马列主义及辩证法有深切了解。为了加强你的理智和分析能力，帮助你头脑冷静，彻底搞通马列及辩证法是一条极好的路。我本来富于科学精神，看这一类书觉得很容易体会，也很有兴趣，因为事实上我做人的作风一向就是如此的。你感情重，理智弱，意志尤其弱，亟须从这方面多下功夫。否则你将来回国以后，什么事都要格外赶不上的。

（1955 年 6 月〔?〕日）

我素来不轻信人言，等到我告诉你什么话，必有相当根据，而你还是不大重视，轻描淡写。这样不知警惕，对你将来是危险的！一个人妨碍别人，不一定是因为本性坏，往往是因为头脑不清，不知利害轻重。所以你在这些方面没有认清一个人的时候，切忌随口吐露心腹。一则太不考虑和你说话的对象，二则太不考虑事情所牵涉的另外一个人。（还不止一个呢！）来信提到这种事，老是含混得很。去夏你出国后，我为另一件事写信给你，要你检讨，你以心绪恶劣推掉了。其实这种作风，这种逃避现实的心理是懦夫的行为，决不是新中国的青年所应有的。你要革除小布尔乔亚根性，就要从这等地方开始革除！

别怕我责备！（这也是小布尔乔亚的懦怯。）也别怕引起我的心烦，爸爸不为儿子烦心，为谁烦心？爸爸不帮助孩子，谁帮助孩子？儿子苦闷不向爸爸求救，向谁求救？你这种顾虑也是一种短视的温情主义，要不得！懦怯也罢，温情主义也罢，总之是反科学，反马列主义。为什么一个人不能反科学、反马列主义？因为要生活得好，对社会尽贡献，就需要把大大小小的事，从日常生活、感情问题，一直到学习、工作、国家大事，一贯的用科学方法、马列主义的方法，去分析，去处理。批评与自我批评所以能成为有力的武器，也就在于它能培养冷静的科学头脑，对己、对人、对事，都一视同仁，作不偏不倚的检讨。而批评与自我批评最需要的是勇气，只要存着一丝一毫懦怯的心理，批评与自我批评便永远不能做得彻底。我并非说有了自我批评（即挖自己的根），一个人就可以没有烦恼。不是的，烦恼是永久免不了的，就等于矛盾是永远消灭不了的一样。但是不能因为眼前的矛盾消灭了将来照样有新矛盾，就此不把眼前的矛盾消灭。挖了根，至少可以消灭眼前的烦恼。将来新烦恼来的时候，再去消灭新烦恼。挖一次根，至少可以减轻烦恼的严重性，减少它危害身心的可能；不挖根，老是有些思想的、意识的、感情的渣滓积在心里，久而久之，成为一个沉重的大包袱，慢慢的使你心理不健全，头脑不冷静，胸襟不开朗，创造更多的新烦恼的因素。这一点不但与马列主义的理论相合，便是与近代心理分析和精神病治疗的研究结果也相合。

至于过去的感情纠纷，时时刻刻来打扰你的缘故，也就由于你没仔细挖根。我相信你不是爱情至上主义者，而是真理至上主义者；那么你就该用这个立场分析你的对象（不论是初恋的还是以后的），你跟她（不管是谁）在思想认识上，真理的执着上，是否一致或至少相去不远？从这个角度上去把事情解剖清楚，许多烦恼自然迎刃而解。你也该想到，热情是一朵美丽的火花，美则美矣，无奈不能持久。希望热情能永久持续，简直是愚妄；不考虑性情、品德、品格、思想等等，而单单执着于当年一段美妙的梦境，希望这梦境将来会成为现实，那么我警告你，你可能遇到悲剧的！世界上很少如火如荼的情人能成为美满的、白头偕老的夫妇的；传奇式的故事，如但丁之于裴阿脱里克斯，所以成为可歌可泣的千古艳事，就因为他们没有结合；但丁只见过几面（似乎只有一面）裴阿脱里克斯。歌德的太太克里斯丁纳是个极庸俗的女子，但歌德的艺术成就，是靠了和平宁静的夫妇生活促成的。过去的罗曼史，让它成为我们一个美丽的回忆，作为一个终身怀念的梦，我认为是最明哲的办法。老是自苦只有消耗自己的精力，对谁都没有裨益的。孩子，以后随时来信，把苦闷告诉我，我相信还能凭一些经验安慰你呢。

（1955 年 12 月 11 日夜）

我一向主张不但做学问，弄艺术要有科学方法，做人更其需要有科学方法。因为这缘故，我更主张把科学的辩证唯物论应用到实际生活上来。

只要你记住两点：必须有不怕看自己丑脸的勇气，同时又要有冷静的科学家头脑，与实验室工作的态度。唯有用这两种心情，才不至于被虚伪的自尊心所蒙蔽而变成懦怯，也不至于为了以往的错误而过分灰心，消灭了痛改前非的勇气，更不至于茫然于过去错误的原因而将来重蹈覆辙。子路"闻过则喜"，曾子的"吾日三省吾身"，都是自我批评与接受批评的最好的格言。

（1955 年 12 月 21 日晨）

真诚是第一把艺术的钥匙。知之为知之，不知为不知。真诚的"不懂"，比不真诚的"懂"，还叫人好受些。最可厌的莫如自以为是，自作解人。有了真诚，才会有虚心，有了虚心，才肯丢开自己去了解别人，也才能放下虚伪的自尊心去了解自己。建筑在了解自己了解别人上面的爱，才不是盲目的爱。

而真诚是需要长时期从小培养的。社会上，家庭里太多的教训使我们不敢真诚，真诚是需要很大的勇气作后盾的。所以做艺术家先要学做人。

……

比如你自己，过去你未尝不知道莫扎特的特色，但你对他并没发生真正的共鸣；感之不深，自然爱之不切了；爱之不切，弹出来当然也不够味儿；而越是不够味儿，越是引不起你兴趣。如此循环下去，你对一个作家当然无从深入。

（1956 年 2 月 29 日夜）

你有这么坚强的斗争性，我很高兴。但切勿急躁，妨碍目前的学习。以后要多注意：坚持真理的时候，必须注意讲话的方式、态度、语气、声调。要做到越有理由，态度越缓和，声音越柔和。坚持真理原是一件艰巨的斗争，也是教育工作；需要好的方法、方式、手段，还有是耐性。万万不能动火，令人误会。这些修养很不容易，我自己也还离得远呢。但你可趁早努力学习！

经历一次磨折，一定要在思想上提高一步。以后在作风上也要改善一步。这样才不冤枉。一个人吃苦碰钉子都不要紧，只要吸取教训，所谓人生或社会的教育就是这么回事。你多看看文艺创作上所描写的一些优秀党员，就有那种了不起的耐性，肯一再的细致的说服人，从不动火，从不强迫命令。这是真正的好榜样。而且存了这种心思，你也不会再烦恼；而会把斗争当作日常工作一样了。要坚持，要贯彻，但是也要忍耐！

（1956 年 4 月 29 日）

人越有名，不骄傲别人也会有骄傲之感；这也是常情；故我们自己更要谦和有礼！

（1956 年 10 月 11 日下午）

修养是整个的，全面的；不仅在于音乐，特别在于做人——不是狭义的做人，而包括对世界，对政局的看法与态度。二十世纪的人，生在社会主义国家之内，更需要冷静的理智，唯有经过铁一般的理智控制的感情才是健康的，才能对艺术有真正的贡献。孩子，我千言万语也说不完，我相信你一切都懂，问题只在于实践！

（1957 年 3 月 18 日深夜）

个人的荣辱得失事小，国家的荣辱得失事大！你既热爱祖国，这一点尤其不能忘了……

还有你的感情问题怎样了？来信一字未提，我们却一日未尝去心。我知道你的性格，也想象得到你的环境；你一向滥于用情；而即使不采主动，被人追求时也免不了虚荣心感到得意；这是人之常情，于艺术家为尤甚，因此更需要警惕。你成年已久，到了二十五岁也应该理性坚强一些了，单凭一时冲动的行为也该能多克制一些了。不知事实上是否如此？要找永久的伴侣，也得多用理智考虑勿被感情蒙蔽！情人的眼光一结婚就会变，变得你自己都不相信；先不想到这一著，必招后来的无穷痛苦。除了艺术以外，你在外做人方面就是这一点使我们操心。因为这一点也间接影响到国家民族的荣誉，英国人对男女问题的看法始终清教徒气息很重，想你也有所发觉，知道如何自爱了……

真正的艺术家，名副其实的艺术家，多年是在回想中和想象中过他的感情生活的。唯其能把感情生活升华才给人类留下这许多杰作。反复不已的、有始无终的，没有结果也不可能有结果的恋爱，只会使人变成唐·璜，使人变得轻薄。使人——至少——对爱情感觉麻痹，无形中流于玩世不恭；而你知道，玩世不恭的祸害，不说别的，先就使你的艺术颓废……

（1959 年 10 月 1 日）

至此为止你尚未遇到逆境。真要过了贫贱日子才真正显出"贫贱不能移"！居安思危，多多锻炼你的意志吧。

（1960 年 1 月 10 日）

我们知道你自我批评精神很强，但个人天地毕竟有限，人家对你的批评只能起鼓舞作用；不同的意见才能使你进步，扩大视野；希望用冷静和虚心的态度加以思考。不管哪个批评家都代表一部分群众，考虑批评家的话也就是考虑群众的意见。你听到别人的演奏之后的感想，想必也很多，也希望告诉我们。爸爸说，除了你钻研专业之外，一定要抽出时间多多阅读其他方面的知识——爸爸还常希望你看祖国的书报，需要什么书可来信，我们可寄给你。

（1960 年 2 月 1 日夜）

对终身伴侣的要求，正如对人生一切的要求一样不能太苛。事情总有正反两面：追得你太迫切了，你觉得负担重；追得不紧了，又觉得不够热烈。温柔的人有时会显得懦弱，刚强了又近乎专制。幻想多了未免不切实际，能干的管家太太又觉得俗气。只有长处没有短处的人在哪儿呢？世界上究竟有没有十全十美的人或事物呢？抚躬自问，自己又完美到什么程度？这一类的问题想必你考虑过不止一次。我觉得最主要的还是本质的善良，天性的温厚，开阔的胸襟。有了这三样，其他都可以逐渐培养；而且有了这三样，将来即使遇到大大小小的风波也不致变成悲剧。做艺术家的妻子比做任何人的妻子都难；你要不预先明白这一点，即使你知道"责人太严，责己太宽"，也不容易学会明哲、体贴、容忍。只要能代你解决生活琐事，同时对你的事业感到兴趣就行，对学问的钻研等等暂时不必期望过奢，还得看你们婚后的生活如何。眼前双方先学习互相的尊重、谅解、宽容。

对方把你作为她整个的世界固然很危险，但也很宝贵！你既已发觉，一定会慢慢点醒她；最好旁敲侧击而勿正面提出，还要使她感到那是为维护她的人格独立，扩大她的世界观。倘若你已经想到奥里维的故事，不妨就把那部书叫她细读一二遍，特别要她注意那一段插曲。像雅葛丽纳那样只知道 love，love，love 的人只是童话中人物，在现实世界中非但得不到 love，连日子都会过不下去，因为她除了 love 一无所知，一无所有，一无所爱。这样狭窄的天地哪像一个天地！这样片面的人生观哪会得到幸福！无论男女，只有把兴趣集中在事业上，学问上，艺术上，尽量抛开渺小的自我（ego），才有快活的可能，才觉得活的有意义。未经世事的少女往往会存一个荒诞的梦想，以为恋爱时期的感情的高潮也能在婚后维持下去。这是违反自然规律的妄想。古语说，"君子之交淡如水"；又有一句话说，"夫妇相敬如宾"。可见只有平静、含蓄、温和的感情方能持久；另外一句的意义是说，夫妇到后来完全是一种知己朋友的关系，也即是我们所谓的终身伴侣，未婚之前双方能深切领会到这一点，就为将来打定了最可靠的基础，免除了多少不必要的误会与痛苦。

　　你是以艺术为生命的人，也是把真理、正义、人格等等看做高于一切的人，也是以工作为乐生的人；我用不着唠叨，想你早已把这些信念表白过，而且竭力灌输给对方了。我只想提醒你几点——第一，世界上最有力的论证莫如实际行动，最有效的教育莫如以身作则；自己做不到的事千万勿要求别人；自己也要犯的毛病先批评自己，先改自己的。——第二，永远不要忘了我教育你的时候犯的许多过严的毛病。我过去的错误要是能使你避免同样的错误，我的罪过也可以减轻几分；你受过的痛苦不再施之于他人，你也不算白白吃苦。总的来说，尽管指点别人，可不要给人"好为人师"的感觉。……凡是童年不快乐的人都特别脆弱（也有训练得格外坚强的，但只是少数），特别敏感，你回想一下自己，就会知道对付你的爱人要如何 delicate，如何 discreet 了。

　　我相信你对爱情问题看得比以前更郑重更严肃了；就在这考验时期，希望你更加用严肃的态度对待一切，尤其要对婚后的责任先培养一种忠诚、庄严、虔敬的心情！

（1960 年 8 月 29 日）

　　亲爱的弥拉：……人在宇宙中微不足道，身不由己，但对他人来说，却又神秘莫测，自成一套。所以要透彻了解一个人，相当困难，再加上种族、宗教、文化与政治背景的差异，就更不容易。因此，我们以为你们两人决定先订婚一段日子，以便彼此能充分了解，尤其是了解对方的性格，确实是明智之举。（但把"订婚"期拖得太长也不太好，这一点我们以后会跟你们解释。）我以为订婚期间还有一件要紧的事，就是要充分准备去了解现实，面对现实。现实与年轻人纯洁的心灵所想象的情况截然不同。生活不仅充满难以预料的艰苦奋斗，而且还包含许许多多日常琐事，也许叫人更难以忍受。因为这种烦恼看起来这么渺小，这么琐碎，并且常常无缘无故，所以使人防不胜防。夫妇之间只有彻底谅解，全心包容，经常忍让，并且感情真挚不渝，对生活有一致的看法，有共同的崇高理想与信念，才能在人生的旅途上平安渡过大大小小的风波，成为琴瑟和谐的终身伴侣。

（1960 年 9 月 7 日）

人需要不时跳出自我的牢笼，才能有新的感觉，新的看法，也能有更正确的自我批评。

（1960 年 11 月 26 日晚）

人没有苦闷，没有矛盾，就不会进步。有矛盾才会逼你解决矛盾，解决一次矛盾即往前迈进一步。到晚年矛盾减少，即是生命将要告终的表现。没有矛盾的一片恬静只是一个崇高的理想，真正实现的话并不是一个好现象。凭了修养的功夫所能达到的和平恬静只是极短暂的，比如浪潮的尖峰，一刹那就要过去的。或者理想的和平恬静乃是微波荡漾，有矛盾而不太尖锐，而且随时能解决的那种精神修养，可决非一泓死水：一泓死水有什么可羡呢？我觉得倘若苦闷而不致陷于悲观厌世，有矛盾而能解决（至少在理论上、认识上得到一个总结），那么苦闷与矛盾并不可怕。所要避免的乃是因苦闷而导致身心失常，或者玩世不恭，变做游戏人生的态度。

……

凡是从自卑感、自溺狂等等来的苦闷对社会都是不利的，对自己也是致命伤。反之，倘是忧时忧国，不是为小我打算而是为了社会福利、人类前途而感到的苦闷，因为出发点是正义，是理想，是热爱，所以即有矛盾，对人对己都无害处，倒反能逼自己作出一些小小的贡献来。但此种苦闷也须用智慧来解决，至少在苦闷的时间不能忘了明哲的教训，才不至于转到悲观绝望，用灰色眼镜看事物，才能保持健康的心情继续在人生中奋斗，——而唯有如此，自己的小我苦闷才能转化为一种活泼泼的力量而不仅仅成为愤世嫉俗的消极因素；因为愤世嫉俗并不能解决矛盾，也就不能使自己往前迈进一步。由此得出一个结论，我们不怕经常苦闷，经常矛盾，但必须不让这苦闷与矛盾妨碍我们愉快的心情。

（1961 年 2 月 7 日）

理财有方法，有系统，并不与重视物质有必然的联系，而只是为了不吃物质的亏而采取的预防措施；正如日常生活有规律，并非求生活刻板枯燥，而是为了争取更多的时间，节省更多的精力来做些有用的事，读些有益的书，总之是为了更完美的享受人生。

（1961 年 5 月 23 日）

老好人往往太迁就，迁就世俗，迁就褊狭的家庭愿望，迁就自己内心中不太高明的因素；不幸真理和艺术需要高度的原则性和永不妥协的良心。物质的幸运也常常毁坏艺术家。可见艺术永远离不开道德——广义的道德，包括正直，刚强，斗争（和自己的斗争以及和社会的斗争），毅力，意志，信仰……

（1961 年 6 月 26 日）

多和大自然与造型艺术接触，无形中能使人恬静旷达（古人所云"荡涤胸中尘俗"，大概即是此意），维持精神与心理的健康。在众生万物前面不自居为"万物之灵"，方能祛除我们的狂妄，打破纸醉金迷的俗梦，养成淡泊洒脱的胸怀，同时扩大我们的同情心。欣赏前人的遗迹，看到人类伟大的创造，才能不使自己被眼前的局势弄得悲观，从而鞭策自己，竭尽所能的在尘世留下些少成绩。

（1961 年 9 月 14 日晨）

你也很明白，钢琴上要求放松先要精神上放松：过度的室内生活与书斋生活恰恰是造成现代知识分子神经紧张与病态的主要原因；而萧然意远，旷达恬静，不滞于物，不凝于心的境界只有从自然界获得，你总不能否认吧？

（1961 年 10 月 5 日深夜）

亲爱的孩子，……对恋爱的经验和文学艺术的研究，朋友中数十年悲欢离合的事迹和平时的观察思考，使我们在儿女的终身大事上能比别的父母更有参加意见的条件。……

首先态度和心情都要尽可能的冷静。否则观察不会准确。初期交往容易感情冲动，单凭印象，只看见对方的优点，看不出缺点，甚至夸大优点，美化缺点。便是与同性朋友相交也不免如此，对异性更是常有的事。许多青年男女婚前极好，而婚后逐渐相左，甚至反目，往往是这个原因。感情激动时期不仅会耳不聪，目不明，看不清对方；自己也会无意识的只表现好的方面，把缺点隐藏起来。保持冷静还有一个好处，就是不至于为了谈恋爱而荒废正业，或是影响功课或是浪费时间或是损害健康，或是遇到或大或小的波折时扰乱心情。

所谓冷静，不但是表面的行动，尤其内心和思想都要做到。当然这一点是很难。人总是人，感情上来，不容易控制，年轻人没有恋爱经验更难维持身心的平衡，同时与各人的气质有关。我生平总不能临事沉着，极容易激动，这是我的大缺点。幸而事后还能客观分析，周密思考，才不至于使当场的意气继续发展，闹得不可收拾。我告诉你这一点，让你知道如临时不能克制，过后必须由理智来控制大局：该纠正的就纠正，该向人道歉的就道歉，该收篷时就收篷，总而言之，以上两点归纳起来只是：感情必须由理智控制。要做到必须下一番苦功在实际生活中长期锻炼。

我一生从来不曾有过"恋爱至上"的看法。"真理至上"、"道德至上"、"正义至上"这种种都应作为立身的原则。恋爱不论在如何狂热的高潮阶段也不能侵犯这些原则。朋友也好，妻子也好，爱人也好，一遇到重大关头，与真理、道德、正义……等等有关的问题，决不让步。

其次，人是最复杂的动物，观察决不可简单化，而要耐心、细致、深入，经过相当的时间，各种不同的事故和场合。处处要把科学的客观精神和大慈大悲的同情心结合起来。对方的优点，要认清是不是真实可靠的，是不是你自己想象出来的，或者是夸大的。对方的缺点，要分出是否与本质有关。与本质有关的缺点，不能因为其他次要的缺点而加以忽视。次要的缺点也得辨别是否能改，是否发展下去会影响品性或日常生活。人人都有缺点，谈恋爱的男女双方都是如此。问题不在于找一个全无缺点的对象，而是要找一个双方缺点都能各自认识，各自承认，愿意逐渐改，同时能彼此容忍的伴侣。（此点很重要。有些缺点双方都能容忍；有些则不能容忍，日子一久就造成裂痕。）最好双方尽量自然，不要做作，各人都拿出真面目来，优缺点一齐让对方看到。必须彼此看到了优点，也看到了缺点，觉得都可以相忍相让，不会影响大局的时候，才谈得上进一步的了解；否则只能做一个普通的朋友。可是要完全看到彼此的优缺点，需要相当时间，也需要各种大大小小的事故来考验；绝对不容易！更不能轻易下结论（不论是好的结论或坏的结论）！唯有极坦白，才能暴露自己；而暴露自己的缺点总是越早越好，越晚越糟！为了求恋爱成功而尽量隐藏自己缺点的人其实是愚蠢的。当然，在恋爱中不知不觉表现出自己的光明面，不知不觉隐藏自己的缺点，不在此例。因为这是人的本能，而且也证明爱情能促使我们进步，往善与美的方向发展正是爱情的伟大之处，也是古往今来的诗人歌颂爱情的主要原因。小说家常常提到，我们在生活中也一再经历：恋爱中的男女往往比平时聪明；读起书来也理解得快；心地也往往格外善良，为了自己幸福而也想使别人幸福，或者减少别人的苦难；同情心扩大就是爱情可贵的具体表现。

事情主观上固盼望成功，客观上仍须有万一不成功的思想准备。为了避免失恋等等的痛苦，这一点"明智"我觉得一开头就应充分掌握。最好勿把对方作过于肯定的想法，一切听凭自然演变。

总之，一切不能急，越是事关重要，越要心平气和，态度安详，从长考虑，细细观察，为求客观！感情冲上高峰很容易，无奈任何事物的高峰（或高潮）都只能维持一个短时间，要久而弥笃的维持长久的友谊可很难了。……

除了优缺点，俩人性格脾气是否相投也是重要因素。刚柔、软硬、缓急的差别要能相互适应调剂。还有许多表现在举动、态度、言笑、声音……之间说不出也数不清的小习惯，在男女之间也有很大作用，要弄清这些就得冷眼旁观慢慢咂摸。所谓经得起考验乃是指有形无形的许许多多批评与自我批评（对人家一举一动所引起的反应即是无形的批评）。诗人常说爱情是盲目的，但不盲目的爱毕竟更健全更可靠。

人的雅俗和胸襟气量倒是要非常注意的。据我的经验：雅俗与胸襟往往带先天性的，后来改造很少能把低的往高的水平上提；故交往期间应该注意对方是否有胜于自己的地方，将来可帮助我进步，而不至于反过来使我往后退。你自幼看惯家里的作风，想必不会忍受量窄心浅的性格。

以上谈的全是笼笼统统的原则问题。……

长相身材虽不是主要考虑点，但在一个爱美的人也不能过于忽视。

交友期间，尽量少送礼物，少花钱：一方面表明你的恋爱观念与物质关系极少牵连，另一方面也是考验对方。

（1962 年 3 月 8 日）

聪，亲爱的孩子，每次接读来信，总是说不出的兴奋，激动，喜悦，感慨，惆怅！最近报告美澳演出的两信，我看了在屋内屋外尽兜圈子，多少的感触使我定不下心来。人吃人的残酷和丑恶的把戏多可怕！你辛苦了四五个月落得两手空空，我们想到就心痛。固然你不以求利为目的，做父母的也从不希望你发什么洋财，——而且还一向鄙视这种思想；可是那些中间人凭什么来霸占艺术家的劳动所得呢！眼看孩子被人剥削到这个地步，像你小时候被强暴欺凌一样，使我们对你又疼又怜惜，对那些吸血鬼又气又恼，恨得牙痒痒地！相信早晚你能从魔掌之下挣脱出来，不再做鱼肉。巴尔扎克说得好：社会踩不死你，就跪在你面前。在西方世界，不经过天翻地覆的革命，这种丑剧还得演下去呢。当然四个月的巡回演出在艺术上你得益不少，你对许多作品又有了新的体会，深入了一步。可见唯有艺术和学问从来不辜负人：花多少劳力，用多少苦功，拿出多少忠诚和热情，就得到多少收获与进步。写到这儿，想起你对新出的莫扎特唱片的自我批评，真是高兴。一个人停滞不前才会永远对自己的成绩满意。变就是进步——当然也有好的变质，成为坏的；——眼光一天天不同，才窥见学问艺术的新天地，能不断的创造。妈妈看了那一段叹道："聪真像你，老是不满意自己，老是在批评自己！"

……一般青年对任何学科很少能作独立思考，不仅缺乏自信，便是给了他们的方向，也不会自己摸索。原因极多，不能怪他们。十余年来的教育方法大概有些缺陷。青年人不会触类旁通，研究哪一门学问都难有成就。思想统一固然有统一的好处；但到了后来，念头只会往一个方向转，只会走直线，眼睛只看到一条路，也会陷于单调，贫乏，停滞。往一个方向钻并非坏事，可惜没钻得深。

（1962 年 4 月 1 日）

昨天收到你上月二十七日自丢林（Torino）发的短信，感慨得很。艺术最需要静观默想，凝神壹志；现代生活偏偏把艺术弄得如此商业化，一方面经理人作为生财之道，把艺术家当作摇钱树式的机器，忙得不可开交，一方面把群众作为看杂耍或马戏班的单纯的好奇者。在这种溷浊的洪流中打滚的，当然包括所有老辈小辈，有名无名的演奏家歌唱家。像你这样初出道的固然另有苦闷，便是久已打定天下的前辈也不免随波逐流，那就更可叹了。也许他们对艺术已经缺乏信心、热诚，仅仅作为维持已得名利的工具。年轻人想要保卫艺术的纯洁与清新，唯一的办法是减少演出；这却需要三个先决条件：（一）经理人员剥削得不那么凶（这是要靠演奏家的年资积累，逐渐争取的），（二）个人的生活开支安排得极好，这要靠理财的本领与高度理性的控制，（三）减少出台不至于冷下去，使群众忘记你。我知道这都是极不容易做到的，一时也急不来。可是为了艺术的尊严，为了你艺术的前途，也就是为了你的长远利益和一生的理想，不能不把以上三个条件作为努力的目标。任何一门的艺术家，一生中都免不了有几次艺术难关，我们应当早做思想准备和实际安排。愈能保持身心平衡（那就决不能太忙乱），艺术难关也愈容易闯过去。希望你平时多从这方面高瞻远瞩，切勿被终年忙忙碌碌的漩涡弄得昏昏沉沉，就是说要对艺术生涯多从高处、远处着眼；即使有许多实际困难，一时不能实现你的计划，但经常在脑子里思考成熟以后，遇到机会就能紧紧抓住。

（1962 年 5 月 9 日）

现代国家的发展太畸形了，尤其像南美洲那些落后的国家。一方面人民生活贫困，一方面物质的设备享用应有尽有。照我们的理想当然先得消灭不平等，再来逐步提高。无奈现代史实告诉我们，革命比建设容易，消灭少数人所垄断的享受并不太难，提高多数人的生活却非三五年八九年所能见效。尤其是精神文明，总是普及易，提高难；而在普及的阶段中往往降低原有的水准，连保持过去的高峰都难以办到。再加老年、中年、青年三代脱节，缺乏接班人，国内外沟通交流几乎停止，恐怕下一辈连什么叫标准，前人达到过怎样的高峰，眼前别人又到了怎样的高峰，都不大能知道；再要迎头赶上也就更谈不到了。这是前途的隐忧。过去十一二年中所造成的偏差与副作用，最近一年正想竭力扭转；可是十年种的果，已有积重难返之势；而中老年知识分子的意气消沉的情形，尚无改变的迹象，——当然不是从他们口头上，而是从实际行动上观察。人究竟是唯物的，没有相当的客观条件，单单指望知识界凭热情苦干，而且干出成绩来，也是不现实的。我所以能坚守阵地，耕种自己的小园子，也有我特殊优越的条件，不能责望于每个人。何况就以我来说，体力精力的衰退，已经给了我很大的限制，老是感到心有余而力不足！

（1962 年 8 月 12 日）

耐得住寂寞是人生一大武器，而耐寂寞也要自幼训练的！疼孩子固然要紧，养成纪律同样要紧；几个月大的时候不注意，而到两三岁时再收紧，大人小孩都要痛苦的。

（1965 年 2 月 20 日）

一个艺术家只有永远保持心胸的开朗和感觉的新鲜，才永远有新鲜的内容表白，才永远不会对自己的艺术厌倦，甚至像有些人那样觉得是做苦工。你能做到这一点——老是有无穷无尽的话从心坎里涌出来，我真是说不出的高兴，也替你欣幸不置！

（1965 年 5 月 27 日）

（廉　碧）

卷五

为人处世篇

善者皆凶，而君子不敢避善以趋吉；善者皆祸，而君子不敢忘善以徼福。

孙叔敖

临 终 诫 子

【作者简介】

　　孙叔敖，春秋时楚国人，名芴敖，楚庄王时担任令尹。他身为楚相而其子采薪，清廉正直，世称贤相。《史记·循吏列传》有其传。

【内容提要】

　　孙叔敖凭借自己的阅历、才识，告诫儿子：楚王如以美地封给你，你不可要，要请求封贫瘠的寝丘之地。后来有很多人的封地都被楚王收去，唯有孙叔敖子孙的封爵长久保持。

【原　　文】

　　王数封我矣，吾不受也。我死，王则封汝，必无受利地。楚越之间有寝丘者，此其地不利而名恶，可长有者惟此也。

【译　　文】

　　楚王多次封给我土地，我没有接受。我死后，楚王就会封给你土地，你一定不要接受好地。楚越之间有个地方名叫寝丘，这个地方土地贫瘠而且名声不好，但能够长久拥有的唯有此地。

（高益荣）

史 鰌

遗 命 教 子

【作者简介】

史鰌，字子鱼，春秋时卫国大夫。

【内容提要】

卫灵公执政时，有品德高尚者不被朝廷所用，史鰌感到忧虑，便多次向灵公进谏，可灵公不听，史鰌于是患病。在他临死之时，他给儿子说了这段话。他死后，卫灵公来吊丧，见到棺材停在北堂，感到奇怪，史鰌的儿子便把父亲死时的话告诉了卫灵公，灵公深知自己的过错，于是任用蘧伯玉为卿，罢退弥子瑕。史鰌以尸进谏的行动，对儿子有很大的教育意义。

【原　文】

我即死，治丧于北堂。吾不能进蘧伯玉而退弥子瑕，是不能正君也。生不能正君者，死不当成礼。置尸北堂，于我足矣。

【译　文】

我死了，就在北堂上办理丧事。我不能向国君举荐蘧伯玉而罢退弥子瑕，这是我不能辅佐国君改正错误的表现。我活着时不能匡正国君，死后就不应当按照礼仪来办理丧事。把我的尸体停放在北堂上，这对于我已经是足够了。

（高益荣）

楚子发母

训 子 语

【作者简介】

　　子发，名舍，是楚国的令尹。

【内容提要】

　　子发母亲的爱子之心，表现在对儿子事业的关心和对儿子的严格教育上。一次子发同秦兵作战，因粮食吃完了，派人回国向楚王要粮，并让使者顺便问候他母亲。当他母亲得知士兵无粮可食而子发顿顿食肉很生气。子发获胜而归，他母亲不让他进家门，还命人训斥了他一顿。她深知能否与士兵同甘苦，是带兵将领能否克敌制胜的一个重要因素。因此，她特意抓住子发搞特殊化这一过失，教训儿子，指出他的胜利纯属偶然，从而使儿子认识到自己的过失。

【原　　文】

　　子不闻越王勾践之伐吴耶？客有献醇酒一器者，王使人注①江之上流，使士卒饮其下流。味不及加美，而士卒战自五也。异日有献一囊糗糒②者，王又以赐军士，分而食之，甘不逾嗌，而战自十也。今子为将，士卒并分菽粒而食之，子独朝夕刍豢③黍粱，何也？《诗》不云乎？"好乐无荒，良士休休！"言不失和也。夫使人人于死地，而自康乐于其上，虽有以得胜，非其术也。子非吾子也，无入吾门。

【注　　释】

　　① ［注］倒入。

　　② ［糗糒（qiǔ bei）］干粮。

　　③ ［刍豢］牛羊曰刍，犬豕曰豢，泛指家畜。此处指所吃之肉。

【译　文】

　　你没听说过越王勾践攻打吴国的事情吗？有位客人献给勾践一坛醇香的酒，勾践让人把酒倒入江水的上游，让士卒饮下游的水。虽然江水的味道没有增加什么美味，但是战士们的战斗力提高了五倍。又有一天，有人献给勾践一袋干粮，他把它分给军士吃，虽然食物还不够过咽喉，但士兵的战斗力提高了十倍。现在你作为将领，士兵分着吃杂粮，可你却顿顿吃肉和细粮，这是为什么呢？《诗经》不是说过吗？"喜欢作乐但不过分，贤人才能安逸闲静。"意思是说不要失掉祥和之气。你使士兵到要死人的战场上，自己却在上面享受安乐生活，虽然你打了胜仗，并不是你有什么战略战术。你不是我的儿子，不要进我的家门。

（高益荣）

孔　鲋

将没诫弟子

【作者简介】

孔鲋，一名甲，字子鱼。亦称孔甲，或谓之子鲋，是孔子第八世孙。陈涉起兵时，孔鲋由陈余推荐，为博士太师。陈涉兵败，孔鲋与之俱死于陈下。

【内容提要】

这是孔鲋临终时告诫诸弟子之语。因他是鲁人，故先以"鲁国是仁义之国"诫其弟子，接着以秦汉名儒叔孙通之事，劝告弟子要有"处浊世而清其身，学儒术而知权变"的本领，做到既不同流合污，又要知道权变，不做愚顽腐儒。

【原　　文】

鲁，天下有仁义之国也，战国之世，讲颂不衰，且先君①之庙在焉。吾谓叔孙通②处浊世而清其身，学儒术而知权变，是今师也。宗于有道，必有令图，归必事焉。

【注　　释】

① [先君] 指其祖孔子。

② [叔孙通] 姓叔孙，名通。薛县（今山东藤县南）人。曾为秦博士，后归刘邦，任博士，称稷嗣君。汉朝建立，与儒生共立朝仪。后任太子太傅。《史记》中有其传。

【译　　文】

鲁国，是天下有仁义的国家。战国之时，讲颂礼义之风就不曾衰败，况且我们先祖的宗庙在那里。我认为叔孙通处于浊乱之世而能保持自身清白，学习儒术而能知道权变之术，他是当今的宗师啊。以有道之人为宗师，一定会有好的思想，学成归来也一定会干出一番事业。

（高益荣）

刘 向

诫 子 歆 书

【作者简介】

刘向（公元前77—公元前6年），本名更生，字子政，沛（今江苏沛县）人。西汉经学家，目录学家，文学家。曾任谏大夫、宗正等。用阴阳灾异推论时政得失，屡次上书劾奏外戚专权。曾校阅群书，撰成《别录》，为我国目录学之祖。今存《新序》《说苑》《列女传》等著作。他的儿子刘歆亦为西汉末年古文经学派的开创者，目录学家，天文学家。

【内容提要】

刘向告诫儿子要正确对待福祸，因为其中存在着辩证关系。有了福运，不可骄横奢侈，否则，便会大祸临头；有了祸事，也不要恐惧，只要思过改正，福运就会来临。文中列举齐顷公逞霸和轻视欺负弱小国家的实例，说明了这个道理。

【原　　文】

告歆无忽，若未有异德，蒙恩甚厚，将何以报？董生①有云："吊者在门，贺者在闾。"言有忧则恐惧敬事，敬事则必有善功而福至也。又曰："贺者在门，吊者在闾。"言受福则骄奢，骄奢则祸至，故吊随而来。齐顷公②之始，藉霸者③之余威，轻侮诸侯，亏跛蹇之容④，故被鞍之祸，遁服而亡，所谓贺者在门，吊者在闾也。兵败师破，人皆吊之，恐惧自新，百姓爱之，诸侯皆归其所夺邑，所谓吊者在门，贺者在闾也。今若年少，得黄门侍郎⑤，要显处也。新拜⑥，皆谢贵人。叩头。谨战战栗栗，乃可必免。

【注　　释】

①［董生］即董仲舒（公元前179—公元前104年），西汉哲学家。著有《春秋

繁露》及《董子文集》。

②〔齐顷公〕春秋时齐国国君。桓公之孙。

③〔霸者〕指齐桓公（？—公元前643年），齐桓公任用管仲进行改革，国力富强。以"尊王攘夷"相号召，大会诸侯，订立盟约，成为春秋时第一个霸主。

④〔亏〕欠缺。此处为意动用法："认为……欠缺"，也就是嘲笑的意思。〔跂（qí）〕多一脚趾。〔蹇（jiǎn）〕跛足。此指晋国大夫郤克。晋国派郤克出使齐国，齐顷公让夫人在帷幕后窥视。郤克是个跛子，夫人在帷后笑话他，郤克深感耻辱，回国后，联合了鲁、卫、曹国的军队攻打齐国。顷公大败于鞌（今山东济南市），换上为他赶车的人的衣服，才侥幸逃脱。原先占领的鲁、卫两国的土地至此也不得不归还。事见《左传》成公三年。

⑤〔黄门侍郎〕官名。其职为侍从皇帝，传达诏令。

⑥〔拜〕旧时用一定的礼节授予官职。

【译　文】

告诫歆不要忽略，如果没有非常的品德，而承受的恩惠很丰厚，将怎样去报答呢？董仲舒曾有这样的话："吊丧的人在家门口，贺喜的人在里巷头。"这是说有忧患便会恐惧而谨慎地做事，恐惧而谨慎地做事就必定有大功，从而使福运降临。又说："贺喜的人在家门口，吊丧的人在里巷头。"这是说有了福运就会骄横奢侈，骄横奢侈便会有大祸降临，因此吊丧的就会随之而来。齐顷公即位之始，借助齐桓公称霸的余威，轻视欺负诸侯小国，嘲笑晋国使臣跛足，因此遭到了大败于鞌、遁衣而逃的灾难。这就是所谓贺喜的人在家门口，而吊丧的人就在里巷头啊。兵败师破，人们都来吊丧，他在恐惧中努力改过自新，又重新赢得了百姓的爱戴，诸侯国也都把掠夺的城邑归还给他，这就是所谓吊丧的人在家门口，而贺喜的人在里巷头啊。如今你还这样年轻，就得到了黄门侍郎的官，这是显要的职位。新官初任，全要感谢贵人的提携，向贵人叩头。时刻带着恐惧感而谨慎从事，才能避免灾难。

（周晓薇）

疏 广

告 兄 子 言

【作者简介】

　　疏广，字仲翁，东海兰陵（今山东苍山县）人。少好学，汉宣帝时为太傅，其兄之子疏受，也同时为太傅。在位五年，一起称病弃归，日与人娱乐，不为子孙置产业，常说："（子孙）贤而多财，则损其志；愚而多财，则益其过。"

【内容提要】

　　这是疏广告诫其侄疏受的一番仕宦为人之道：知足常乐，功成身退。叔侄两人正是在这种处世哲学指导下，双双辞官归里。

【原　　文】

　　吾闻：知足不辱，知止不殆，功遂身退，天之道也。今仕至二千石，宦成名立，如此不去，惧有后悔。岂如父子相随出关，以寿命终，不亦善乎？

【译　　文】

　　我听说：知足不会受辱，知道适可而止就不会遭到危险，功成身退，这是天理。现在我们做官俸禄已到二千石，功成名就，像这样还不离去，恐怕将来会后悔。哪如咱们叔侄两人相伴出关，以保天年，自然而终，这不是很好吗？

（储兆文）

张 奂

诫 兄 子 书

【作者简介】

张奂（104—181），字然明，敦煌酒泉（今属甘肃）人。举贤良方正，对策第一，官至大司农转太常，后遭党锢之祸。

【内容提要】

子女犯了错误，应该如何进行教育，这是很有讲究的。作者在这里给我们提供了一种方法：他首先分析侄儿犯错误的原因（早失贤父）；继而表明自己对于别人对两个侄子不同评论的悲喜态度；最后说明犯错误是年轻人不可避免的，只要能改正就是可贵的，又表明了自己对不改过者的鄙夷。

【原　文】

汝曹薄祐①，早失贤父，财单艺尽，今适喘息。闻仲祉轻傲耆老②，侮狎同年，极口恣意。当崇长幼，以礼自持。闻敦煌有人来，同声相道，皆称叔时③宽仁，闻之喜而且悲：喜叔时得美称，悲汝得恶论。经言孔子于乡党，恂恂如也。恂恂者，恭谦之貌也。经难知，且自以汝贤父为师，汝父宁轻乡里耶？年少多失，改之为贵，蘧伯玉④年五十，见四十九年非，但能改之，不能不思吾言。不自克责，反云张甲谤我，李乙怨我，我无是过，尔亦已矣。

【注　释】

① ［薄祐］缺乏神灵保佑，少福。

② ［仲祉］作者兄之子。［耆（qí）老］老人。

③ ［叔时］作者兄之子。

④［蘧伯玉］蘧瑗，字伯玉，春秋卫国人，孔子在卫，常住其家，年五十而知四十九年非，卫大夫史鳅知其贤，屡荐于灵公，皆不用。

【译　文】

你们缺少神灵保佑，早年便失去贤明的父亲，财物缺乏，家庭贫困。现在情况稍有好转，就听说仲祉轻视傲慢年长者，侮辱亵渎同年人，信口开河。人应该崇尚长幼有别之礼，用礼义约束自己。听说敦煌有人来异口同声称赞叔时宽厚仁慈，这让我又喜又悲：喜的是叔时得到了美好的声誉，悲的是你受到了不好的议论。经书上说孔子在乡邻之中"恂恂如也"，"恂恂"就是恭敬谦和的样子。经书上说的很难详知，你姑且以你贤明的父亲为模范，你父亲何曾轻慢过乡邻们？年轻时，犯了很多错误，改掉了就是可贵的，蘧伯玉五十岁时才知道以前四十九年以来的错误，他只是能够改正罢了，你不能不思考我所说的话。不能自我责备，反而说张某诽谤我，李某怨恨我，我本来并没有过失，这样，你也就不可救药了。

（储兆文）

司马徽

诫 子 书

【作者简介】

司马徽（？—208），字德操，东汉末颖川阳翟（今河南禹县）人。善于知人，庞德公称他为"水镜"，长期居荆州，曾荐诸葛亮、庞统于刘备，后为曹操所得，不久病死。

【内容提要】

在困境中保持远志贤德，更能显示人格的崇高，而且逆境往往更能激发人的志气和勇气。因而，我们民族更注重逆境对人格生成的积极意义，"穷且益坚，不坠青云之志"，成为勉励后人的一句箴言。

【原　　文】

闻汝充役，室如悬磬①，何以自辨？论德则吾薄，说居则吾贫，勿以薄而志不壮，贫而行不高也！

【注　　释】

① ［悬磬］形容家里一无所有，极其贫穷。

【译　　文】

听说你为国从役，但家里极贫困，你应怎样看待这些呢？谈到德操，我们很浅薄，论到家庭，我们很贫穷，然而不要因为浅薄而使我们志气不雄壮，因为贫穷而操行不高尚啊！

（储兆文）

王 昶

诫子侄文（节录）

【作者简介】

　　王昶（？—259），字文舒，太原晋阳（今属山西）人。魏明帝时累官至司空，卒谥穆，尝著《治论》二十余篇，《兵书》十余篇。

【内容提要】

　　王昶给自己的儿子和侄儿命名，一律取谦让务实之意。这里选录的两则诫文可见作者以谦让务实为宗旨来教子之一斑。第一则要求子侄淡泊宁静，以儒道互补为处世之道；第二则告诫子侄如何对待别人的诋毁，不要冤冤相报，而应修身以止谤。

【原　　文】

　　人若不笃于至行，而背本逐末，以陷浮华焉，以成朋党焉；浮华则有虚伪之累，朋党则有彼此之患。此二者之戒，昭然著明，而循覆车滋众，逐末弥甚，皆由惑当时之誉，昧目前之利故也。

　　览往事之成败，察将来之吉凶，未有干名要利①，欲而不厌，而能保身持家，永全福禄者也，欲使汝曹立身行己，遵儒者之教，履道家之言，故以玄默冲虚②为名，欲使汝曹顾名思义，不敢违越也。

　　人或毁己，当退而求之于身。若己有可毁之行，则彼言当矣；若己无可毁之行，则彼言妄矣。当则无怨于彼，妄则无害于身，又何反报焉？且闻人毁己而忿者，恶丑声之加人也，人报者滋甚，不如默而自修己也。谚曰："救寒莫如重裘，止谤莫如自修。"斯言信矣。若与是非之士，凶险之人，近犹不可，况与对校乎？其害深矣。

【注　　释】

　　①［干名要利］追名逐利。

② ［玄默冲虚］谓恬淡清静无为之意。王昶给子侄的名字：子浑，字玄冲；子深，字道冲；侄默，字处静；侄沉，字处道。

【译　文】

　　人如果不诚信地奉行孝敬仁义，而去舍本逐末，便会陷入浮华，或结成小集团。浮华就会有虚伪的牵累，结成小集团就会有分派彼此争斗的忧患。这两点应引以为戒，是不言自明的了。那些不以前车倾覆为鉴，而是沿着危险越走越严重，越来越舍本逐末，都是由于被当时的虚名所迷惑、被眼前的微利所蒙骗的缘故。

　　历览往事的成败，细究未来的吉凶，从没有追名逐利、贪得无厌的人能够保全性命、合理持家、永保福禄的。我希望你们立身行事，遵从儒家的教诲，践行道家的言论，所以用玄默冲虚给你们命名，想使你们看到名字就能想到它的含义，不去违反这些道理。

　　有人诋毁自己，应该退而思考自身的是与非。如果自己有可以让人诋毁的地方，那么对方的言论是对的；如果自己没有可以让人诋毁的地方，那么对方的言论是错误的。对方对的就不要怨恨他；对方错了，对我自身没有危害，又为什么要去报复呢？况且听到了别人诋毁自己，自己便发怒，并且用恶言秽语去加害他，那么他又会更加诋毁自己，还不如沉默对待诋毁而去提高自身修养。谚语说："要防寒不如添加一件裘衣，要止住诽谤不如加强自身修养。"这句话的确可信。如果遇到搬弄是非的或凶险的人，连接近他们都不应该，何况与他们对质辩驳呢？那样的话，危害很深。

（储兆文）

辛毗

却 子 言

【作者简介】

辛毗，字佐治，三国魏颖川阳翟（今河南禹县）人，文帝时为侍中，明帝时进封颖乡侯。

【内容提要】

明帝时，中书监刘放、中书令孙资受宠，掌握朝政，从臣纷纷走其门路，辛毗却不与这二人来往，他的儿子辛敞劝他要降低自己的意气，合于时俗。辛毗听后，义正辞严地拒绝了儿子的劝告，他认为高官可不做，但不能不顾名节，有损自己的人格。

【原　文】

吾之立身，自有本末。就与刘、孙不平^①，不过令吾不作三公^②而已，何危害之有？焉有大丈夫欲为公而毁其高节者也。

【注　释】

① ［平］和。

② ［三公］三国时指太尉、司徒、司空，在此泛指高官。

（高益荣）

嵇 康

家 诫（节录）

【作者简介】

嵇康（224—263），字叔夜，谯郡铚（今安徽宿县）人，"竹林七贤"之一，官至中散大夫，世称嵇中散，与阮籍齐名。不满当时掌握政权的司马氏集团，为司马昭所害。有《嵇中散集》。

【内容提要】

嵇康是"竹林七贤"的主要人物，深谙世情的炎凉，不与时俗同污，其《家诫》屡屡将君子与俗人相对，但其中也有较强烈的全身远害思想。这里选录的四节，主要劝诫：人的行动应有准则，议而后动；不要用小恩小惠的意气而忽略了应救赈的穷乏之人；不要爱慕虚荣而贪求无厌，不要囿于小仁小义，而应着眼于大处的谦逊宽容；不要打探别人的隐私；不要轻易接受他人馈赠。

【原　文】

人无志，非人也，但君子用心，有所准行，自当量其善者，必拟议而后动。若志之所之，则口与心誓，守死无二，耻躬不逮，期于必济。若心疲体懈，或牵于外物，或累于内欲，不堪近患，不忍小情，则议于去就①。议于去就，则二心交争。二心交争，则向所以见役之情胜矣。或有中道而废，或有不成一匮②而败之，以之守则不固，以之攻则怯弱，与之誓则多违，与之谋则善泄，临乐则肆情，处逸则极意，故虽荣华熠耀，无结秀③之勋，终年之勤，无一旦之功，斯君子所以叹息也。

不须行小小束修④之意气，若见穷乏而有可以赈济者，便见义而作。若人从我，欲有所求，先自思省，若有所损废，多于今日，所济之义少，则当权其轻重而拒之，虽复守辱不已，犹当绝之。然大率人之告求，皆彼无我有，故来求我，此为与之⑤多也。

夫言语君子之机⑥，机动物应，则是非之行著矣，故不可不慎。若于意不善了⑦，而本意欲言，则当惧有不了之失，且权忍之，后视向⑧不言此事，无他不可，则向言或有不可，然则能不言，全得其可矣。

外⑨荣华则少欲，自非至急，终无求欲，上美也。不须作小小卑恭，当大谦裕⑩；不须作小小廉耻，当全大让。若临朝让官，临义让生，若孔文举⑪求代兄死，此忠臣烈士之节。凡人自有公私，慎勿强知人知。彼知我知之，则有忌于我。今知而不言，则便是不知矣。若见窃语私议，便舍起，勿使忌人也。或时逼迫强于我共说，若其言邪险，则当正色以道义正之。何者？君子不容伪薄之言故也。

匹帛之馈，车服之赠，当深绝之。何者？常人皆薄义而重利，今以自竭者，必有为而作，鬻货徼欢⑫，施而求报，其俗人之所甘愿，而君子之所大恶也。

【注　释】

① ［去就］文中指做与不做。

② ［匮］通"篑"，盛土的竹筐。

③ ［结秀］结果实。

④ ［束修］十条干肉，古代亲友之间互相赠送的一种礼物。

⑤ ［与之］给予，施与。

⑥ ［机］事物变化的迹象、征兆。

⑦ ［不善了］不很了解、明白。

⑧ ［向］过去。

⑨ ［外］动词，把……看作身外之物。

⑩ ［谦裕］谦恭宽宏。［裕］宽宏，宽容。

⑪ ［孔文举］即孔融（153—208），"建安七子"之一，后被曹操所杀。

⑫ ［鬻（yù）货徼欢］卖财物以行贿，以讨别人欢心。

【译　文】

人如果没有心志，那就不成为一个人了，但是君子用心志的时候，有一定的准则，自然会思量它的好的方面，一定要预先思考再去行动。

如果心里想去干什么，那便心口如一，至死不二，以达不到目的为耻，希望一定实现所想干的事。假如身心疲惫倦怠，或被外物所牵制，或被内欲所滞累，不能忍受近忧和小患，就要考虑是去做还是不做，一旦考虑这些，就有两种想法在心头产生矛盾。产生了这种内心矛盾，那么原来被压抑的情绪便占了上风。有的半途而废，有的功败垂成，用这样的心态来守卫便不牢固，进攻就显得怯弱，起誓大多会违誓，谋划大多会泄密，走到娱乐的场合便会放纵自己的私情，处于安逸的环境就会恣意妄为，所以即使花朵开得耀眼夺目，但终究没有结果实，一年勤苦劳作，却没有一点成果，这是君子之所以叹息的原因啊。

不要做那些微不足道的互送礼品以显示意气的事，如果见到那些贫穷困乏应该得到救济的人，你应该见义勇为。如果有人随从我，想有求于我，首先应该思考反省，如果给予他，其害处多于现在，救济的意义不大，就应该权衡轻重来拒绝他，即使受到侮辱，也应该摆脱他。但是，大凡人向别人求助，多是他无而我有，所以才来求我，一般还是给予的占多数。

言语是君子心机的外在表征，心机变化则其他也随之变化，这样是非的情形就看得清楚了，所以不能不慎重。如果对某事不太明白，而自己本意想说出来，就应该想到随便说出来，会因为不清楚状况而带来过失，暂且忍受着，回过头来再看看此前不说这事，也没有什么不可以的，即使是当时非说不可的，但能够不说，是因为明白，也是可以的。

把荣华看成是身外之物，就会减少内在欲求，如不是特别要紧的事，千万不要追求欲望，这是最为美好的事。不要为小事而谦让卑恭，应该表现大的谦逊宽容；不要仅在小事上有廉耻感，应当成全大的礼让。像临朝让官位，为了义气而让出生的希望，像孔融那样代替兄长去赴死，这是忠臣烈士的节操啊！每个人都有公事和私事，千万不要打探别人知道的东西。因为他如果知道我知道了他所知的东西，就会对我有忌讳。现在我知道了却不说出来，这也就等于不知道了。如果看到别人窃窃私语，交头接耳，就应当起身离去，不要使别人有所猜忌。有时遇上逼迫着我一起谈论的情况，如果他谈话的内容奸邪险恶，那么就应当严肃地用道义来纠正他。为什么呢？君子容不得虚伪浅薄的言辞的缘故啊。

匹帛车服之类的馈赠品，应当坚决拒收。为什么呢？通常人都轻义而重利，现在他主动赠人礼物来耗费自己的财物，必然是有所图，靠货物来求得别人的欢心，施与一定是为了要你的回报，这是世俗人甘愿做的，却是君子所憎恶的。

（储兆文）

王褒

幼 训

【作者简介】

王褒（？—577），字子渊，北周琅琊临沂（今山东临沂）人。梁元帝时，召拜吏部尚书左仆射。北周失守江陵后，入西魏被留，后官至宜州刺史。博览侃传，工文章，与庾信齐名。有《王司空集》。

【内容提要】

本训以古人重寸阴而轻尺璧为依据，诲导其子应珍惜光阴，深居简出，持之以恒地坚持读书、修行。

【原　文】

陶士行①曰："昔大禹不吝尺璧，而重寸阴。"文士何不诵书，武士何不马射②？若乃玄冬修夜③，朱明永日④，肃其居处，崇其墙仞，门无糅杂，坐缺号呶⑤。以之求学则仲尼之门人也，以之为文则贾生之升堂地⑥。古者盘盂⑦有铭，几杖⑧有诫，进退修焉，俯仰观焉。文王之诗曰："靡不有初，鲜克有终⑨。"立身行道，终始若一，"造次必于是"⑩，君子之言欤。吾始乎幼学，及于知命⑪，既崇周孔之教，兼循老释之谈，江左⑫以来，斯业不坠，汝能修之，吾之志也。

【注　释】

①［陶士行］陶侃，字士行，晋浔阳人。少孤贫，积功累迁至荆州刺史，封长沙郡公，都督八州军事，在军中四十年，果毅善断。常说："大禹圣者，乃惜十阴，至于众人，常惜分阴。"

②［马射］骑马射箭。

③［玄冬］冬季。［修夜］长夜。

④［朱明］夏季。［永日］长昼。

⑤［号呶（nǔ）］喧闹声。

⑥［贾生］贾谊，西汉著名文学家，以政论文和赋著称。［升堂］即升堂入室，指学问造诣精深，已达到一定深度。

⑦［盘盂］盛物之器，圆者为盘，方者为盂，古人刻文于其上，或以记功，或以警醒。此处用警策自己之意。

⑧［几杖］案几与手杖。

⑨［"靡不"二句］诗出《诗经·大雅·荡》，意为：开始很好，却很难坚持到底，即不能善始善终。

⑩［造次必于是］引自《论语·里仁》："君子无终食之间违仁，造次必于是，颠沛必于是。"［造次］仓促，顷刻。

⑪［知命］即知命之年，指五十岁。

⑫［江左］古人以长江中下游以东地区为江左，此处指任官于江东以来。

【译　文】

　　陶侃曾说："昔日大禹不吝惜尺璧而珍惜寸阴。"文士为何不努力读书，武夫为何不发奋骑马射箭呢？冬季的长夜，夏季的长昼，使其住处肃静，使其院墙加高，使门庭无噪杂，座位无喧闹，用这种方式来求学，就可以算得上孔子的门徒了；用这种方式写文章，就可追得上贾谊的水平了。古时人们在盘盂上刻有铭文，在案几手杖上刻有诫言，无论是进是退，都不辍修行，是俯是仰都可观览，以此来警策自己。文王作诗说："不是没有好的开端，而是很少能坚持到底。"立身修行，始终如一，按照仁德办事而没有片刻懈怠，是君子告诫的话啊。我幼年就开始为学，到如今已经五十岁了，既崇尚周公孔子的学说，也兼依循老庄佛家的言谈。自任官江东以来，这种努力一直没有停止。你如能像我一样修行学业，那就是我的最大愿望了。

（储兆文）

颜氏家训（节录）

风　操　篇

言语纯朴

【内容提要】

语言是一个人精神修养的标志。不要出语粗鄙，使人难堪。即使对他人有意见，但没有根本的利害冲突，也应措辞婉转、出语纯朴。就是开玩笑也有高下轻重之分，那些粗劣玩笑，除了表明恶作剧者可怜的修养之外，在客观上还污染了语言。对此应当加以避免。

【原　　文】

昔刘文饶不忍骂奴为畜产①，今世愚人遂以相戏②，或有指名为豚犊者③："有识④傍观，犹欲掩耳，况当⑤之者乎？"近在议曹⑥，共平章百官秩禄⑦，有一显贵，当世名臣，意嫌所议过厚⑧。齐朝有一两士族义学之人，谓此贵曰："今日天下大同⑨，须为百代典式⑩，岂得尚作关中的旧意乎⑪？明公定是陶朱公大儿耳⑫！"彼此欢笑，不以为嫌。

【注　　释】

①［刘文饶］东汉刘宽，字文饶。据《后汉书·刘宽传》载：刘宽有一次与客人宴坐，派一奴仆去买酒，仆人过了很久才大醉而还。客人忍不住骂道："畜产！"刘宽马上派人去照看那个奴仆，担心会自杀，说："他是人，但却骂他是畜产，所以我担心他会想不开。"［畜产］通"畜牸"，即牲畜。

②［愚人］愚笨无知的人。［戏］开玩笑。

③［指名为豚犊者］以猪牛来指那些姓为朱、刘的人。［名］叫，称呼。

④［有识］指刘宽那样的有识之士。

⑤［当］承受。

⑥［议曹］官署名。

⑦［平章］商讨。［秩禄］俸禄。

⑧［过厚］俸禄太多。

⑨［大同］统一。隋灭北齐、南陈，而统一天下，所以说天下大同。

⑩［典式］典范，楷模。

⑪［关中］即长安所在的关中地区。北齐定都于此，隋朝统一天下后，也定都长安，相对北齐而言，是新朝。［关中旧意］即指北齐时官秩。

⑫［明公］对别人的尊称。［陶朱公］春秋时越国范蠡，因避陶地，自称陶朱公。《史记·越王勾践世家》：范蠡的二儿子因杀人被关押在楚国，范蠡派大儿子和小儿子带着黄金千镒（二十两为一镒）去楚国托人相救。到楚国后，那人收人黄金，在楚王面前说情，即将赦免犯人，但范蠡的大儿子则以为那人没有出力，要收回那一千镒金子，其人大怒，又劝说楚王杀死了范蠡的二儿子。范氏大儿因金钱而使弟弟送命，被称为吝啬之人。此文中的"陶朱公大儿"，所言即此。

【译　文】

从前，汉代刘宽不忍心骂奴仆为畜牲，现在有些愚笨之辈却以刘宽的行为开玩笑，有时指着姓朱、刘的人说："有识之人在一旁听人骂畜牲都于心不忍，你们这些姓猪、牛的人怎能活下来呢？"近来在官署时，官员们一起商讨百官的俸禄。有一显贵，是当时名臣，觉得所商定的俸禄太多了，这时，由北齐入隋的几个文士对他说："今日天下统一，应该为往下百代树立榜样，哪能还用以前的态度和观点来考虑问题呢？明公觉得俸禄太重，那你一定是范蠡那个吝啬的大儿子。"他们说完彼此大笑。人们也不觉得出语太粗俗，对人不友好。

称　谓　得　体

【内容提要】

在人际交往中，对人的称谓首当其冲，而称谓是否得体，则又最能体现一个人的基本修养。对家人、亲戚、朋友以及自己怎样称呼，在这里都能找到答案。

【原　文】

　　昔侯霸①之子孙，称其祖父曰家公；陈思王②称其父为家父，母为家母；潘尼③称其祖曰家祖。古人之所行，今人之所笑也。今南北风俗，言其祖父及二亲，无云家者；田里猥人④，方有此言耳。凡与人言，言己世父⑤，以次第⑥称之，不云家者，以尊于父，不敢家⑦也。凡言姑姊妹女子子：已嫁，则以夫氏称之，在室，则以次第称之。言礼成他族⑧，不得云家也。子孙有得称家者，轻略⑨之也。蔡邕⑩书集，呼其姑姊为家姑家姊；班固⑪书集，亦云家孙，今并不行也。凡与人言，称彼祖父母、世父母、父母及长姑，皆加尊字，自叔父母已下，则加贤字，尊卑之差也。王羲之⑫书，称彼之母与自称己母同，不云尊字，今所非也。

　　昔者王侯自称孤、寡、不穀⑬，自兹以降，虽孔子圣师，与门人言皆称名也。后虽有臣仆之称，行⑭者盖亦寡焉。江南轻重⑮，各有谓号，具诸《书仪》⑯。北人多称名者，乃古之遗风，吾善其称名焉。

【注　释】

①　[侯霸] 字君房，东汉人，官至大司徒。
②　[陈思王] 三国魏曹植，曹操之子。
③　[潘尼] 字正叔，晋朝文学家潘岳之子。
④　[田里] 乡村。[猥人] 猥俗鄙野之人。
⑤　[世父] 伯父。
⑥　[次弟] 排行。
⑦　[不敢家] 称伯父时不用家字。
⑧　[他族] 别的家族。
⑨　[轻略] 轻视不尊重。
⑩　[蔡邕] 字伯喈，东汉文学家。
⑪　[班固] 字孟彪，东汉著名史学家，著有《汉书》。
⑫　[王羲之] 字逸少，善书法。
⑬　[孤、寡、不穀] 都是帝王的谦称。

⑭［行］流传。

⑮［轻重］不庄重。

⑯［《书仪》］书名，据《隋·经籍志》载：南朝有谢元、蔡超、王宏等撰《书仪》。

【译　文】

从前，东汉侯霸的子孙，称他的祖父为家公；陈思王曹植称其父为家父，母为家母；潘尼称他的祖先为家祖。这种称谓是古人所用，今人却要笑他们称呼不当。现在，南北风俗中，称其祖上及父母双亲，没有说"家"的。村间鄙陋之人，才有这种称法。（按：颜之推的这种说法不完全正确。）凡是与别人说话，言及自己伯父时，要以他的排行称他，不用"家"字，因为称"家"会使伯父尊于父亲，所以称伯父不用"家"字。凡称姑表姊妹的孩子：已出嫁的，就用夫姓称之；未出嫁的，就用排行称之。从礼义上来说，她们已是外族人，不得称"家"。对子孙辈也不要"家"称之，因为他们是晚辈，不宜过于尊敬。东汉蔡邕书中，称他的姑、姊为家姑、家姊；班固在书中，也称家孙，这些现在都不可取。凡是与别人交谈，称他人的祖父母、伯父母、父母，及比父亲大的姑姊，都要加"尊"字。自叔父母以下，则应加"贤"字，以显示出尊卑之别。王羲之在信中，称他人的母亲与称自己的母亲相同，不说"尊"字，现在看来也是不对的。

从前，国君和诸侯都谦称为"孤"、"寡人"、"不穀"，自王侯以下，即使是孔子这样的圣师，与门人说话都自称其名。后虽然有"臣"、"仆"之类的称法，但流传的不是太广。江南人不重名字，每个人都有别号，这些在《书仪》之类书中处处可见。北方人多自称姓名，这是古人之遗风。我赞赏自称其名的做法。

尊 重 人 情

【内容提要】

送丧是人类情感最悲戚的时刻，对亡者的哀悼和思念将悲哀的人们引向另一种生命境界——与亡灵同在。但在当时却有一种在门前撒灰、祛灾驱鬼的习俗，简直不近人情。

【原　　文】

偏傍之书①，死有追杀②。子孙逃窜，莫肯在家；画瓦书符③，作诸厌胜④；丧出之日，门前燃火，户外列灰，祓送家鬼⑤，章断注连⑥；凡如此比，不近有情，乃儒雅之罪人，弹议⑦所当加也。己孤，而履岁月及长至之节⑧，无父，拜母、祖父母、世叔父母、姑、兄、姊，则皆泣；无母，拜父、外祖父母、舅、姨、兄、姊，亦如之：此人情也，江左朝臣，子孙初释服⑨，朝见二宫⑩，皆当泣涕；二宫为之改容。颇有肤色充泽⑪，无哀感者，梁武薄其为人⑫，多被抑退⑬。裴政出服⑭，问讯武帝，贬⑮瘦枯槁，涕泗滂沱⑯，武帝目送之曰："裴之礼⑰不死也。"

【注　　释】

①［偏傍之书］旁门左道之书。

②［杀］又作"煞"。［追杀］当时民间流传，人死后于某日要回家，称回煞、归煞，即追煞。至那一天，全家人必须外出躲避，称避煞。

③［画瓦］把图像画在屋瓦上，用来镇邪。［书符］写桃符。用以防鬼。

④［作诸］做这些。［厌（yā）胜］靠那些图像和桃符战胜鬼怪。［厌］通"压"。

⑤［祓送］古时有人家送丧时，于门前烧火，屋外撒灰，防止鬼附在家里。这种除灾驱鬼的方法，称为祓送。［家鬼］指家中死去的人的魂魄。

⑥［章断注连］道教认为人死后真魂仍注连在个别人身上，使他连连生病遭灾，生者为了摆脱灾疾，应该给天神写一封奏章，要求神断绝他与亡者的关联。［注连］即两相连结。

⑦［弹议］弹劾和驳议。

⑧［履岁］履端岁首，即新年的第一天。［长至］冬至。

⑨［释服］服丧期满，除去丧服。

⑩［二宫］皇帝和太子。

⑪［颇有］常有。［肤色充泽］脸上充满光泽，即没有一点哀悯之意。

⑫［薄其为人］觉得他品性浅薄，不忠厚。

⑬［抑退］抑止斥退。

⑭［裴政］字德表，入隋后为襄阳总管，有政绩。［出服］除去丧服。

⑮〔贬〕损，憔悴。

⑯〔涕泗〕眼泪。〔滂沱〕泪水纵横的样子。

⑰〔裴之礼〕字子义，裴政之父，梁时官至少府卿。

【译　文】

那些出自旁门左道的邪书上说，人死后至某一日要回煞。亡者的子孙们偏信邪说，到那天都逃避在外，不敢留在家中。还在屋瓦上画图像，在房中写桃符，以此来制压鬼怪。送丧那天，在门前烧火，屋外撒灰，像驱逐邪魔一样送走家中逝者。并烧香奏章，祈求天神断绝亡者与生者的关联。凡此种种，都有些不近人情，是儒雅温厚之教的罪人，应该受到弹劾和斥责。自己是孤儿又遇到新年和冬至节，如果父亲已死，拜见母亲、祖父母、伯父伯母、姑、兄、姊时，都要悲哭；如果没有母亲，拜见父亲、外祖父母、舅、姨、兄、姊时，也一样要伤心落泪，这才是人之常情。江南明臣中，如果子孙刚除丧服，朝见皇帝和太子时都要流泪，皇帝和太子也被他感动，表情忧伤。时常有些人在这种场合下还面色得意，没有哀戚之情，梁武帝便认为他们道德浅薄，将他们抑止斥退。裴政除丧进朝，朝见梁武帝，身体憔悴枯槁，泪如泉涌。梁武帝目送他出宫，说："裴之礼没有死阿！"

忌 日 不 乐

【内容提要】

心情笃实之人，每逢父母忌日，应自伤自悼，表达对先人的思念。有些人表面上哀痛，而背地里却饮酒作乐，这种虚伪的行为应受到谴责。

【原　文】

《礼》云："忌日不乐①。"正以感慕罔极②，恻怆无聊③，故不接外宾，不理众务耳。必能悲惨自居④，何限于深藏⑤也？世人或端坐奥室⑥，不妨言笑，盛营甘美⑦，厚供斋食⑧；迫有急卒⑨，密戚至交⑩，尽无相见之理：盖不知礼意乎！

魏世王修母以社日亡⑪，来岁社日，修感念哀甚⑫，邻里闻之，为之罢社。今二亲丧亡，偶值伏腊分至之节⑬，及月小晦后⑭，忌之外，所经此日，犹应感慕，异于余辰⑮，不预饮燕，闻声乐及行游也。

【注　释】

① [忌日不乐] 语出《礼记·祭仪》："君子有终身之丧，忌日之谓也。"

② [罔极] 没有边际，无限的。

③ [恻怆无聊] 因悲伤而心绪不乐。

④ [自居] 心中有悲心伤痛之意。

⑤ [深藏] 深居室中不出来。

⑥ [奥室] 深隐之屋。

⑦ [甘美] 美味的食品。

⑧ [斋食] 素食。

⑨ [迫有] 遇有。[急卒] 紧急而突然。

⑩ [密戚] 关系密切的亲戚。[至交] 最好的朋友。

⑪ [王修] 字叔治，三国魏人。七岁丧母。[社日] 古代祭祀社神的节日。其时四邻聚合在一起，备下祭品，先祭神，然后吃供神的祭肉。

⑫ [感念哀甚] 思念母亲，十分哀伤。

⑬ [伏] 指伏日，也称伏天，三伏的总称，古时风俗中指三伏中祭祀神的那一天。[腊] 指腊日，古时岁末祭祀百神的节日，一般指农历十二月初八。[分] 指春分，秋分。[至] 指夏至和冬至。古时这些节气都有祭祀活动。

⑭ [月小晦后] 小月的最后一天。小月只有二十九天，如果父母是在大月去世，经历小月时，应以最后一天为忌日。

⑮ [余辰] 其余的节气。

【译　文】

《礼记·祭义》中说："父母亲的忌日，情必哀伤。"这正是由于对父母无限感慕和思念使自己心情悲伤，情绪低落，所以一般不接待宾客，不处理平常的事务。但如果一个人真正能够内怀悲痛之情，又何必拘限于居室中不出来呢？世上有的人端正地坐在深隐屋室中，却谈笑如故，准备丰盛的佳肴，大吃大喝；有的遇有突然而紧急的事情，即使是亲戚和至交，都不相见：这两种人大概都不知孝义之礼的真正意义吧！

三国时期魏国王修，其母在社日那天去世，第二年社日，他内心感伤，思念母亲，非常哀痛，邻里们听到之后，也深受感动，为他罢社。现在，如果父母双亲都去世，除忌日之外逢到伏日、腊日、春秋分、夏冬至之类祭祀的节日，以及小月的最后一天，还应感念双亲，有别于其余的节气，不参加宴会，不听声乐，不外出游乐。

交友重义

【内容提要】

交友之道，情义为上，志趣相投，始终不变，方可结为兄弟。如果像当时北方民族那样，萍水相逢，不择是非，轻易结拜，将会演出结父为兄、托子为弟的闹剧。作者善意地批评了北方民族粗豪气质所导致的过于简单草率的交友方式，强调了择友应有坚实的道义基础。这是很富有启迪的。

【原　　文】

四海之人，结为兄弟，亦何容易。必有志均义敌①，令始如终者，方可议②之。一尔③之后，命子拜伏，呼为丈人④，申⑤父友之敬，身事彼亲⑥，亦宜加礼。比⑦见北人，甚轻此节，行路相逢，便定昆季⑧，望年观貌⑨，不择是非，至有结父为兄⑩，托子为弟者。

【注　　释】

① [志均义敌] 志趣相投，气节相配。

② [议] 考虑。

③ [一尔] 一旦如此。

④ [丈人] 指前辈。

⑤ [申] 表达。

⑥ [身事] 亲自侍奉。[彼亲] 朋友的双亲。

⑦［比］近来。

⑧［昆季］兄弟。

⑨［望年观貌］凭感觉来判断别人的年龄，从相貌来看别人的品行。

⑩［"结父"二句］与父辈的人结为兄长，把儿子辈的人当作弟弟。颜之推所指出的这种现象在唐、五代的时候依然存在。如唐德宗以其子唐顺宗的儿子李源作为第六子，便是以孙为子。而唐代制度规定，与公主结婚的人，其辈行上升一级，与其父同辈。

【译　文】

天下之人都结为兄弟，是很不容易的。一定要志趣相投、意气相配，并忠诚于友情、始终如一的人，才能考虑与他结拜为兄弟。两人一旦结拜之后，便要令儿子跪拜，尊为前辈，表达对父亲友人的尊敬；亲自侍奉朋友的双亲时，也应更加注重礼节。我近来看见北方人，在交友之礼上很轻率，路人相逢，便定兄弟之礼，凭感觉揣度他人的年岁，凭相貌判断一个人的品性，不择是非，甚至有结父辈为兄，与儿子辈称弟的。

恭 敬 待 客

【内容提要】

对客人的态度，体现着一个人的涵养和品德。昔日周公洗发时只要有人求见，便握着湿发出来迎接，深受人们爱戴。但也有人傲然待客，招人讥讽。如以客人身份的高低来决定接客的态度和表情，更是缺乏教养，为人所不齿。"门无停宾"，这是古老的中国文明的表现方式之一。

【原　文】

昔者，周公一沐三握发①，一饭三吐餐②，以接白屋之士③，一日所见者七十余人。晋文公④以沐辞竖头须，致有图反⑤之诮。门不停宾，古所贵也。失教之家，阍寺⑥无礼，或以主君寝食嗔怒⑦，拒客未通⑧，江南深以为耻。黄门侍郎裴之礼⑨，号善为⑩士大夫，有如此辈，对宾杖之。其门生童仆，接于他人，折旋俯仰^⑪，辞色应对^⑫，莫不肃敬，与主无别也。

【注　　释】

① ［一沐三握发］即洗一次头发要中断多次，握着湿发出来会见客人。［三］虚指，以示次数之多。下句同此。

② ［一饭三吐餐］进餐时为会见客人，多次吐出口中的饭，忙出门迎接。

③ ［白屋之士］即贫微之人。［白屋］茅草盖的房子，多为贫苦之人所居。

④ ［晋文公］春秋时晋国王君，五霸之一。

⑤ ［图反］据《左传·僖公二十四年》载：晋文公的奴仆头须求见，晋文公因嫌他以前偷过宝物，不愿见他，便说自己在洗发，不能见客。头须知道真情，便对别的仆人说："洗发时心是反着的，心反着念头正好倒过来了，所以该我见不着他。"（"沐则心覆，心覆图反，宜吾不得见也。"）晋文公听到后感到很惭愧，马上出来接待他。

⑥ ［阍寺］守门人。

⑦ ［或以主君寝食嗔怒］因为主人睡觉或吃饭而嗔怪客人来打扰。

⑧ ［拒客未通］将客人拒之门外，不加通报。

⑨ ［黄门侍郎］古官名。［裴之礼］南朝梁人。

⑩ ［善为］性情和善，办事温和。

⑪ ［折旋］弯腰而退。［俯仰］恭敬点头。

⑫ ［辞色］脸上表情。［应对］回答客人的话。

【译　　文】

从前，周公求贤若渴，洗一次发要多次握着湿发出门，吃一顿饭要多次吐出口中之食，为的是及时接待前来拜访的平民百姓，他一天要这样接待七十余人。晋文公因私怨，而以洗发为理由，不愿见奴仆头须，结果招来心思颠倒的责怪。不让宾客留滞在门前，这是古人所重视的礼节。没有教养的人家，守门人傲慢无礼，有的因为主人睡觉或吃饭而怒斥客人，将客人拒之门外，不予通报，江南人认为这是最可恶的。梁代黄门侍郎裴之礼，时号性情和善的大夫，但如果有这类奴仆，便当着客人面痛打他，以示赔罪。他的门生童仆，接待他人时，点头奉迎，弯腰而退，说话和表情都非常恭敬而庄重，与对待主人没有区别。

（傅绍良）

房彦谦

教 子 言

【作者简介】

房彦谦（544—613），字孝冲，清河（今属河北）人。仕北齐为齐州主簿，开皇中为长葛令，甚有惠化，察天下能吏第一，授都州司马，凡所荐举，皆人伦表式，颇为执政者所嫉。通涉五经，工草隶。

【内容提要】

房彦谦本来家资殷实，但他将家资和官俸大多周恤亲友，直到家无余财。他自少及长，一言一行，未尝涉私，虽处清贫，却怡然自得。曾经对儿子房玄龄说自己留给子孙的只有清白的节操。其实这才是无价之宝。

【原　文】

人皆因禄富，我独以官贫。所遗子孙，在于清白耳。

（储兆文）

郑善果母

母　训

【作者简介】

郑善果母，崔氏。郑善果，荥泽（今河南郑州）人，仕隋为鲁郡太守，入唐为检校大理卿。

【内容提要】

郑善果之父郑诚讨贼战死，郑善果治郡有时行事缺乏公允，而且常常迁怒于人，其母崔氏哭泣绝食，善果跪于床前，不敢起来，于是崔氏对儿子说了下面这段话，以家风父范鞭策善果，要他制怒修身，勤于公事，清廉去私。所言声色俱厉而爱心灼然。

【原　文】

吾非怒汝，乃愧汝家耳。吾为汝家妇，获奉洒扫①，知汝先君②忠勤之士也，守官清恪③，未尝问私，以身殉国，继之以死，吾亦望汝副其此心④。汝既年小而孤，吾寡妇耳，有慈无威，使汝不知礼训，何可负荷⑤忠臣之业乎？汝自童子袭茅土⑥，汝今位至方岳⑦，岂汝身致之邪？不思此事而妄加嗔怒，心缘骄乐，惰于公政，内则坠尔家风，或失亡官爵，外则亏天下法以取罪戾，吾死日何面目见汝先君于地下乎？

【注　释】

① ［获奉洒扫］谦指妇女主持家务事。
② ［先君］已故父亲。
③ ［清恪］清廉，恭敬。
④ ［副其此心］与这种品行一致。
⑤ ［负荷］承担，肩负。
⑥ ［茅土］封土。古时天子用茅草包土授给王侯，后用"茅土"代指受封加官。

⑦ [方岳] 四方之岳，天子巡守至某方岳，某方诸侯即会于此，此后"方岳"指地方长官，此处指郑善果为鲁郡太守。

【译　文】

我不是生你的气，而是愧对你家。我作为你家妇人，主持家中事务，我知道你死去的父亲是一个忠贞勤勉的人，做官清廉恭敬，未曾谋过私利，以身殉国，直到战死，我也希望你能与这种品格相符合。你很小的时候就失去父亲，我是一个寡妇，有慈爱而无威严，使你没有接受礼义的诲训，怎能承担起忠臣世家的基业？你从小袭爵为官，今天官至太守，难道是你自身努力而得来的吗？不思考这些事而无端发怒动火，心里想着骄奢淫乐，对公事懈怠荒误，这样对内丧失了你的家风，甚至会丢掉官爵，对外损害了天下法律，以致招来罪状。我死后于九泉之下有何颜面见你父亲？

（储兆文）

白居易

狂言示诸侄

【作者简介】

　　白居易（772—846），字乐天，晚号香山居士，祖籍太原，后迁居下邽（guī）（今陕西渭南）。年少时家境贫寒，对下层社会了解较多。贞元进士，授秘书省校书郎，元和年间任左拾遗及赞善大夫，元和十年贬为江州司马，后任杭州、苏州刺史，官至刑部尚书。文学上主张"文章合为时而著，歌诗合为事而作"，是新乐府运动的倡导者。诗大量反映黑暗现实和人民疾苦，长篇叙事诗《长恨歌》《琵琶行》都很有名。有《白氏长庆集》。

【内容提要】

　　白居易的思想以元和十年贬为江州司马为界，分为明显的前后两期，前期"志在兼济"，后期则是"独善其身"。这首诗作于晚年，其"独善"的主旨也渗透到教子生活中，他阐明了自己"知足常乐"的处世哲学，采用言传身教的方式，希望晚辈们能从自己身上受到启迪。

【原　　文】

　　　　世欺不识字，我忝①攻文笔。世欺不得官，我忝居班秩。
　　　　人老多病苦，我今幸无疾。人老多忧累，我今婚嫁毕②。
　　　　心安不转移，身泰无牵率。所以十年来，形神闲且逸。
　　　　况当垂老年，所要无多物。一裘暖过冬，一饭饱终日。
　　　　勿言宅舍小，不过寝一室。何用鞍马多，不能骑两匹。
　　　　如我优幸身，人中十有七。如我知足心，人中百无一。
　　　　傍观愚亦见，当己贤多失。不敢论他人，狂言示诸侄。

【注　释】

①［忝（tiǎn）］羞愧于，白谦词。

②［"人老"二句］暗用"向平愿了"的典故。向平，光武帝时人，建武中，子女婚嫁已毕，遂不问家事，出游名山大川，不知所终。白居易在《赠皇甫郎中亲家翁》中有："最喜两家婚嫁毕，一时抽得向平身。"

（储兆文）

朱仁轨

诲子弟言（节录）

【作者简介】

朱仁轨，字德容，唐代人。终生未仕，隐居养亲，死后被私谥为孝友先生。

【内容提要】

朱仁轨以"让"教育子弟，言简意赅，可视为座右铭。让，可避免和减少人与人之间的矛盾；让，可谓是中华民族的一种传统美德。

【原　文】

终身让路，不枉百步；终身让畔①，不失一段。

【注　释】

① ［让畔］推让共有的田界。

（高益荣）

柳玭

柳 氏 家 训

【作者简介】

柳玭，唐末人，以明经科补秘书正字。又历任左补阙、刑部员外郎、御史中丞。文德元年（888），以吏部侍郎拜御史大夫，后被贬为泸州刺史。祖公绰，父仲郢，皆以理家严谨闻名，有"言家法者，世称柳氏"之誉。

【内容提要】

这是唐代家训中最好的一篇，对后世的影响颇大。作者首先告诫子孙不要倚仗门第高而骄傲自大，不求上进；其次复述了他自幼所受的训诫；接着痛心地叙述了他所目睹的子孙不肖的状况；然后又指出了败家的五大过失；最后还归纳了"中人以下"和"上智"两种人对待人生的态度，告诫子孙要明于取舍。文章情辞诚挚恳切，又妙语连珠，包含诸多格言警句。其中败家五过尤令人心惊神悚，它是对普遍的人性痼疾的诊断，是对潜伏于每一个人心理底层的阴暗意识的曝光，具有极强的概括性和典型意义。犯此五过，小者丧身辱家，大者损民亡国；除此五过，整个民族素质终将大为提高。

【原　文】

夫门第①高者，可畏不可恃。可畏者，立身行己，一事有坠②先训，则罪大于他人。虽生可以苟取名位，死何以见祖先于地下。不可恃者，门高则自骄，族盛则人之所嫉。实艺懿行，人未必信；纤瑕微累，千手争指矣。所以承世胄③者，修己不得不恳，为学不得不坚。夫人生世，以己无能而望他人用，以己无善而望他人爱。无状④则曰："我不遇时，时不急贤。"亦系农夫卤莽种之，而怨天泽⑤之不润，是欲弗馁，其可得乎？

予幼闻先训，讲论家法。立身以孝悌⑥为基，以恭默为本，以畏怯⑦为务，以勤俭为法，以交结为末事，以弃义为凶人；肥家以忍顺；保友以简⑧敬。百行备，疑身之未周；三缄⑨密，虑言之或失。广记如不及，求名如儵来⑩。去吝与骄，庶几减过。莅官则洁己省事，而后可以言守法，守法而后言养人。直不近祸，廉不沽名。廪禄⑪虽微，不可易黎甿⑫之膏血；榎楚⑬虽用，不可恣偏狭之胸襟。忧与福不偕，洁与富不并。比见家门⑭子孙，其先正直当官，耿介特立，不畏强御。及其衰也，惟好犯上，更无他能。如其先逊顺处己，和柔保身，以远悔尤。及其衰也，但有暗劣，莫知所宗⑮。此际几微，非贤不达。夫坏名菑⑯己，辱先丧家，其失尤大者五，宜深志之。其一，自求安逸，靡甘淡泊。苟利于己，不恤⑰人言。其二，不知儒术，不悦古道。懵⑱前经而不耻，论当世而解颐⑲。身既寡知，恶人有学。其三，胜己者厌之，佞⑳己者悦之。惟乐戏谭，莫思古道。闻人之善嫉之，闻人之恶扬之。浸渍颇僻，销刓㉑德义，簪裾㉒徒在，厮养何殊。其四，崇好漫游，耽嗜曲蘖㉓。以衔杯为高致，以勤事为俗流。习之易荒，觉已难悔。其五，急于名宦，昵近权要。一资半级，虽或得之，众怒君猜，鲜有存者。兹五不肖㉔，甚于瘿疣㉕。瘿疣则砭石㉖可疗，五失则巫医莫及。前贤炯诫㉗，方册具存。近代覆车㉘，闻见相接！中夫人以下，修辞力学者，则躁进㉙患失，思展其用；审命知退者，则业荒文芜，一不足采。惟上智则研其虑，博其闻，坚其习，精其业。用之则行，舍之则藏。苟异于斯，岂为君子。

【注　释】

　　①［门第］封建社会地主阶级内部家庭的等级。显贵之家称为"高门"，卑庶之家称为"寒门"。唐代以后旧的门第区别不再存在，改以当代官爵高下为区分门第的标准。

　　②［坠（zhuì）］失去，背离。

　　③［世胄（zhòu）］贵族后裔。

　　④［无状］无善状，无成绩。

　　⑤［天泽］即天时，指节气、气候、阴阳寒暑的变化。

　　⑥［孝悌（tì）］尽心地侍奉父母为孝，尽心地侍奉兄长为悌。

　　⑦［畏］敬服。［怯（qiè）］胆小，此谓谨慎。

⑧［简］检点。

⑨［三缄（jiān）］比喻说话谨慎。［缄］封。

⑩［傥（tǎng）来］偶然而来，不意而得。

⑪［廪（lǐn）禄］官府发给的粮米俸禄。

⑫［黎甿（méng）］民众。

⑬［榎（jiǎ）楚］古代木制的刑具，用于笞打。

⑭［家门］家族。

⑮［宗］效法。

⑯［菑］通"灾"。

⑰［恤（xù）］忧虑。

⑱［懵（méng）］无知的样子。

⑲［解颐（yí）］指大笑，欢笑。［颐］面颊。

⑳［佞（nìng）］用花言巧语谄媚人。

㉑［刓（wán）］磨损。

㉒［簪（zān）］古人用来插定发髻或连冠于发的一种长针。［裾（jū）］衣服的前襟。［簪裾］此指衣冠。

㉓［耽（dān）嗜］过分的贪溺。［曲蘗］酒母。

㉔［韪（wěi）］是，对。

㉕［痤疽（cuó jū）］即痈疽。

㉖［砭（biān）石］古代医疗工具名。经磨制而成的尖石或石片。

㉗［炯（jiǒng）诫］彰明昭著的警诫。

㉘［覆车］比喻失败的教训。

㉙［躁进］轻率求进。

【译　文】

大凡那些出身高贵的人，只可以谨慎行事而不可以对出身过分依靠。必须小心谨慎是因为，自身的一举一动，如有一件做得背离祖先的遗训，就会比别人罪过更大。虽然活着可以暂时取得名誉和地位，但是死后有什么脸面去见地下的祖先呢？不可依靠是因为，门第高便会骄傲自满，家族盛便会招人嫉妒。即使有真实的才能、美好的德行，人们也未必会相信；而只要有一点细小的毛病和一点微小的过错，众多的手都会争着在背后指责。所以继承家业的贵族后裔，提高自身修养的念头不得不愈切，读书治学不得不有坚定的毅力。人生一世，自己没有能力而指望被别人任用，自己不善良而希望别人爱戴。没有成绩便说："我没有遇到好的时机，这个时代不急需贤人。"也就像农夫草率盲目地耕种田地，却埋怨天时的不滋润，虽然不想饿肚子，又怎么可能呢？我从小就被告诫了祖先的遗训和家族的法规。做人以孝悌为基础，以谦恭少语为根本，以谨慎细心为必需，以勤劳节俭为法则，将交游结党看作微不足道的事。将背信弃义视为凶残；用容忍与和顺来使家庭富裕；用检点和尊敬来保持友情。具备了多种美德，还要想想自己是否有不周到的地方；三缄其口，还要考虑说话是否有失言的时候。广记博闻，又好像差得很远，还达不到；求取名声，又似乎不期而至，偶然而得。抛弃悭吝与骄纵，也许可以减轻过错。任官则要洁身自好来处理公事，这样才可以谈得上遵守法纪；遵守法纪之后才谈得上使人民休养生息。正直而不招致灾祸，廉洁而不沽名钓誉。官府发给的俸禄虽然很少，但不可以夺取民脂民膏；即使有权使用刑具，也不可放纵狭隘的心胸。忧患和福运不能同时到来，廉洁与富贵不会同时存在。我频频见到一些家族中的子孙，他们的先辈当官很正派，特别地耿直和卓异，不畏惧强暴。到了子孙辈就衰退了，只喜好犯上作乱，别无其他本事。他们的先辈为人处世谦逊恭顺，宽厚温顺，明哲保身，不犯过失。而到了子孙辈衰退了，只有昏庸糊涂的毛病，根本不知道应该学习仿效些什么。这里面的奥秘非常微妙，不是贤人则不能通晓。损害名声祸害自己，辱没祖先，败坏家族，这里有五点尤其重大的过失，你们应当好好地记着。其一，只求自身的安乐舒适，不甘心恬淡寡欲。只要对自己有利，就不考虑别人的指责。其二，不懂得儒家的学术思想，不欣赏古人的道德义理，对经书茫然无知却没有羞耻之心，谈论时政十分幼稚使人大笑不已。本身既懂得的很少，又嫉妒别人学识的高深。其三，厌恶胜过自己的人，喜欢花言巧语讨好自己的人，只喜欢嘲弄调笑他人，不知道思索古人的道义。听说了别人的好事便心生嫉妒，听说了别人的坏事便大肆传扬。沉浸熏染于邪门歪道，磨损丧失了道德仁义。白白地穿着华贵的衣冠，却与地位低微的人没什么两样。其四，崇尚喜欢懒散漫游，过分贪杯嗜酒。以举杯饮酒为清高风雅，以勤恳做事为凡夫俗事。习以为常就容易荒废了事业，等发觉了已经后悔不迭。其五，急于做官，巴结权贵。一官半职，即使有的得到了，民众愤怒，君主猜忌，很少有能够保持下去的。这五种大错，比得了痤疽更厉害。痤疽用砭石可以医好，而这五种过失巫术医师也没有办法。前代贤人的明诫，典籍上都记载着。近代失败的教训，听见和看到的一个接着一个！中等以下的人才，有的努力学习修饰文辞的，他们轻率求进，忧虑禄位的得失，总想施展个人的才用；有的慎重地考虑了自己的命运而往后退的，荒芜了文章学业，一概都不值得效法。唯有上乘智慧的人，才思考谋划，见多识广，坚定学业，精诚事业，用他的时候便大济天下，不用他的时候便超然高隐。如果做不到这样，又怎能成为君子！

（王其祎）

范仲淹

告诸子及弟侄①

【作者简介】

范仲淹（989—1054），字希文。苏州吴县（今江苏苏州）人。进士出身。仁宗时，参知政事。他为人正直有气节。力主加强对西夏的防御，巩固边防。在政治上他主张改革。工诗词、散文，著有《范文正公集》。

【内容提要】

范仲淹告诫子弟在京师要温习文字，清心洁行，"慎于高议"，不可乱交友；要勤学奉公，不可让人写荐拔信；要为国效力，办事公正，与同事和睦多礼，有事商量，做官不求私利。

【原　文】

吾贫时，与汝母养吾亲，汝母躬执爨②而吾亲甘旨，未尝充也。今得厚禄，欲以养亲，亲不在矣。汝母已早世，吾所最恨者，忍令若曹享富贵之乐也。

吴中宗族③甚众，于吾固有亲疏，然以吾祖宗视之，则均是子孙，固无亲疏也。敬祖宗之意无亲疏，则饥寒者吾安得不恤也。自祖宗来积德百余年，而始发于吾，得至大官，若享富贵而不恤宗族，异日何以见祖宗于地下，今何颜以入家庙乎？

京师交游，慎于高议，不同当言责之地。且温习文字，清心洁行，以自树立平生之称。当见大节，不必窃论曲直，取小名招大悔矣。

京师少往还，凡见利处，便须思患。老夫屡经风波，惟能忍穷，固得免祸。

大参到任，必受知也。惟勤学奉公，勿忧前路。慎勿作书求人荐拔，但自充实为妙。

将就大对，诚吾道之风采，宜谦下兢畏，以副士望。

青春何苦多病，岂不以摄生④为意耶？门才起立，宗族未受赐，有文学称，亦未为国家用，岂年循常人之情，轻其身汩其志哉！

贤弟请宽心将息，虽清贫，但身安为重。家间苦淡，士之常也，省去冗口可矣。请多著工夫看道书，见寿而康者，问其所以，则有所得矣。

汝守官处小心不得欺事，与同官和睦多礼，有事只与同官议，莫与公人商量，莫纵乡亲来部下兴贩，自家且一向清心做官，莫营私利。汝看老叔自来如何，还曾营私否？自家好，家门各人好事，以光祖宗。

【注　释】

① 本文录自《诫子通录》。
② ［爨（cuàn）］烧火煮饭。
③ ［吴中宗族］范仲淹的同族子弟。
④ ［摄生］保养身体。

【译　文】

我贫穷时，和你们的母亲奉养我老母，你母亲亲自烧火煮饭而我母亲食可甘味，生活从未富裕。现在我得到丰厚的俸禄，想用以供养亲人，可亲人不在了。你们的母亲也去世早，这是我最遗憾的，怎忍心让你们享受富贵之乐。

吴中本族子弟很多，同我本来就有亲疏之分，然而以同祖宗之后来看待，又都是子孙，所以又无亲疏之别。如果尊敬祖宗的意思不分亲疏，那么有受饥寒的人我怎能不体恤他呢？从祖宗以来积德百余年，从我开始，得到大官，如果我独享富贵而不周济宗族，他日有何面目见祖宗于地下，今天又有何面目进入家庙呢？

在京师与人交际，不要妄发言论，且须温习文字，清心洁行，树立自己的平日形象。应当注重大节，不必私论曲直，取小名而招致大的后悔。

在京师少和人往来，凡是见利之处，要想到后患。我屡经风波，唯独能忍穷，所以得以免祸。

高明的官员一上任，你们一定会得到赏识，只须勤学奉公，不要担忧前途，注意不要写信求人荐拔，只要自己充实就好。

将就大好，确可显我道的风采，应谦虚谨慎，以对得起大家对你的期望。

年轻为何多病，难道不是不注意保养身体吗？门风刚树起，宗族还未受赐，以文学之才著称，也未为国家所用，怎么能循着常人之情，忽视你们的身体而使自己的抱负不能实现呢？

贤弟请放宽心胸，修养调息，家虽清贫，但身体安好为重。家居生活清苦淡泊，这是士人常有的，省去多余的人口即可。请多向道家养生书和健康长寿之人请教，就会有收获。

你们做官要小心，不可做欺骗之事，要与同事和睦多礼，有事只与同事商议，莫同众人商量，不要纵容乡亲来所管辖的地方兴贩取利，自己一向要做清心寡欲之官，不要营取私利。你们看我做得如何，曾营取过私利吗？自己家好，家门各人都做好事，以此来光宗耀祖。

（高益荣）

邵　雍

诫子孙文

【作者简介】

邵雍（1011—1077），字尧夫，宋朝共城（今河南辉县）人。好《易》学，以太极为宇宙本性，有象数之学，居洛阳三十年，自号安乐先生。程颢叹其有圣外王之学，谥康节。著有《皇极经世》《伊川击壤集》等。

【内容提要】

邵雍作为大哲学家，他的诫子孙文也有浓厚的哲理味，他这种"三品"论人，有着唯心主义色彩，但他论述的"人应从善弃恶"这一点颇为深刻独到。

【原　　文】

上品之人，不教而善；中品之人，教而后善；下品之人，教亦不善。不教而善，非圣而何；教而后善，非贤而何；教亦不善，非愚而何。是知善也者吉之谓也，不善也者凶之谓也。吉也者：目不观非礼之色，耳不听非礼之声，口不道非礼之言，足不践非礼之地，人非善不交，物非义不取，亲贤如就芝兰，避恶如畏蛇蝎，或曰不谓之吉人，则吾不信也。凶也者：语言诡谲，动止阴险，好利习非，贪淫乐祸，疾良善如仇隙，犯刑宪如饮食，小则殒身灭性，大则覆宗绝嗣，或曰不谓凶人，则吾不信也。《传》有之曰："吉人为善，惟曰不足；凶人为不善，亦惟曰不足。"汝等欲为吉人乎？欲为凶人乎？

【译　　文】

上品的人，不教育就品性优良；中品的人，教育后才变得品性优良；下品的人，教育了也不会品性优良。不教育便优良，不是圣人，又是什么呢？教育后变得优良了，不是贤人，又是什么呢？教育了还不优良，不是愚人，又是什么呢？因此知道了，善就是祥和的意思，不善就是凶暴的意思。所谓祥和就是：眼不看非礼之色，耳不听非礼之声，口不说非礼之言，脚不踏非礼之地，不是善良的人不与他交往，不义之物就不去拿。亲近贤能的人，就如同接近芝兰；躲避邪恶的人，就如同害怕毒蛇恶蝎。如果有人说这样的行动阴险，喜好利欲，惯于为非作歹，贪图淫乐，幸灾乐祸，嫉妒善良如同仇人，违犯刑法如同吃饭一样平常。这样从小的方面来说会丧身灭性，大的方面来说会倾覆宗族、断绝后代。如果有人说这样的人还不是凶暴的人，我是不会相信的。《尚书·传》上说："吉人做善事，唯恐时光不够。凶人做不善的事，也是唯恐时光不够。"你们是想做善良的人还是想做凶暴的人呢？

（储兆文）

袁 采

袁氏世范（节录）

礼不可因人分轻重

【内容提要】

媚上欺下、尊富欺贫在等级鲜明的封建社会是一种较为普通的现象，但这是一种短见的小人作风。君子达人会这样思考：别人的富贵不是我的荣耀，别人的贫寒也不是我的耻辱，我何必去为他们分高下，用势利的眼光对待他们呢？但事实上能做到这一点决非易事。

【原　文】

世有无知之人，不能一概礼待乡曲，而因人的富贵贫贱，设为高下等级，见有资财有官职者，则礼恭而心敬，资财愈多官职愈高，则恭敬又加焉。至视贫者贱者，则礼傲而心慢，曾不少顾恤。殊不知彼之富贵，非我之荣，彼之贫贱，非我之辱，何用高下分别如此。长厚有识君子，必不然也。

【译　文】

世上有一些无知的人，不能以同样的态度，礼待乡邻，却因人的富贵贫寒，去分高下等级。看到家资丰厚、有官职的人，就礼貌恭顺而且心里崇敬，资产越多官位越高，就会越加崇敬。而看到贫寒的人，便态度傲慢心生鄙夷，不曾稍微有点怜惜之心。他们哪里知道：人家的富贵不是我的荣耀，人家的贫寒也不是我的耻辱，我何必去给他们分个高下呢？敦厚的人、有见识的君子们，一定不会这样做。

（储兆文）

吕祖谦

辨 志 录（节录）

【作者简介】

吕祖谦（1137—1181），字伯恭，婺州（今浙江金华）人，南宋哲学家、文学家。官至直秘阁著作郎、国史院编修。与朱熹、张栻齐名，并称"东南三贤"。其学以关、洛为宗。首倡经世致用，开浙东学派先声。著作有《书说》《少仪外传》《吕代家塾诗记》《东莱集》等。

【内容提要】

这里节录的三段，主要讲为人处世之道。这些看似日常生活中的小事，却足以反映一个人的道德修养。

【原　文】

发人私书、拆人信物，深为不德，甚至遂至结为仇怨。余得人所附①书物，虽至亲卑幼者，未尝辄留，必为附至。及人托于某处问讯干求②，若事非顺理，而己之力不及者，则可至诚面却之；若已诺之矣，则必达所欲言，至于听与不听，则在其人。凡与宾客对坐，及往人家，见人得亲戚书，切不可往观及注目偷视。若屈膝并坐，目力可及，敛身而退，候其收书，方复进以续前话。若其人置书几上，亦不可取观，须俟其人云："足下可观。"方可一看。若书中说事无大小，以至戏谑之语，皆不可于他处复说。

凡借人书册器用，苟得已者，则不须借，若不得已，则须爱护过于己物。看用才毕，即便归还，切不可以借为名，意在没纳，及不加爱惜，至有损坏。大率豪气者于己物多不顾惜，借人物，岂可亦如此。此非用豪气之所，乃无德之一端也。

凡与人同坐，夏则己择凉处，冬则己择暖处，及与人共食，多取先取，皆无德之一端也。

【注　释】

　①〔附〕捎。
　②〔干求〕求取。

【译　文】

　　打开别人的私信，拆看别人的信物，是很不道德的，严重时就会结成仇怨。我为别人捎书物，纵然是至亲晚辈的，也从不拖延，一定给他捎到。至于别人托我从某处打听消息有所求，如果事情不合乎道理，而自己的力量也达不到，则可诚恳地当面拒绝；如果自己已经答应，则必须传达别人的话，至于对方听不听，则在于他了。凡是与宾客对坐，和去人家中，见别人收到亲戚的书信，一定不要看，也不能注目偷看。如果是屈膝并排坐，视力可达到，则起身而退后，等他收拾过书信，才能坐回原处以续说前话。如果那人放书信在桌上，也不可取来观看，必须等他说："你可以看的。"才可以看看。如果信中所谈论的没礼貌，甚至有开玩笑的话，都不能在别处再说出去。

　　凡是借用别人的书籍器物，如果可以不借的，则不必去借；若不得已借的，则必须爱护它胜过自己的东西。阅读、使用一结束，即刻归还，一定不能以借用为名，意在自己占有，以及不加以爱惜，甚至破坏。大抵有豪杰气概的人对于自己的东西多不顾惜，借别人的东西难道也能这样吗？这里不是用豪杰之气的地方，而是没有德行的一种表现。

　　凡是与别人坐在一起，夏天自己选择凉爽处，冬天自己选择暖和处，以及与别人一起吃饭，多取先取，都是没有德行的一种表现。

（孙明君）

许　衡

许鲁斋语录（节录）

【作者简介】

许衡（1209—1281），字仲平，号鲁斋，河内（今河南泌阳）人，宋元之际学者。与姚枢、窦默等讲程朱理学，元世祖时，任京兆提学，于关中大兴学校，官至集贤大学士兼国子祭酒。有《鲁斋遗书》。

【内容提要】

所选三则语录，分别从三个方面讲了如何做人的道理。文中指出，人应该善于借鉴他人的长处和优点，与朋友相处应虚心而不自满，遇事不要占便宜。

【原　文】

称人之善，宜就迹上言；议人之失，宜就心上言。盖人之初心，本自无恶，特以利欲驱之，故失正理。其始甚微，其终至于不可救。仁人虽恶其去道之远，然亦未尝不悯其昏暗无知，误至此极也。故议之必以始失之地，言之使其人闻也，足以自新而无怨，而吾之言，亦自为长厚切要之言。善迹既著，即从而美之，不必更求隐微，主为一定之论。在人，闻则乐于自勉；在我，则为有实益而又无他日之弊也。

凡在朋侪①中，切戒自满，惟虚故能受，满则无所容，人不我告，则止于此耳，不能日益也。故一个人之见，不足以兼十人。我能取之十人，是兼十人之能矣。取之不已，至于百人千人，则在我者，可量也哉。

前人谓得便宜事，莫得再做，得便宜处，不得再去。休说莫得再，只先一次，已是错了。汝既多取了他人的，便是欠下他的，随后却要还他。世间人都有合得的份限，你如何多得他便宜？万无此理。又人道，得便宜，是落便宜，实是所得便宜无几，而于天理人心，欠缺不可胜道。

天理也不容汝，人心也放你不过。外面事不停当，反而求之，此心歉然②，于义理所欠多矣。稍能自思自反者，此理不难见也。其反报甚速，大可畏也。可为爱便宜者之戒。

【注　释】

① ［侪］同辈。
② ［歉然］对自己的过失感到不安的样子。

（范嘉晨）

张　氏

抄　思　母　训

【作者简介】

张氏，生平不详。抄思，元代乃蛮部人，又号答禄，跟从元太祖征伐有功，受万户，镇守过颍。以疾归大名，卒。

【原　文】

人有三成：人知忧患成，人知羞耻成，人知艰难成。否则禽兽而已。

（范嘉晨）

庞尚鹏

庞氏家训（节录）

【原　文】

　　病从口入，祸从口出。凡饮食不知节，言语不知谨，皆自贼①其身，夫谁咎②？

　　处身固以谦退为贵，若事当勇往而畏缩深藏，则丈夫而妇人③矣。古人言若不出口，身若不胜衣④，及义所当为，虽孟贲不能夺⑤，此以义为尚者也。

【注　释】

　①［贼］伤害。
　②［夫谁咎］又去怪谁呢？［夫］发语词，无实义。
　③［丈夫而妇人］身为男子汉大丈夫却变得像妇女一样懦弱怕事。
　④［不胜衣］承受不住衣服。
　⑤［孟贲］古代勇士，可生拔牛角。［夺］指改变他的意志和决心。

（薛　放）

王守仁

寄　诸　弟

【内容提要】

从信中可以看出"诸弟"本有浪子之嫌，这一封信便专门谈论如何改正缺点和错误的问题。作者首先认为人皆有过，关键在于改过。然后又说缺点是日常生活中不注意自省而逐渐养成的。最后指出缺点是可以改正的，"浪子回头金不换"，关键在于趁年轻时、趁积习未深而及时改之。

【原　文】

屡得弟辈书皆有悔悟奋发之意，喜慰无尽。但不知弟辈果出于诚心乎，亦谩为之说云尔？本心之明，皎如白日，无有有过而不自知者，但患不能改耳，一念改过，当时即得本心①。人孰无过？改之为贵。蘧伯玉②，大贤也，惟曰："欲寡其过而未能。"成汤③、孔子，大圣也，亦惟曰："改过不吝，可以无大过而已。"人皆曰："人非尧舜，安能无过？"此也相沿之说，未足以知尧舜之心，若尧舜之心而自以为无过，即非所以为圣人也，其相授受之言曰："人心惟危"，"道心惟微"④，"惟精惟一，允执厥中"⑤。彼其自以为人心之惟危也，则其心亦与人同耳，危即过也，惟其兢兢业业，尝加精一之功，是以能允执厥中，而免于过。古之圣贤，时时自见己过而改之，是以能无过，非其心果与人异也。诚慎不睹，恐惧不闻者，时时自见己之过，吾近来实见此学有用力处，但为平日习染深痼⑥，克治欠勇，故切切预为弟辈言之，毋使亦如吾之习染既深，而后克治之难也。人方少时，精神意气既足鼓舞，而身家之累尚未切心，故用力颇易。迨其渐长，世累日深，而精神意气亦日渐以减，然能汲汲奋志于学，则犹尚可为。至于四十、五十，即如下山之日，渐以微灭，不复可挽也。故孔子云："四十、五十而无闻焉，斯亦不足畏也。""及其老也，血气既衰，戒之在得。"吾亦近来实见此病，故亦切切预为弟辈言之，宜及时勉励，毋使过时而徒悔也。

【注　释】

　　① ［本心］也作"本性"。孟子说"人之初，性本善"，所以本心也就是人本来的慈善之性。

　　② ［蘧伯玉］春秋时卫大夫，名瑗。年五十而知四十九之非。卫灵公曰："伯玉，贤大夫也。"

　　③ ［成汤］商朝建立者，重用滕臣伊尹为相，发展生产，讨伐暴桀，最终灭夏建商。

　　④ ［人心惟危］指人的心地变得险恶，不可揣测。［道心惟微］指人的善心越来越少。［微］弱小。

　　⑤ ［允执厥中］指能掌握中庸之道，不偏不倚。［厥］其。

　　⑥ ［习染深痼］指长期养成不易克服的坏习惯。［痼］长期养成，不易克服的。

（马茂军）

杨继盛

给子应尾、应箕书（节录）

【作者简介】

杨继盛（1516—1555），字仲芸，号椒山，明代保定（今河北保定）人，嘉靖进士。任兵部员外郎。因抨击大将军仇鸾误国被贬官。不久再被起用，任兵部武选司员外郎。又抨击权相严嵩入狱受酷刑，被杀。临刑作绝命诗云"浩气还太虚，丹心照万古。生平未报恩，留诗忠魂补"。有《杨忠愍集》。

【内容提要】

这里节选自杨继盛的临终遗嘱。其中主要教导儿子"怎样做人"。首先是要立志做个君子，心里想的是要灭私欲，存公道；若是做官，必须正直忠厚，赤心随分报国，不可因父亲为忠受祸而改心易行。对人要谦虚诚实，不要贪占便宜。

【原　　文】

人须要立志。初时立志为君子，后来多有变为小人的；若初时不先立下一个定志，则中无定向，便无所不为，便为天下之小人，众人皆贱恶你。你发愤立志要做个君子，则不拘做官不做官，人人都敬重你。故我要你第一先立起志气来。

心为人一身之主，如树之根，如果之蒂，最不可先坏了心。心里若是存天理，存公道，则行出来，便都是好事，便是君子这边的人。心里若存的是人欲，是私意，虽欲行好事，也是有始无终，虽欲外面做好人，也被人看破你。如根衰则树枯，蒂坏则果落。故我要你休把心坏了。心以思为职，或独坐时，或夜深时，念头一起，则自思曰："这是好念？是恶念？"若是好念，便扩充起来，必见之行①；若是恶念，便禁止勿思。方行一事，则思之：以为"此事合天理，不合天理"？若是不合天理，便止而勿行；若是合天理，便行。不可为分毫违天害理之事，则上天必保护你，鬼神必加佑你，否则天地鬼神必不容你。

你读书若中举中进士，思我之苦，不做官也是。若是做官，必须正直忠厚，赤心随分报国。固不可效我之狂愚，亦不可因我为忠受祸，遂改心易行，懈了为善之志，惹人父贤子不肖之笑。

读书见一件好事，则便思量：我将来必定要行；见一件不好的事，则便思量：我将来必定要戒。见一个好人则思量：我将来必要与他一般；见一个不好的人则思量：我将来切休学他。则心地自然光明正大，行事自然不会苟且，便为天下第一等好人矣。

与人相处之道，第一要谦下诚实。同事则勿避劳苦，同饮食则勿贪甘美，同行走则勿择好路，同睡寝则勿占床席。宁让人，勿使人让我；宁容人，勿使人容我；宁吃人亏，勿使人吃我之亏；宁受人之气，勿使人受我之气。人有恩于我，则终身不忘；人有仇于我，则即时丢过。见人之善，则对人称扬不已；闻人之过，则绝口不对人言。有人向你说某人感你之恩，则云"他有恩于我，我无恩于他"，则感恩者闻之，其感益深。有人向你说某人恼你谤你，则云"彼与我平日最相好，岂有谤我恼我之理"？则恼我者闻之，其怨即解。人之胜似你，则敬重之，不可有傲忌之心；人之不如你，则谦待之，不可有轻贱之意。又与人相交，久而益密，则行之邦家可无怨矣。

【注　释】

① ［见之行］在行为上体现出来。

（薛　放）

吕　坤

为善说示诸儿

【作者简介】

吕坤（1536—1618），字叔简，一字心吾或新吾，明代宁陵（今属河南）人。万历进士，历官山西巡抚，留意风教，举措公明，升刑部侍郎。吕坤少时资质鲁钝，读书不能成诵，十五岁读性理书，欣然有会，遂孜孜讲学，以明道为己任，有《呻吟语》《去伪斋文集》。吕坤在启蒙教育方面贡献尤大，所作《续小儿语》《醒世词》《闺范》《好人歌》等在旧时有极其广泛的影响。

【内容提要】

这篇文章的主题是"善"，善人多遭不幸，但千古的仁人志士仍把向善作为自己的人生目标，因为善是美，是真，是君子的品格。那么怎样为善呢？作者认为要分清善恶，以人为鉴，与人为善，严于律己，宽以待人。

【原　　文】

善者皆凶，而君子不敢避善以趋吉；善者皆祸，而君子不敢忘善以徼福①。

吾为所当为，如饥之食，渴之饮；吾不为所不为，如饥不食堇②，渴不食鸩③耳。

君子较其厚薄，观人审己，和平奖劝以远辱耻。是故有薄责于人为是，而攻之恶为非者，引类是（善）也。

【注　　释】

①〔徼（yāo）福〕求福。〔徼〕通"邀"。

②［菫］多年生草本植物，有毒。

③［鸩］鸟名。羽毛有毒，以之沾酒，饮者即死。［渴不食鸩］意为再渴也不喝含有鸩毒的饮料。

（马茂军）

中国人的教育智慧·经典家训版

高攀龙

高 氏 家 训

【作者简介】

高攀龙（1562—1626），字存之，又字云从、景逸，无锡（今属江苏）人。明代东林党领袖。万历进士。官左都御史，因反对魏忠贤，被革职。与顾宪成在无锡东林学院讲学，时称"高顾"。后魏忠贤党羽崔呈派人抓捕，他投水而死。有《高子遗书》。

【内容提要】

作者认为"只思量作得一个人"，是第一重要的。做人要孝悌、忠信、廉洁、诚实、言语谨慎、交游慎择、常思己过、自我更新。"一番经历，一番进益"。

【原　　文】

吾人立身天地间，只思量作得一个人，是第一义，余事都没要紧。

作好人，眼前觉得不便宜，总算来是大便宜。作恶人，眼前觉得便宜，总算来是不大便宜。千古以来，成败昭然，如何迷人①尚不觉悟，真是可哀！吾为子孙发此真切诚恳之语，不可草草看过。

以孝弟为本，以忠信为主，以廉洁为先，以诚实为要。临事让人一步，自有余地；临财放宽一分，自有余味。善须是积，今日积，明日积，积小便大。一念之差，一言之差，一事之差，有因而丧身亡家者，岂可不畏也。

言语最要谨慎，交游最要慎择。多说一句不如不说一句，多识一人不如少识一人。若是贤友，愈多愈好，只恐人才难得，知人实难耳。语云："要作好人，须寻好友，引酵若酸，哪得甜酒？"又云："人生丧家亡身，言语占了八分。"皆格言也。

见过所以求福，反己所以免祸。常见己过，常问吉中行矣。自认为是，人不好再开口矣。非是为横逆②之来，姑且自认不是。其实人非圣人，岂能尽善？人来加我，多是自取，但肯反求，道理自见。如此则吾心愈细密，临事愈精详。一番经历，一番进益，省了几多气力，长了几多见识。小人所以为小人者，只见别人不是而已。

人身顶天立地，为纲常名教之奇，甚贵重也。不知其贵重，少年比之匪人③，为赌博宿娼之事，请夜眠而自视，成何面目？若以为无伤而不羞，便是人家下流子弟。甘心下流，又复何言？

【注　释】

① ［迷人］糊涂之人。

② ［横逆］强暴无理的举动。

③ ［匪人］本指不是亲人。后指行为不正当的人。

（范嘉晨）

郑板桥

雍正十年杭州韬光庵中寄舍弟墨

【作者简介】

郑板桥（1693—1765），名燮，字克柔，号板桥，江苏兴化人。清代书画家、文学家。从小家庭贫苦，一生靠卖画为生，直至中了举人、中了进士、当了知县仍是卖画，是个地道的"贫儒"。做官时能为百姓做好事，后来因为得罪权贵而罢官。他擅长画兰竹，工书法，能诗文，为"扬州八怪"之一。著有《板桥全集》。

【内容提要】

人非生而富贵，要改变自己的贫困境遇，就要靠自身"奋发有为，精勤不倦"，不能"借祖宗以欺人，述先代而自大"。凡事为别人着想，也就是为自己着想；只为自己打算，不考虑别人，祸忧就会接踵而来。

【原　文】

谁非黄帝尧舜之子孙，而至于今日，其不幸而为臧获①，为婢妾，为舆台②，皂隶③，窘穷迫逼，无可奈何。非其数十代以前即自臧获婢妾舆台皂隶来也。一旦奋发有为，精勤不倦，有及身而富贵者矣，有及其子孙而富贵者也，王侯将相，岂有种乎④！而一二失路⑤名家，落魄贵胄⑥，借祖宗以欺人，述先代而自大。辄⑦曰："彼何人也，反在霄汉；我何人也，反在泥涂。天道⑧不可凭，人事不可问。"嗟乎！不知此正所谓天道人事也。天道福善祸淫，彼善而富贵，尔淫而贫贱，理也，庸何伤⑨？天道循环倚伏，彼祖宗贫贱，今当富贵；尔祖宗富贵，今当贫贱，理也，又何伤？天道如此，人事即在其中矣。愚兄为秀才时，捡家中旧书籖，得前代家奴契券，即于灯下焚去，并不返诸其人⑩。恐明与之，反多一番形迹，增一番愧恧⑪。自我用人，从不书券，合则留，不合则去。何苦存此一纸，使吾后世子孙，借为口实，以便苛求抑勒^⑫乎！如此存心，是为人处，即是为己处。**若事事预留把柄，使入其罗网，无能逃脱，其穷愈速，其祸即来，其子孙即有不可问之事，不可测之忧。试看世间会打算的，何曾打算得别人一点，真是算尽自家耳！可哀可叹，吾弟识之。**

【注　释】

① ［臧（zāng）获］古代对奴婢的贱称。

② ［舆台］古代奴隶中两个等级的名称，后泛指地位低下的人。

③ ［皂隶］衙门里的差役。［皂］本指养马官。

④ ［王侯将相，岂有种乎］语出《史记·陈涉世家》，陈胜言"王侯将相，宁有种乎?"意即王侯将相难道是天生的贵种吗?

⑤ ［失路］不得志。

⑥ ［贵胄］贵族的子孙。［胄］后代。

⑦ ［辄］总是，就。

⑧ ［天道］中国古代哲学术语。唯物主义认为天道是自然界及其发展变化的客观规律。唯心主义认为天道是上天意志的表现，是吉凶祸福的征兆。

⑨ ［庸何伤］又为什么要伤感呢?

⑩ ［并不返诸其人］并不把它（契券）还给他们（前代家奴）。［诸］"之于"的合音词。

⑪ ［恧（nǚ）］惭愧。

⑫ ［抑勒］压制，勒索。

又谕麟儿

【内容提要】

　　这封家书，批评了儿子计较小恩小怨的毛病，谈做人要宽宏大量，要"泛爱众"的道理。论及学习时，指出对《史记》一类名著要字斟句酌，精心阅读，才能有所收益。

【原　文】

　　字谕麟徵儿：李师赴宁乡试，放假二十日，原当照常用功。一切家务、外事自有尔叔管，内事自有尔母管，何必要尔问讯。至于邻里亲戚，无论与我家有隙无隙，是亲是疏，在尔只宜尊之敬之，见面则谨执后辈礼，笑脸向人，岂可因族人背后讥笑我家，邻人曾窃我家园蔬，遇尔尊称，尔竟置之不理。枉读圣贤书，全不解"泛爱众"之义。尔在少年时代，已积下许多嫌怨，将来管理家政，必致个个都是仇人，奚能立身处世？古来贤人君子，无与乡党宗族不睦①者。小怨不忘，睚眦必报②，乃属小丈夫之所为，尔万不可学此卑鄙行为。兹得尔母来书报告，特此郑重告诫，谨遵勿忘。读书宜勤恳勿懈，看书宜细心有恒。现看《史记》，颇切实用，每日规定看十页，必须自首至尾，逐句看下。有紧要处，摘录读书日记簿；有费解③处，另纸摘出，求解于先生。今年若能看完《史记》，明年更换他书，惟无益之小说与弹词④，不宜寓目。观之非徒无益，并有害处也。

【注　释】

① [不睦] 不和好，不友好。

② [睚眦必报] 指心胸狭窄，一点小的怨恨都要报复。[睚眦] 瞪眼睛，引申为小的恩怨。

③ [费解] 难解，弄不懂。

④ [弹词] 一种把故事编成韵语，有白有曲，以弦乐器伴唱的说唱文学。清代尤盛。内容多为吟唱男女恋情。

（马茂军）

李毓秀

弟 子 规

【作者简介】

李毓秀，字子潜，山西新绛人，是清代的"国学"生员。他将《童蒙须知》改为《训蒙文》，后又被清代儒生贾存仁修订，终改名《弟子规》。

【内容提要】

《弟子规》即青少年、学生所应遵守的规范。其中对侍奉父母、尊重师长、为人处世、衣食住行各个方面，都有很具体的要求。文中"财物轻，怨何生"，"凡出言，信为先"，"见人善，即思齐"等，今天仍有其教育意义。

【原　　文】

总　叙

弟子规①，圣人②训：首孝弟，次谨信。泛爱众③，而亲仁。有余力，则学文④。

入则孝出则弟

父母呼，应勿缓；父母命，行勿懒；父母教，须敬听；父母责，须顺承。冬则温，夏则清⑤；晨则省，昏则定⑥。出必告，反必面⑦；居有常，业无变。事虽小，勿擅为；苟擅为，子道亏。物虽小，勿私藏；苟私藏，亲心伤。亲所好，力为具⑧；亲所恶，谨为去⑨。身有伤，贻⑩亲忧；德有伤，贻亲羞。亲爱我，孝何难；亲憎我，孝方贤。亲有过，谏使更⑪；怡吾色，柔吾声。谏不入，说复谏⑫；号泣随⑬，挞无怨。亲有疾，药先尝；昼夜侍，不离床。丧三年，常悲咽；居处辨⑭，酒色绝。丧尽礼，祭尽诚；事⑮死者，如事生。兄道友，弟道恭；兄弟睦，孝在中。

财物轻，怨何生？言语忍，忿自泯⑯。或饮食，或坐走，长者先，幼者后。长呼人，即代叫；人不在，己即到。称尊长，勿呼名；对尊长，勿见能⑰。路遇长，疾趋⑱揖；长无言，退恭立。骑下马，乘下车，过犹待，百步余。长者立，幼勿坐；长者坐，命乃坐。尊长前，声要低；低不闻，却非宜。进必趋，退必迟；问起对⑲，视勿移。事诸父，如事父；事诸兄，如事兄。

谨而信

朝起早，夜眠迟；老易至，惜此时。晨必盥，兼漱口；便溺回，辄净手。冠必正，纽必结；袜与履，俱紧切。置冠服，有定位；勿乱顿⑳，致污秽。衣贵洁，不贵华；上循分㉑，下称家㉒。对饮食，勿拣择；食适可，勿过则㉓。年方少，勿饮酒；饮酒醉，最为丑。步从容，立端正；揖深圆，拜恭敬。勿践阈㉔，勿跛倚；勿箕踞㉕，勿摇髀。缓揭帘，勿有声；宽转弯，勿触棱。执虚器，如执盈；入虚室，如有人。事勿忙，忙多错；勿畏难，勿轻略。斗市场，绝勿近；邪僻事，绝勿问。将入门，问谁存；将上堂，声必扬。人问谁，对以名；吾与我，不分明。用人物，须明求；倘不问，即为偷。借人物，及时还；人借物，有勿悭。凡出言，信为先；诈与妄，奚可焉？话说多，不如少；惟其是，勿佞巧。刻薄语，秽污词，市井气，切戒之。见未真，勿轻言；知未的㉖，勿轻传。事非宜，勿轻诺；苟轻诺，进退错。凡道字㉗，重且舒，勿急疾，勿模糊。彼说长，此说短，不关己，莫闲管。见人善，即思齐㉘，纵去远，以渐跻㉙。见人恶，即内省，有则改，无加警。惟德学，惟才艺，不如人，当自励。若衣服，若饮食，不如人，勿生戚㉚。闻过怒，闻誉乐，损友来，益友却㉛。闻誉恐，闻过欣，直谅士㉜，渐相亲。无心非，名为错；有心非，名为恶。过能改，归于无；倘掩饰，增一辜。

泛爱众而亲仁

凡是人，皆须爱；天同覆，地同载。行高者，名自高；人所重，非貌高。才大者，望自大；人所服，非言大。己有能，勿自私；人有能，勿轻訾㉝。勿谄富，勿骄贫；勿厌故，勿喜新。人不闲，勿事搅㉞；人不安，勿话扰。人有短，切莫揭；人有私，切莫说。道人善，即是善，人知之，愈思勉。扬人恶，即是恶；疾之甚，祸且作。善相劝，德皆建；过不规，道两亏㉟。凡取与，贵分晓；与宜多，取宜少。将加人㊱，先问己；己不欲，即速已。恩欲报，怨欲忘；报怨短，报恩长。待婢仆，身贵端；虽贵端㉟，慈而宽。势服人，心不然；理服人，方无言。同是人，类不齐㉘；流俗众，仁者稀。果仁者，人多畏；言不讳，色不媚。能亲仁，无限好；德日进，过日少。不亲仁，无限害；小人进，百事坏。

行有余力则以学文

不力行，但学文，长浮华，成何人。但力行，不学文，任己见，昧理真㉟。读书法，有三到，心眼口，信皆要。方读此，勿慕彼，此未终，彼勿起。宽为限㊴，紧用功，工夫到，滞塞通。心有疑，随札记，就人问㊶，求确义。房室清，墙壁净，几案洁，笔砚正。墨磨偏，心不端；字不敬，心先病。列典籍，有定处，读看毕，还原处。虽有急，卷束齐，有缺坏，就补之。非圣书，绝勿视，蔽聪明，坏心志。勿自暴，勿自弃，圣与贤，可驯致㊷。

【注　释】

① ［规］规范，规矩。

② ［圣人］孔子。

③ ［泛（fàn）］广博。［泛爱］即博爱。

④ ［"圣人训"以后三句］语出《论语·学而篇》，原文是："弟子入则孝，出则悌，谨而信，泛爱众而亲仁，行有余力，则以学文。"

⑤ ［冬则温，夏则清］意思是冬天看父母是否暖和，夏天看父母是否凉爽。

⑥ ［晨则省，昏则定］清晨问候起居，入夜安顿睡具。子女早晚向父母问安分别叫做"省"、"定"。

⑦ ［反必面］指回家后要面告父母。［反］通"返"。

⑧ ［亲所好，力为具］凡是父母喜好的东西，一定尽力办到。［具］具备。

⑨ ［去］去掉。

⑩ ［贻］遗留。

⑪ ［更］改过。

⑫ ［说复谏］等父母高兴的时候再一次进谏。［说］通"悦"。

⑬ ［号泣随］如果父母不听谏的话，自己应当哭泣着继续进谏。

⑭ ［居处辨］随时随地都要辨别自己的行动是否合乎丧礼。

⑮ ［事］侍奉，服侍。

⑯ ［泯］消灭，消失。

⑰ ［勿见能］不要逞能。［见］表现。

⑱ ［趋］快走。

⑲ ［问起对］尊长向自己提出问题，自己应该起立回答。

⑳ ［顿］放置。

㉑ ［循分］遵守本分。

㉒ ［称家］和自己家庭的贫富状况相当。

㉓ ［勿过则］不可过饱。

㉔ ［阈］门槛。

㉕ ［箕踞］坐时伸出两脚，是不恭敬的表现。

㉖ ［的］的确，确实。

㉗ ［道字］即说话时发音吐字。

㉘ ［思齐］应该想到学习别人的长处。

㉙ ［纵去远，以渐跻］纵然和他人的优点相差得很远，也应该努力要求进步，赶上他人。

㉚ ［戚（qì）］忧郁。

㉛ ［却］退却。

㉜ ［直谅士］正直诚信的人。

㉝ ［訾（zǐ）］说人的坏话。

㉞ ［勿事搅］不要打搅别人。

㉟ ［过不规，道两亏］别人有过不规劝，从道德上讲，两方面都有缺点。

㊱ ［加人］对别人采取措施。

㊲ ［端］端正。

㊳ ［类不齐］人和人不相同。应分别对待，分别要求。

㊴ ［昧理真］不明真理。

㊵ ［宽为限］指制定读书计划要宽裕些，从长打算。

㊶ ［就人问］向人请教。

㊷ ［可驯致］可以逐渐达到。

（东方晓）

曾国藩

谕纪泽纪鸿（一）

【内容提要】

嫉妒、贪婪是人生常见的两种极为有害的病态心理。前者嫉贤害能，以害人始，以自害终；后者贪得无厌，患得患失，终致祸患。以不忮不求教子劝孙，才可谓真爱子孙。

【原　文】

余生平略涉儒先①之书，见圣贤教人修身，千言万语，而要以不忮②不求为重。忮者，嫉贤害能，妒功争宠，所谓"怠者不能修，忌者畏人修"之类也③。求者，贪利、贪名，怀土、怀惠④，所谓"未得患⑤得，既得患失"之类也。忮不常见，每发露于名业相侔、势位相埒之人⑥；求不常见，每发露于货财相接、仕进相妨之际。将欲造福，先去⑦忮心，所谓"人能充无欲害人之心，而仁不可胜用也"。将欲立品，先去求心，所谓"人能充无穿窬⑧之心，而义不可胜用也"。忮不去，满怀皆是荆棘；求不去，满腔日即卑污。余于此二者常加根治，恨尚未能扫除净尽。尔等欲心地干净，宜于此二者痛下功夫，并愿子孙世世戒之。附作《忮求诗》二首录后。

不 忮 诗

善莫大于恕，德莫凶于妒。妒者妾妇行，琐琐⑨奚比数。
己拙忌人能，己塞忌人遇⑩。己若无事功，忌人得成务⑪。
己若无党援，忌人得多助。势位苟相敌⑫，畏逼又相恶。
己无好闻望⑬，忌人文名著⑭。己无贤子孙，忌人后嗣裕。
争名日夜奔，争利东西骛⑮。但期一身荣，不惜他人污。
闻灾或欣幸，闻祸或悦豫⑯。问渠⑰何以然，不自知其故⑱。
尔室神来格⑲，高明鬼所顾。天道常好还，嫉人还自误。
幽明丛诟忌，乖气相回互。重者灾汝躬⑳，轻亦减汝祚㉑。

我今告后生，悚然大觉悟。终身让人道，曾不失寸步。

终身祝人善，曾不损尺布。消除嫉妒心，普天零㉒甘露。

家家获吉祥，我亦无恐怖。

不 求 诗

知足天地宽，贪得宇宙隘。岂无过人姿，多欲为患害。

在约每思丰㉓，居困常求泰。富求千乘车，贵求万钉带㉔。

未得求速偿㉕，既得求勿坏。芬馨比椒兰，磐固方泰岱㉖。

求荣不知厌㉗，志亢神愈怵㉘。岁燠㉙有时寒，日明有时晦㉚。

时来多善缘，运去生灾怪。诸福不可期，百殃纷来会。

片言动招尤㉛，举足便有碍。戚戚抱殷忧㉜，精爽日凋瘵㉝。

矫首望八荒㉞，乾坤一何大。安荣无遽㉟欣，患难无遽憝㊱。

君看十人中，八九无倚赖。人穷多过我，我穷犹可耐。

而况处夷途㊲，奚事生嗟忾㊳？于世少所求，俯仰有余快。

俟㊴命堪终古，曾不愿乎外。

【注　释】

① ［儒先］儒生。

② ［忮（zhì）］嫉妒。

③ ［怠（dài）］懒惰。［忌］嫉妒。

④ ［怀土］安于处所。［怀惠］贪恋小惠。

⑤ ［患］担忧，忧虑。

⑥ ［相侔（móu）］相等。［相埒（liè）］相等。

⑦ ［去］除掉，去掉。

⑧ ［穿窬（yú）］穿壁翻墙，指盗窃行为。

⑨ ［琐琐］细小卑微的样子。［奚］哪里。

⑩ ［塞（sè）］困难。［遇］投合。这里说自己如果处境困难，还嫉妒别人处境
顺当。

⑪ ［成务］成事。

⑫ ［敌］匹敌，相当。

⑬ ［闻望］名声，威望。

⑭ ［著］显露。

⑮［骛（wù）］奔跑。

⑯［悦豫］快乐，高兴。

⑰［渠］他。

⑱［故］缘故。

⑲［来格］降临。

⑳［躬］身。

㉑［祚］福。

㉒［零］降，落。

㉓［丰］多。

㉔［万钉带］宝带名，皇帝用来赏赐功臣。

㉕［偿］得到。

㉖［方］比。［泰岱］泰山。

㉗［厌］满足。

㉘［神］心。［忕（tài）］奢侈。

㉙［燠（yù）］热，暖。

㉚［晦］暗。

㉛［尤］指责。

㉜［戚戚］忧惧的样子。［殷忧］深切的忧虑。

㉝［精爽］精神。［凋瘵（zhài）］凋敝。

㉞［八荒］八方边远的地方。

㉟［遽（jù）］急速，快。

㊱［憝（duì）］怨恨。

㊲［夷途］平坦的道路。

㊳［嗟忾（kài）］感叹，愤怒。

㊴［俟（sì）］待。

（党怀兴）

中国人的教育智慧·经典家训版

吴汝纶

谕 儿 书（一）

【作者简介】

吴汝纶（1840—1903），字挚甫，安徽桐城人，同治进士，做过冀州知州，后任京师大学堂总教习，曾跟随曾国藩学习，并与李鸿章交往颇深。到日本考察学制，有论及时政的著作，颇注意洋务，也是桐城派后期作家。著有《桐城吴先生全书》。

【内容提要】

这封信谈的是为人忍让的处世之道。对别人宽容的同时，对自己却虚心反省，这有利于养成宽厚谨慎而又严于律己的品性，避免无谓的争端，从而更能超然洒脱地生活。信中还分析了困境产生的缘由以及这笔财富的价值。

【原　　文】

忍让为居家美德。不闻孟子之言三自反①乎？若必以相争为胜，乃是大愚不灵，自寻烦恼。人生在世，安得与我同心者相与共处乎？凡遇不易处之境，皆能掌②学问识见。孟子"生于忧患"，"存乎疢疾③"，皆至言也。

【注　　释】

① [三自反] 语出《孟子·离娄下》："有人于此，其待我以横逆，则君子必自反也：'我必不仁也，必无礼也，此物奚宜至哉？'其自反而仁矣，自反而有礼矣；其横逆由是也，君子必自反也：'我必不忠'。自反而忠矣；其横逆由是也，君子曰：'此亦妄人已矣。……'"

② [掌] 通"长"。

③ [疢（chèn）疾] 疾病，比喻忧患。《孟子·尽心上》："人之有德慧术知者，恒存于疢疾"，意思是，人之所以有道德、智慧、本领、知识，是由于他经常有忧患。

（马茂军）

孙中山

遗　嘱①

中国人的教育智慧·经典家训版

【作者简介】

　　孙中山（1866—1925），名文，字逸仙，广东香山县（今中山市）翠亨村人，伟大的民主革命先行者。1892 年毕业于香港西医书院，行医于澳门、广州。1894 年北上，上书李鸿章，提出革新政治的主张，被拒绝，赴檀香山组织兴中会。1905 年在日本领导兴中会联合华兴会和光复会，组成中国同盟会，被推为总理，确定"驱除鞑虏，恢复中华，建立民国，平均地权"的革命纲领，提出三民主义学说。1925 年 3 月 12 日在北京逝世，逝世前一日在遗嘱上签字。其遗著编为《中山全书》或《总理全集》等多种。

【内容提要】

　　孙中山先生毕生奔走革命，身后遗留给夫人的只有一些书籍、衣物和一所小住宅。对儿女则认为"已长成，能自立"，给他们留下的只有"望各自爱，以继余志"的殷切期望。

【原　文】

　　余因尽瘁国事，不治家产，其所遗之书籍、衣物、住宅等，一切均付吾妻宋庆龄，以为纪念。余之儿女已长成，能自立，望各自爱，以继余志，此嘱。

民国十四（1925）年三月十一日

【注　释】

　　①本文选自《中山全书》。

（东方晓）

勉励期许篇

剑之锷，砥之而光；人之名，砥之而扬。砥乎砥乎，为吾之师乎。仲兮季兮，无坠吾命兮。

司马谈

遗　训

【作者简介】

　　司马谈（？—公元前 110 年），西汉史学家、思想家，夏阳（今陕西韩城）人。官至太史令。他的《论六家之要指》推行汉初黄老之说，总结当时流行的阴阳、儒、墨、名、法、道各派学说。根据《国语》《世本》《战国策》《楚汉春秋》等史书，撰写史籍，死后，由其子司马迁续写而成，即著名的史书《史记》。

【内容提要】

　　司马迁在《报任少卿书》中，详尽地叙述了自己下狱受刑的经过，以及著书的内在动力。他之所以蒙受世间最大的耻辱，隐忍苟活，是因为他要完成父亲司马谈临终托付给他的续写《史记》的重任。我国历史上能有《史记》这部伟大的著作，实在应该感谢司马谈的教子遗训。这篇遗训以历史发展的视角，从国家、家庭、人格等方面说明了著述《史记》的夙愿，要司马迁去完成自己未竟的事业。

【原　文】

　　余先周室之太史也。自上世尝显功名于虞夏，典天官事①。后世中衰，绝于予乎？汝复为太史，则续吾祖矣。今天子接千岁之统，封泰山，而余不得从行，是命也？命也夫！余死，汝必为太史；为太史，无忘吾所欲论著矣。

　　且夫孝始于事亲，中于事君，终于立身。扬名于后世，以显父母，此孝之大者。夫天下称颂周公，言其能论歌文、武之德②，宣周、邵之风③，达太王、王季④之思虑，爰及公刘⑤，以尊后稷⑥也。幽、厉⑦之后，王道缺，礼乐衰，孔子修旧起废，论《诗》《书》，作《春秋》，则学者至今则之⑧。自获麟⑨以来四百有余岁，而诸侯相兼，史记放绝。今汉兴，海内一统，明主贤君忠臣死义之士，余为太史而弗论载，废天下之史文，余甚惧焉，汝其念哉？

【注　释】

①〔典天官事〕记载百官的事。〔天官〕百官。

②〔文、武之德〕周文王、周武王的德行。

③〔周、邵之风〕周公、邵公艰苦创业的作风。

④〔太王、王季〕指周文王祖父古公亶父与文王父亲季历。

⑤〔公刘〕周部落祖先，后稷的曾孙。

⑥〔后稷〕周的先祖，相传他的母亲欲弃之不养，故名弃，后为舜的农官，号后稷，姓姬。

⑦〔幽、厉〕指周幽王、周厉王。

⑧〔则之〕遵从它，以之为准则。

⑨〔获麟〕《春秋·哀公十四年》："西狩获麟。孔子曰：'吾道穷矣。'"相传孔子作《春秋》至此而止。

【译　文】

　　我的祖先是周王室的太史官。远祖曾在虞、夏两朝显露功名，掌管记录百官的事情。后世中衰，难道将从我中断做史官这一祖业吗？你若再做太史，那么就继续了我们祖先的事业了。现在天子承接千年的统绪，在泰山封禅，我却因病不能随从，这是命啊！是命啊！我死之后，你将一定会做太史官的，做史官，不要忘记我想写作史书的愿望啊？

　　孝道起始于侍奉父母，中行于侍奉君王，归根于立身处世。扬名后世，为父母增添光彩，这是大孝啊。天下都称颂周公，说他能评说传播文王、武王的德行，宣扬周公、邵公艰苦创业的作风，表达古公亶父、季历的思想，直到公刘的功业，以崇尚先祖后稷。幽王、厉王以后，王道废缺，礼乐衰败，孔子修复旧礼以振兴废颓的礼乐，评说《诗》《书》，作《春秋》，从而使学习的人至今还以它们为准则，从孔子记叙哀公十四年获麟的时候停笔记史至今已经四百多年了，这期间诸侯兼并，记录历史被断绝了。现在汉朝兴盛，国家统一，有明主贤君、忠臣、死义之士会集当世，我作为史官，如若不评述记载，则恐荒废了天下的历史文籍，那我将非常担忧，你要时刻想着这件事啊。

（储兆文）

李 勣

遗 训

中国人的教育智慧·经典家训版

【作者简介】

李勣，本姓徐，名世勣，字懋功，曹州离松（今山东东明）人，唐初大将，太宗赐姓李。原参加瓦岗军，投唐后以功封英国公。高宗时官至司空。

【内容提要】

这是李勣在临死前对家人说的一段话。他用房玄龄、杜如晦、高季辅后人败家的惨痛教训教育子孙，要他们约束自己的言行，不与坏人交往。

【原　文】

我即死，欲有言，恐悲哭不得尽，故一诀耳！我见房玄龄、杜如晦、高季辅皆辛苦立门户①，亦望治后，悉为不肖子败之。我子孙今以付汝②，汝可慎察，有不厉言行、交非类者，急榜杀以闻，毋令后人笑吾，犹吾笑房、杜也。

【注　释】

①房玄龄的次子遗爱娶太宗女合浦公主为妻，拜驸马都尉，后公主与遗爱谋反，遗爱被处死，公主被赐死，长子遗直被废为平民。杜如晦的儿子杜荷，娶太宗女城阳公主，与太子承乾谋反被杀，其兄杜构受株连被流放。高季辅之子正业因受上官仪案牵连被贬。

②［汝］指李弼，李勣的弟弟。

【译　文】

我就要死了，有话想说，又恐悲哀哭泣不能说完，所以和你们来诀别。我见房玄龄、杜如晦、高季辅都辛辛苦苦建立门户，也希望传给后人，但都被不肖之子败坏了。现在我把子孙托付给你，你要慎重地考察他们，如有不约束自己言行、交结坏人的，立刻打杀，再报告皇上，不要让后人讥笑我，就像讥笑房玄龄、杜如晦一样。

（高益荣）

舒元舆

贻诸弟砥石命

【作者简介】

舒元舆（？—835），唐代东阳（今浙江金华）人。元和八年进士。敢言能文，锐于进取。与李训、郑注友善。文宗朝擢御史中丞兼刑部侍郎。复以本官同平章事。后注、训潜谋尽杀宦官，元舆密与其事，未发事泄，与注等皆被杀。有《舒元舆集》。

【内容提要】

这篇文章的中心议题是磨砺。宝剑虽利，若不磨砺，也会锈迹斑斑，黯淡无光，成为死铁，又何况于人？人在质地上并没有宝剑的刚坚，加上自身有诸多弱点，若不磨砺，则生前死后皆为废物。所以作者告诫诸弟，要他们昼夜淬砺，做到"三不贻"。

【原　　文】

昔岁吾行吴江上，得亭长所贻剑，心知其不莽鲁，匣藏爱重，未曾亵视。今年秋在秦，无何开发，见惨翳①积蚀，仅成死铁。意惭身将利器，而使其不光明之若此，常缄求淬磨之心于胸中②。数月后，因过岐山③下，得片石如绿水色，长不满尺，阔厚半之。试以手磨，理甚腻，文甚密。吾意其异石，遂携入城，问于切磋工④。工以为可为砥⑤，吾遂取剑发之。初数日，浮埃薄落，未见快意，意工者相诒⑥，复就问之。工曰："此石至细，故不能速利坚铁，但积渐发之，未一月，当见真貌。"归如其言，果睹变化。苍惨剥落，若青蛇退鳞。光劲一水，泳涵星斗。持之切金钱三十枚，皆无声而断，愈始得之利数十百倍。吾因叹以为金刚首五材⑦，及为工人铸为器，复得首出利物。以钢质铦利，苟暂不砥砺，尚与铁无以异，况质柔芒钝，而又不能砥砺，当化为粪土耳，又安得与死铁伦齿⑧耶？以此益知人之生于代，苟不病盲聋喑⑨哑，则五常之性全，性全则豺狼燕雀亦云异矣。而或公然忘弃砥名砺行之道，反用狂言放情为事，蒙蒙外埃，积成垢恶，日不觉悟，以至于戕⑩正性，贼天理。生前为造化剩物，殁后与灰土俱委，此岂不为辜负日月之光景耶？吾常睹汝辈趋向，尔诚全得天性者，况夙夜承顺严训，皆解甘心服食古圣人道，知其必非彫缺⑪道义，自埋于偷薄⑫之伦者。然吾自干名在京城，兔魄⑬已十九晦矣。知尔辈惧旨甘⑭不继，困于薪粟，日丐于他人之门。吾闻此，益悲此身使尔辈承顺供养至此，亦益忧尔辈为穷窭⑮而斯须忘其节，为苟得眩惑而容易徇⑯于人，为投刺牵役而造次惰其业⑰。日夜忆念，心力全耗，且欲书此为诫，又虑尔辈年未甚长成，不深谕解。今会鄂⑱骑归去，遂置石于书函中，乃笔用砥之功，以寓往意。欲尔辈定持刚质，昼夜淬砺，使尘埃不得间发而入，为吾守固穷之节，慎临财之苟，积习肆之业，上不贻庭帏⑲忧，次不贻手足病，下不贻心意丑。欲三者不贻，只在尔砥之而已，不关他人。若砥之不已，则向之所谓切金涵星之用，又甚琐屑，安足以谕之。然吾因欲尔辈常置砥于左右，造次颠沛⑳，必于是思之，亦古人韦弦㉑铭座之意也。因书为砥石命，以勖尔辈。兼则刻辞于其侧曰：

　　剑之锷㉒，砥之而光；人之名，砥之而扬。砥乎砥乎，为吾之师乎。仲兮季兮，无坠吾命兮。

【注　释】

① ［翳（yì）］掩蔽。

② ［缄（jiān）］缚束，封闭。这里作"默默"讲。［淬（cuì）磨］磨炼。

③ ［岐山］山名。在今陕西岐山县东北。

④ ［切磋工］古时把骨头加工成器物称切，象牙加工称磋，这里代指磨工。

⑤ ［砥（dǐ）］细磨石。

⑥ ［诒（yì）］欺骗。

⑦ ［金刚］指钢铁。［五材］金、木、水、火、土。

⑧ ［伦齿］即伦比，同类。可作"相提并论"讲。

⑨ ［喑（yīn）］哑。

⑩ ［戕（qiāng）］伤害。

⑪ ［彫（diāo）缺］凋残，损害。

⑫［偷薄］轻薄，不厚道。

⑬［兔魄］月亮的别称。

⑭［旨甘］美好的食品。

⑮［窭（jù）］贫困而简陋。

⑯［徇（xún）］屈从。

⑰［投刺］递名帖求见。［刺］名帖。［牵役］牵制，拘泥。

⑱［鄂］地名。属今湖北鄂城。

⑲［庭帏］父母双亲居住的地方，代指父母。

⑳［造次颠沛］语出《论语·甲仁》："君子无终食之间违仁，造次必于是，颠沛必于是。"

㉑［韦弦］韦性柔，比喻缓；弦紧，比喻急，意为佩韦弦而知己不足。

㉒［锷（è）］刀剑刃。

【译　文】

前些年我经过吴江时，得到了亭长赠送的一把利剑，心里知道它不是轻易可以得到的，所以很珍爱，把它藏在本匣中，从来不敢随便拿出来看。今年秋天在秦国，住了没多久打开匣子，只见利剑受蒙蔽腐蚀惨重，差不多成了一柄死铁。真惭愧自己随身带着锋利的剑，却使它黯淡无光成了这般模样，常常默默地在胸中藏着要磨炼它的心愿。几个月以后，因有事路过岐山山脚下，捡到一片颜色如绿水般的石头，长不满一尺，厚半尺。试着用手磨磨，纹理很细密。我感觉这是一块奇异的石头，便把它带到城里，求教于磨刀工。磨刀工认为它可以做成磨石，我便取出剑来磨。最初几天，浮在剑上的锈斑剥落了，但还是不见它有锋利一些的样子，心想这大概是磨工在故意哄我吧，又去求教磨工。磨工说："这石头非常细密，因此不能很快地磨利坚硬的铁，只要逐渐地一天天去磨，不到一个月，便一定会见到剑的真面貌。"回到家照着磨工的话去做，果然看到了剑的变化。青黑色的铁锈渐渐剥落，就像青蛇退去鳞片。锐利的光泽如一泓清水，星斗都能映现其中。用它去切三十枚钱币，全部截断而没有一点声音，比起初得到它的时候更锐利数十、上百倍。我因此而感叹，认为钢铁是金、木、水、火、土五材的第一位，待到被工人铸成利剑，又成了最锐利的器物。凭着钢的质地锋利，如果短时不去磨砺，尚且与铁没什么两样，何况那些质地柔弱、边角钝滞，而又不能磨砺的东西，只能化为粪土罢了，又哪里能够与死铁相提并论呢？用这个道理更可以知道人生在世，如果不害瞎聋喑哑的疾病，那么仁、义、礼、智、信这五种习性就都全了，习性既全则同豺狼燕雀也就不一样了。而有的人公然忘记并抛弃了砥砺名声与行为的道理，反而以狂妄的言语、放纵的情趣为事务，蒙披尘埃，积染肮脏的恶习，时间长了仍不觉悟，以至于损害了正性，伤害了天理。生前成为大自然创造化育的多余东西，死后又和灰土一般被人遗弃，这岂不是辜负了日月时光吗？我常观察你们的发展方向，你们的确保全了天性，何况又日夜承受着严厉的训诲，都能心甘情愿地咀嚼实践古代圣贤的道理，知道你们绝对不是损害道义、自甘堕落到轻薄之流当中的人。然而我自从在京城求取名位，月亮已经历十九次圆缺了。我知道你们为美味的食物不能接继而担忧，因缺柴少米而困顿，天天乞讨于他人的门口。我听到这些特别悲伤，这是因为我而使你们为尽孝顺供养的责任才落到这种地步，我也更加担忧你们因为贫穷而暂时忘却了做人的气节，为了得到一些不该得到的东西而迷失本性，为了要寻求引见忙于奔走，而轻易怠惰了事业。我日夜惦念，心力耗尽，并且想要写下这些作为告诫，但又考虑到你们年龄尚小还未长大成人，不能深刻地明白理解。今天正好遇上有人骑马回鄂城，便把石头放在书匣中，并写下这磨石的功用，以寄托我先前的心意。愿你们务必保持刚强的本质，日夜淬火磨砺，不得使尘埃趁隙而入，为我坚守贫困不移的气节，慎重对待钱财而不随便伸手，勤奋积累自己的学业，上不给父母带来忧患，中不给兄弟带来祸害，下不给自己心灵带来羞耻。想要做到这三个"不给"，只在于你们磨砺自己罢了，与他人无关。如果不停地磨砺，那么刚才所说的切钱币耀星斗的用途，又显得十分琐碎了，又怎能用来形容你们人品磨炼后所达到的境界呢？然而我之所以想让你们常把磨石放在左右，每当匆忙紧迫、狼狈困窘的时候，一定要对着它好好想一想，这也就如同古人佩韦佩弦作为座右铭的意图一样。为此我写下这篇磨石的告诫，来勉励你们。同时在磨石的侧面刻下铭文：

　　剑的锋刃啊，磨砺了就会发光；人的名声啊，磨砺了才能显扬。磨砺啊磨砺，我伟大的老师！弟弟们啊，切莫忘了我的告诫哟！

（周晓薇）

杜秋娘

金 缕 衣

【作者简介】

　　杜秋娘，系唐时宫女，得宠于景陵帝。唐穆宗即位后，命其为皇子傅母。

【内容提要】

　　此诗是杜秋娘教育皇子时所作。她教育皇子不要只求享受豪华的生活，应当珍惜少年时光，好好学习。

【原　　文】

　　　　　　劝君莫惜金缕衣，劝君惜取少年时。
　　　　　　花开堪折直须折，莫待无花空折枝。

　　　　　　　　　　　　　　　　　　　　　　（廉　碧）

苏 轼

与侄千之书

【内容提要】

　　这是苏轼给他的侄子千之的一封信，千之是其兄苏景先之子。苏轼先以自负之语说，当时敢于坚持政见而无畏的只有他兄弟俩和司马君实，接着便要求千之发愤勤学，多读史书，这也是他的经验之谈。

【原　　文】

　　独立不惧者，惟司马君实与叔兄弟耳[①]。万事委命，直道而行，纵以此窜逐[②]，所获多矣。因风寄书，此外勤学自爱。近年史学凋废，去岁作试官，问史传中事，无一两人详者。可读史书，为益不少也。

【注　　释】

　　① ［司马君实］司马光，字君实。［叔兄弟］指作者与其弟苏辙。
　　② ［窜逐］贬谪放逐。

（高益荣）

陆　游

冬夜读书示子聿

【内容提要】

陆游一生勤学不辍，而且诗作在宋代最多，深谙读书写作的况味。此文是他将自己的切身体验如实地告诉小儿子聿：做学问就要不遗余力，只有年轻时有扎实的功底，日积月累，到晚年才能有所建树；但光有书本知识是不够的，还要亲身参加实践，获得直接经验。短短四句，包含着极其深刻的认识论原理。

【原　文】

> 古人学问无遗力，少壮工夫老始成。
> 纸上得来终觉浅，绝知此事要躬行。

（储兆文）

张居正

示季子懋修书

【作者简介】

张居正（1525—1582），字叔大，号太岳，湖广江陵县（今属湖北）人。他"少颖敏绝伦"，十二岁考取秀才，十六岁中举，但直到二十三岁才中进士。时代万历初年继高拱为首辅，连续十年，整顿吏治，人尽其才，信赏必罚，令行禁止。又整理赋税，整顿边防，收入大增，边境安定，是一位政治家和改革家。他的古文简洁有力，锋芒凌厉。著有《张江陵集》。懋修是张居正第四子，二十六岁中状元。

【内容提要】

在这篇家书中，张居正认为懋修失利的原因，在于"志骛于高远，而力疲于兼涉"，也就是好高骛远，贪多而用力不专，这也是很多人的通病。他以自己的经验教育儿子，要他改正过去的缺点。

【原　　文】

汝幼而颖异，初学作文，便知门路。居尝以汝为千里驹，即相知诸公见者，亦皆动色相贺，曰："公之诸郎，此最先鸣者也。"乃自癸酉科举之后，忽染一种狂气，不量力而慕古，好矜己而自足，顿失邯郸之步，遂至匍匐而归。丙子之春，吾本不欲汝求试，乃汝诸兄，咸来劝我，谓不宜挫汝锐气，不得已黾勉①从之，竟至颠蹶。艺本不佳，于人何尤？然吾窃自幸曰："天其或者欲厚积而钜发之也。"又意汝必惩再败之耻，而颡首以矩矱也。岂知一年之中，愈作愈退，愈激愈颓，以汝为质不敏耶？固未有少而了了，长乃惛惛者。以汝行不力耶？固闻汝终日闭门，手不释卷，乃其所造尔尔。是必志骛于高远，而力疲于兼涉，所谓之楚而北行也，欲图进取，岂不难哉！

夫欲求古匠之芳躅，又合当世之轨辙，惟有绝世之才者能之。明兴以来，亦不多见。吾昔童稚登科，冒窃盛名，妄谓屈、宋、班、马，了不异人。区区一第，唾手可得。乃弃其本业，而驰骛古典。比及三年，新功未完，旧业已芜。今追忆当时所为，适足以发笑而自点耳。甲辰下第，然后揣己量力，复寻前辙，昼作夜思，殚精毕力，幸而艺成，然亦仅得一第止耳。犹未得掉鞅文场，夺标艺院也。今汝之才，未能胜余，乃不府寻吾之所得，而蹈吾之所失，岂不谬哉！

吾家以诗发迹，平生苦志励行，所以贻则于后人者，自谓不敢后于古之世家名德，固望汝等继志绳武，益加光大，与伊巫之俦，并垂史册耳。岂欲但窃第一，以大吾宗哉！吾诚爱汝之深，望汝之切，不意汝妄自菲薄，而甘为辕下驹也。今汝既欲我置汝不问，吾自是亦不敢厚责于汝矣。但汝宜加深思，毋甘自弃，假令才质驽下，分不可强。乃才可为而不为，谁之咎与？己则乖谬，而徒诿之命耶！惑之甚矣。且如写字一节，吾呶呶谆谆者几年矣，而潦草差讹，略不少变，斯亦命为之耶？区区小艺，岂磨次岁月乃能工耶？吾言止此矣，汝其思之。

【注　释】

① ［黾（mǐn）勉］努力，勉力。

（东方晓）

吴麟征

家诫要言（节录）

【作者简介】

吴麟征，字圣生，一字来皇，号磊斋。明代海盐（今属浙江）人。天启进士，崇祯中在谏院以敢于直谏而闻名，官至太常少卿。有《家诫要言》。

【内容提要】

吴麟征在官府时，曾作家书与其子。其子节辑要点，板刻传世时，称之为"要言"。这里选录了有关读书、交友、提高道德修养等几条。在修养方面，作者认为要成就一番大事业必须志存高远，不可为儿女之情所累；要时时铲除私念，淡泊名利；从小就要注意培养良好的品性，要以别的人、别的事为借鉴。

【原　文】

争目前之事，则忘远大之图；深儿女之怀，便短英雄之气①。

多读书则气清，气清则神正，神正则吉祥出焉，天自佑之。读书少则身暇，身暇则邪闲，邪闲则过恶作焉，忧患及之。

知有己不知有人，闻人过不闻己过，此祸本也。故自私之念萌，则铲之；谗谀之人至，则却②之。

师友当以老成庄重、实心用功为良。若浮薄好动之徒，无益有损，断断不宜交也。

语云："身贵于物。"汲汲为利，汲汲③为名，俱非尊生④之术。

人心只此方寸地，要当光明洞达，直走向上一路。若有龌龊襟怀⑤，则一生德器⑥坏矣。

少年人只宜修身笃行，信命读书，勿深以得失为念。所谓得固欣然，败亦可喜。

人品须从小作起，权宜、苟且、诡随⑦之意多，则一生人品坏矣。

人心日薄，习俗日非，身入其中，未易醒悟。但前人所行，要事事以为殷鉴⑧。

【注　释】

①［"深儿女"句］成语"儿女情长，英雄气短"之大意，是劝诫子弟不可陷于男女爱情，而耽误了英雄事业。

②［却］推辞，拒绝。

③［汲汲］心情急切，努力追求的样子。

④［尊生］养生。

⑤［龌龊（wò chuò）］卑鄙，恶劣。［襟怀］比喻人的品质、思想。

⑥［德器］道德修养与才识度量。

⑦［诡随］放肆谲诈。

⑧［殷鉴］可以作为后人借鉴的前人失败之事。

（马茂军）

王夫之

示 子 侄

【作者简介】

　　王夫之（1619—1692），字而农，号姜斋，衡阳（湖南）人。明清之际著名思想家、文学家。出身于没落的小官僚地主家庭。幼时从父学习古代经学、史学，明代崇祯十五年应试中举。后隐居石船山，勤恳著述四十年，故世称船山先生。著作很多，后人汇编为《船山遗书》。

【内容提要】

　　要想有一番作为，被庸俗习气束缚是不行的。作者深明此理，因之他告诫子侄，立志之初就要摆脱习气，不要被习气缠累，超越习气才能真正立身。

【原　　文】

　　　　　　　立志之始，在脱习气。习气薰人，人醪①而醉。
　　　　　　　其始无端②，其终无谓③。袖中挥拳，针尖竟利。
　　　　　　　狂在须臾，九牛莫制。岂有丈夫，忍以身试！
　　　　　　　彼可怜悯，我实惭愧。前有千古，后有百世。
　　　　　　　广延九州，旁及四裔④。何所羁络⑤，何所拘执⑥？
　　　　　　　焉有骐驹⑦，随行逐队！无尽之财，岂吾之积。
　　　　　　　目前之人，皆吾之治。特不屑耳，岂为吾累。
　　　　　　　潇洒安康，天君⑧无系。亭亭鼎鼎⑨，风光月霁⑩。
　　　　　　　以之读书，得古人意。以之立身，踞豪杰地。
　　　　　　　以之事亲，所养惟志。以之交友，所合惟义。
　　　　　　　惟其超越，是以和易。光芒烛天，芳菲匝⑪地。
　　　　　　　深潭映碧，春山凝翠。寿考维祺⑫，念之不昧。

【注　释】

① ［醪（láo）］醇酒。

② ［无端］无缘无故。

③ ［无谓］没有意义。

④ ［裔（yì）］边远的地方。

⑤ ［羁络］束缚。

⑥ ［拘执］限制。

⑦ ［骐驹］这里指良马。［骐］有青黑色纹理的马。［驹］少壮的马。

⑧ ［天君］指心。古人以心为五种感觉器官的主宰。

⑨ ［亭亭］高远。［鼎鼎］旺盛的样子。

⑩ ［霁（jì）］天放晴。旧时以光风霁月喻人的品格光明磊落。

⑪ ［匝］满，环绕。

⑫ ［寿考］年高，长寿。［祺］吉，福。

（范嘉晨）

纪　昀

寄　内　子①

【作者简介】

　　纪昀（1724—1805），字晓岚，一字春帆，河北献县人。清代著名学者、文学家。乾隆十二年中乡试第一名解元，十九年中二甲第一名进士，官至礼部尚书、协办大学士。曾任《四库全书》总纂官，卒谥文达。其孙树馨辑其所著为《纪文达公遗纂》十六卷。

【内容提要】

　　这封家书中，纪昀从勤奋、俭朴、谦虚、礼貌等方面对后辈提出要求。这些品质正是读书人做人和成就事业的基础。

【原　　文】

　　父母同负教育子女责任，今我寄旅京华，义方之教，责在尔躬。而妇女心性，偏爱者多，殊不知爱之不以其道，反足以害之焉。其道维何，约言之有四戒四宜：一戒晏起②，二戒懒惰，三戒奢华，四戒骄傲。既守四戒，又须规以四宜：一宜勤读，二宜敬师，三宜爱众，四宜慎食。以上八则，为教子之金科玉律，尔宜铭诸肺腑，时时以之教诲三子。虽仅十六字，浑括无穷，尔宜细细领会，后辈之成功立业，尽在其中焉。

【注　　释】

　　① 本文选自《纪晓岚家书》。
　　② ［晏起］迟起。

（东方晓）

蒋士铨

再 示 知 让

【作者简介】

　　蒋士铨（1725—1785），清代著名文学家、戏曲家。江西铅山人。乾隆进士。曾任翰林院编修，后又历任绍兴蕺（jí）山书院、杭州崇文书院、扬州安定书院等院长，晚年复入京为国史馆纂修官。

【内容提要】

　　蒋士铨对儿子的要求是很殷切严肃的。在这首五言古诗中，他就学问、交友、见识和操守四个问题，从正反两个方面，强调了这在人的一生中的重要作用。知让，蒋士铨的第三个儿子。

【原　　文】

　　莫贫于无学①，莫孤于无友，莫苦于无识②，莫贱于无守③。无学如病瘵④，枯竭岂能久？无友如堕井，陷溺孰援手⑤？无识如盲人，举趾辄有咎⑥。无守如市倡⑦，舆皂皆可诱⑧。学以腴其身⑨，友以益⑩其寿。识以坦其心⑪，守以慎其耦⑫。时命⑬不可知，四者⑭我宜有。……小子谨识⑮之，勿为世所狃⑯。

【注　　释】

①［贫］贫乏，不足。［无学］没有知识，学问。

②［识］见识。

③［贱］下贱。［守］操守，指人平时的品德、作风。

④［病瘵（zhài）］疾病。

⑤［陷溺］比喻陷落于深渊，沉溺于池水。［孰］谁。

⑥［举趾］抬脚走路。［辄（zhé）］就，总是。［咎］过失。

⑦［倡］通"娼"，指旧时的娼妓。

⑧ ［舆］轿，此指轿夫。［皂］指旧时之皂隶。舆、皂皆引申为贱役者。

⑨ ［腴］肥沃，丰美。［腴其身］比喻丰富头脑。

⑩ ［益］加，增进。

⑪ ［坦其心］使心地率真坦荡。

⑫ ［耦］通"偶"。［慎其耦］慎重地结交朋友。

⑬ ［时命］指命运。

⑭ ［四者］指上文所说的学、友、识、守。

⑮ ［谨识（zhì）］牢牢记住。

⑯ ［为］被。［狃（niǔ）］因袭，拘泥，习以为常。全句意思是说，不要被市俗风气所束缚。

（范嘉晨）

林则徐

训次儿聪彝

【作者简介】

　　林则徐（1785—1850），字少穆，清末政治家，福建侯官（今福州）人。嘉庆进士。提倡经世之学。任东河河道总督时普修治黄河，后任江苏巡抚。极力主张禁止鸦片进口，1838年任湖广总督时进行了著名的虎门销烟，又筹备海防，击退英军。后受诬陷，被革职。能诗文，有《林文忠公政书》等。

【内容提要】

　　林则徐在信中教育儿子"谨守者有五"：勤读敬师，孝顺奉母，友于爱弟，和睦亲戚，爱惜光阴。他认为"农居四民之首，为世间第一等最高贵之人"。篇末指出看书"须自前至末，详细阅完，然后再易他种，最忌东拉西扯，阅过即忘"，"遇有心得，随手摘录，苟有费解或疑问，亦须摘出"，请老师讲解，则获益会很多。

【原　　文】

　　字谕聪彝儿：尔兄在京供职，余又远戍塞外，惟尔奉母与弟妹居家，责任綦重，所当谨守者有五：一须勤读敬师，二须孝顺奉母，三须友于爱弟，四须和睦亲戚，五须爱惜光阴。尔今年已十九矣，余年十三补弟子员，二十举于乡。尔兄十六入泮①，二十二登贤书，尔今犹是青衿一领。本则三子中，惟尔资质最钝，余固不望尔成名，但望尔成一拘谨笃实子弟，尔若甚弃文学稼，是余所最欣喜者。盖农居四民之首，为世间第一等最高贵之人，所以余在江苏时，即嘱尔母购置北郭隙地，建筑别墅，并收买四围粮田四十亩，自行雇工耕种，即为尔与拱儿预为学稼之谋。尔今已为秀才矣，就此抛撇诗文，常居别墅，随工人以学习耕作，黎明即起，终日勤动而不知倦，使是长田园之好子弟。至于拱儿，年仅十三，犹是白丁，尚非学稼之年，宜督其勤恳用功。姚师乃侯官名师，及门弟子领乡荐，捷礼闱者，不胜偻指^②计。其所改拱儿之窗课，能将不通语句，改易数字，便成警句。如此圣手，莫说侯官士林中，都推重为名师，只恐遍中国，亦罕有第二人也。拱儿既得此名师，若不发愤攻苦，太不长进矣。前月寄来窗课五篇，文理尚通，惟笔下太嫌枯涩，此乃欠缺看书工夫之故。尔宜督其爱惜光阴，除诵读作文外，余暇须批阅史籍；惟每看一种，须自首至末，详细阅完，然后再易他种，最忌东拉西扯，阅过即忘，无补实用。并须预备看书日记册，遇有心得，随手摘录，苟有费解或疑问，亦须摘出，请姚师讲解，则获益良多矣。

【注　释】

① ［泮］泮宫的简称，后专指学堂。

② ［偻指］逐一屈指而数。

（漆　水）

曾国藩

谕纪泽纪鸿（二）

【内容提要】

作者写给两个儿子的四条训则：一是慎独心安；二是主敬强身；三是仁民悦人；四是习劳神钦。尽管其中有不少封建思想，但作者要求儿子"修己以安百姓"、"仁民爱物"、"自食其力"、"俭以奉身"、"勤以救民"，就是在今天仍有其借鉴意义。

【原　　文】

一曰慎独①心安。自修之道，莫难于养心。心既知有善知有恶，而不能实用其力，以为善去恶，则谓之自欺。方寸②之自欺与否，盖他人所不及知，而己独知之。故《大学》③之"诚意"章，两言慎独。果能好善如好好色，恶恶如恶恶臭，力去人欲，以存天理，则《大学》之所谓自慊④，《中庸》之所谓戒慎恐惧，皆能切实行之。即曾子⑤之所谓自反而缩，孟子之所谓仰不愧，俯不怍，所谓养心莫善于寡欲，皆不外乎是。故能慎独，则内省不疚，可以对天地质鬼神，断无行有不慊于心则馁之时。人无一内愧之事，则天君泰然。此心常快足宽平，是人生第一自强之道，第一寻乐之方，守身之先务也。

二曰主敬则身强。敬之一字，孔门持以教人，春秋士大夫亦常言之，至程朱⑥则千言万语不离此旨。内而专静纯一，外而整齐严肃，敬之工夫也；出门如见大宾，使民如承大祭，敬之气象也；修己以安百姓，笃恭而天下平，敬之效验也。程子谓上下一于恭敬，则天地自位，万物自育，气无不和，四灵⑦毕至。聪明睿智，皆由此出。以此事天飨⑧帝，盖谓敬则无美不备也。吾谓敬字切近之效，尤在能固人肌肤之会筋骸之束。庄敬日强，安肆日偷⑨，皆自然之征应，虽有衰年病躯，一遇坛庙祭献之时，战阵危急之际，亦不觉神为之悚⑩，气为之振，斯足知敬能使人身强矣。若人无众寡，事无大小，一一恭敬，不敢懈慢，则身体之强健，又何疑乎？

三曰求仁则人悦。凡人之生，皆得天地之理以成性，得天地之气以成形。我与民物，其大本乃同出一源。若但知私己，而不知仁民爱物，是于大本一源之道已悖而失之矣。至于尊官厚禄，高居人上，则有拯民溺救民饥之责。读书学古，粗知大义，即有觉后知觉后觉之责。若但知自了，而不知教养庶汇⑪，是于天之所以厚我者辜负甚大矣。

孔门教人，莫大于求仁，而其最切者，莫要于欲立立人⑫，欲达达人⑬数语。立者自立不惧，如富人百物有余，不假外求；达者四达不悖，如贵人登高一呼，群山四应。人孰不欲己立己达，若能推以立人达人，则与物同春矣。后世论求仁者，莫精于张子⑭之《西铭》。彼其视民胞物与，宏济群伦，皆事天者性分当然之事。必如此，乃可谓之人，不如此，则曰悖德，曰贼。诚如其说，则虽尽立天下之人，尽达天下之人，而曾无善劳之足言，人有不悦而归之者乎？

四曰习劳则神钦。凡人之情，莫不好逸而恶劳，无论贵贱智愚老少，皆贪于逸而惮于劳，古今之所同也。人一日所着之衣所进之食，与一日所行之事所用之力相称，则旁人韪⑮之，鬼神许之，以为彼自食其力也。若农夫织妇终岁勤动，以成数石之粟数尺之布，而富贵之家终岁逸乐，不营一业，而食必珍羞⑯，衣必锦绣，酣豢高眠，一呼百诺，此天下最不平之事，鬼神所不许也，其能久乎？

古之圣君贤相，若汤之昧旦丕显⑰，文王日昃不遑⑱，周公⑲夜以继日、坐以待旦，盖无时不以勤劳自励。《无逸》⑳一篇，推之于勤则寿考，逸则夭亡，历历不爽。为一身计，则必操习技艺，磨炼筋骨，困知勉行，操心危虑，而后可以增智慧而长才识。为天下计，则必己饥己溺，一夫不获，引为余辜。大禹㉑之周乘四载，过门不入，墨子㉒之摩顶放踵，以利天下，皆极俭以奉身，而极勤以救民。故荀子好称大禹、墨翟之行，以其勤劳也。

军兴以来，每见人有一材一技、能耐艰苦者，无不见用于人，见称于时。其绝无材技不惯作劳者，皆唾弃于时，饥冻就毙。故勤则寿，逸则夭；勤则有材而见用，逸则无能而见弃；勤则博济斯民，而神祇钦仰；逸则无补于人，而神鬼不歆㉓。则以君子欲为人神所凭依，莫大于习劳也。

余衰年多病，目疾日深，万难挽回，汝及诸侄辈身体强壮者少。古之君子修己治家，必能心安身强而后有振兴之象，必使人悦神钦而后有骈集之祥。今书此四条，老年用自儆惕，以补昔岁之愆；并令二子各自勖勉，每夜以此四条相课，每月终以此四条相稽，仍寄诸侄共守，以期有成焉。

【注　释】

①［慎独］在独处时能谨慎不苟。

②［方寸］心。

③［《大学》］《礼记》篇名。汉代以后分出单本流传。宋代朱熹把《论语》《孟子》《中庸》《大学》合称"四书"。自宋末以来，封建王朝为了统一思想，规定以四书取士，成为旧时士人猎取功名的必读书。

④［慊（qiè）］满足。

⑤［曾子］名参，字子舆，春秋时期鲁国人。孔子的弟子。

⑥［程朱］宋代程颢、程颐与朱熹提倡性理之学，以主敬存诚为本，成为一个学派，世称"程朱之学"。

⑦［四灵］指麟、凤、龟、龙。

⑧［飨（xiǎng）］祭献。

⑨［偷］苟且，怠惰。

⑩［悚（sǒng）］通"竦"，恐惧。

⑪［庶汇］众物，万物。

⑫［立人］犹如说树人。使人得以自信。

⑬［达人］即"己欲达而达人"之意。

⑭［张子］宋代张载，理学家。他写的《西铭》，主张知化穷神，存心养性，以为天人一体，国君是天地的宗子，民为同胞。

⑮［媁（wěi）］是，对。这里是旁人以为对。

⑯［珍羞］美味的食物。［羞］通"馐"。

⑰［汤］商王朝的建立者。也称天乙、成汤。［昧旦］黎明，天未全明的时候。［丕显］伟大光明，此指使德政显明。

⑱［文王］即周文王，姓姬名昌，周武王的父亲。［日昃（zè）］太阳偏西。［不遑（huáng）］来不及，没有空闲。

⑲［周公］周文王的儿子姬旦，辅助武王灭纣，建立周王朝。武王死后，成王年幼继位，周公摄政。周代的礼乐制度相传都是周公所制订。

⑳［《无逸》］《周书》篇名。记载周公劝诫成王不要沉溺享乐的言辞。

㉑［大禹］远古夏部落的领袖，相传为治水，曾三过家门而不入。

㉒［墨子］即墨翟。春秋战国之际著名的思想家，墨家学派的创始人。鲁国人，做过宋国大夫，死于楚国。他主张兼爱、非攻。摩顶放踵：摩秃头顶，走破脚跟。《孟子·尽心上》："墨子兼爱，摩顶放踵，利天下为之。"此句是说墨子为推行兼爱，损伤身体，也在所不惜。

㉓［歆（xīn）］古时祭祀鬼神，鬼神享受祭品的香气叫"歆"。

谕纪泽纪鸿（四）

【内容提要】

本文教育子孙读书只求明理，视富贵如浮云；立身行事应不离"八本、三致祥"。

【原　文】

尔等长大之后，切不可涉历兵间，此事难于见功，易于造孽，尤易于贻万世口实①。余久处行间②，日日如坐针毡，所差不负吾心，不负所学者，未尝须臾忘爱民之意耳。近来阅历愈多，深谙③督师之苦。尔曹④惟当一意读书，不可从军，亦不必作官。

吾教子弟不离八本，三致祥。八者曰：读古书以训诂⑤为本，作诗文以声调为本，养亲⑥以得欢心为本，养生以少恼怒为本，立身以不妄语⑦为本，治家以不晏⑧起为本，居官以不要钱为本，行军以不扰民为本。三者曰：孝致祥，勤致祥，恕致祥。吾父竹亭公之教人，则专重孝字。其少壮敬亲，暮年爱亲，出于至诚。故吾纂墓志，仅叙一事。吾祖星冈公之教人，则有八字、三不信：八者，曰考、宝、早、扫、书、蔬、鱼、猪；三者，曰僧巫，曰地仙⑨，曰医药，皆不信也。处兹⑩乱世，银钱愈少，则愈可免祸；用度愈省，则愈可养福。尔兄弟奉母，除劳字俭字之外，别无安身之法。吾当军事极危，辄将此二字叮嘱一遍，此外亦别无遗训之语，尔可禀告诸叔及尔母无忘。

【注　释】

① ［贻］留下。［口实］话柄。

② ［行（háng）间］军队中。

③ ［谙］熟悉。

④ ［尔曹］你辈，你们。

⑤ ［训诂］解释古代文献词语。

⑥ ［亲］双亲。

⑦ ［妄语］随便说话。

⑧ ［晏］迟。

⑨ ［地仙］方士称住在人间的仙人。

⑩ ［兹］这。

（党怀兴）

张之洞

与 子 书

【作者简介】

张之洞（1837—1909），字孝达，号香涛，直隶南皮（今属河北）人，同治进士。清末洋务派首领。1884年（光绪十年）中法战争时，由山西巡抚升至两广总督，起用冯子材在广西边境击败法军。1889年调任湖广总督，开办汉阳铁厂和湖北枪炮厂，设立织布、纺纱、缫丝、制麻四局，并筹办芦汉铁路，与李鸿章争夺权势。曾反对戊戌变法，镇压两湖反洋教斗争和唐才常自立军起事。1907年调任军机大臣，掌管学部。有《张文襄公全集》。

【内容提要】

"知子莫如父"，儿子没有文才，张之洞就送他学武，希望他成为捍卫国家的有用之材。又对儿子提了三点希望：在学习方面，要努力上进，把真本领学到手。做人方面，要放下贵家子弟的架子，磨炼自己的意志。在生活方面，不要染上嫖娼赌博的恶习，以免荒废学业。通篇贯穿着"用功学习，力求上进"的精神，可资借鉴。

【原　　文】

吾儿知悉：汝出门去国，已半月余矣。为父未尝一日忘汝。父母爱子，无微不至，其言恨不能一日不离汝，然必令汝出门者，盖欲汝用功上进，为后日国家干城之器^①，有用之才耳。方今国事扰攘，外寇纷来，边境累失，腹地亦危。振兴之道，第一即在治国。治国之道不一，而练兵实为首端。汝自幼即好弄，在书房中，一遇先生外出，即跳掷嬉笑，无所不为。今幸科举早废，否则汝亦终以一秀才老其身；决不能折桂探杏，为金马玉堂中人物也^②。故学校肇开，即送汝入校。当时诸前辈犹多不以为然，然余固深知汝之性情，知决非科甲中人，故排万难以送汝入校，果也除体操外，绝无寸进。余少年登科，自负清流，而汝若此，真令余愤愧欲死。然世事多艰，习武亦佳，因送汝东渡，入日本士官学校肄业，不与汝之性情相违。汝今既入此，应努力上进，尽得其奥。勿惮劳③，勿恃贵，勇猛刚毅，务必养成一军人资格。汝之前途，正亦未有限量，国家正在用武之秋，汝只患不能自立，勿患人之不己知。志之，志之。勿忘，勿忘。抑余又有诫汝者：汝随余在两湖，固总督大人之贵介④子也，无人不恭待汝。今则去国万里矣，汝平日所挟以傲人者，将不复可挟，万一不幸肇祸，反足贻⑤堂上以忧。汝此后当自视为贫民，为贱卒，苦身戮力⑥，以从事于所学，不特得学问上之益，而可借是磨炼身心，即后日得余之庇，毕业而后，得一官一职，亦可深知在下者之苦，而不致予智自雄。余五旬外之人也，服官一品，名满天下，然犹兢兢也，常自恐惧，不敢放恣。汝随余久，当必亲炙⑦之，勿自以为贵介子弟，而漫不经心，此则非余之所望于尔也，汝其慎之。寒暖更宜自己留意，尤戒有狭邪⑧赌博等行为，即幸不被人知悉，亦耗费精神，抛荒学业。万一被人发觉，甚或为日本官吏拘捕，则余之面目，将何所在？汝固不足惜，而余则何如？更宜力除，至嘱，至嘱！余身体甚佳，家中大小，亦均平安，不必系念。汝尽心求学，勿妄外骛⑨，汝苟竿头日上⑩，余亦心广体胖矣。

父涛示

五月十九日

【注　释】

①［干］盾牌。干和城都是比喻捍卫者，即希望儿子能做个保国的卫士。

②［折桂探杏］科举时代称"及第"为折桂。唐时进士在杏园举行"探花宴"，所以中进士称"探杏"。［金马玉堂］旧时指翰林院。

③［勿惮劳］不要害怕劳苦。［惮］害怕。

④［贵介］即尊贵。［介］大。

⑤［贻］遗留，留下。

⑥［戮力］努力，尽力。

⑦［亲炙］亲身受到教益。

⑧［狭邪］娼妓家，这里指宿妓嫖娼。

⑨［外骛］不专心正业，好高骛远。

⑩［竿头日上］原为"百尺竿头，更进一步"的成语之缩略。这里希望儿子若能一天一天的进步，我也就心情愉快、身体健壮了。

（牟国相）

林　纾

与　琼　子

【作者简介】

　　林纾（1852—1924），原名群玉，字琴南，号畏庐、冷红生。中国近代文学家，以翻译西方小说著名。福建闽县（今福州）人。光绪举人，任教于京师大学堂。早年参加过资产阶级改良主义的政治运动。曾依靠旁人口述，用古文翻译欧美小说一百七十余种，其中不少是外国名著，文笔流畅，对当时影响很大。晚年反对新文化运动甚力，是守旧派代表之一。工诗画。有《畏庐文集》《畏庐诗存》及传奇、小说、笔记等多种。

【内容提要】

　　这是林纾七十二岁时写给儿子的一封信。他针对儿子心情疏懒、荒度岁月的情况，并以自己为例，劝告儿子要珍惜时光，安心学习，从长计议。

【原　　文】

　　字谕①琼儿知之：天下最难之事为收放心，则为提醒精神。精神一提醒，则后来艰难之状，历历②布在眼前，放心不敛③则自敛矣。凡血气未定之人④，容易为人诱骗。你之朋友亦不是有心陷害，不过同是青年之人，阅历⑤不深，毫无后顾之忧，一日畅快便过了一日，不知不觉将堂堂岁月积渐抛荒。一日抛荒，便种一月一年之根株。心情渐渐疏懒，以为凡事都有明日，不知靠明日便失之今日，逐日如此，不知不觉又度一月。一月不过三十日，试问一年有几个三十日？岂不可惜！而翁⑥今年七十有二，未尝一日偷闲，正以来日无多，格外珍惜。汝年仅二十，如能如我勤勉，将来岂复可量。譬如商家，我之资本无多，能俭能勤，亦足支撑过日。汝年富力强，本钱充足，更能勤俭，发财便无限量。须知为人必先苦而后甜，不宜先甜而后苦。我在一日，汝便有一日之安饱，此不是甜境，是未来之苦境。汝若昧昧⑦视为甜境，则苦境之来，正算不到是何时日。吾为汝计，方汲汲过景⑧，汝反偷闲往观电影，有何益处？不是作骗，便是狙劫，至侦探等等，全是教人为恶，毫无阅历之可言，观之殊误眼光。汝言夜间睡不着，必是课后与同学闲谈，不能就枕，率性出塾⑨游玩，此即不能收敛放心处。放心一萌，则眼前便起一道愚云，将一身事业全行遮蔽。如道士炼丹，时时着魔，令汝七颠八倒，你当早早回头，习一静字，便是安心之法。由静生明，由明看到家境，则志气奋发矣。勉之勉之⑩。癸亥⑪四月二日父字。此书留观，不可抛弃。

【注　释】

①［谕］长辈对晚辈的教诲、指示。

②［历历］清楚分明。

③［敛］约束。

④［血气未定之人］年轻人血气方刚，但不成熟，故称之。

⑤［阅历］经历。这里指生活中积累的经验。

⑥［而翁］你的父亲，指林纾自己。

⑦［昧昧］糊涂，头脑不清楚。

⑧［方汲汲过景］意思是才急切地顾及你的前程。

⑨［率性出塾］随意离开学堂。［率］轻易，不慎重。［塾］旧时私人设立的教学处所。

⑩［勉之勉之］努力啊，努力啊。

⑪［癸亥］即 1924 年。

（范嘉晨）

卷七

慕贤交友篇

夫交友之美，在于得贤，不可不详。而世之交者，不审择人，务合党众，违先圣人交友之义，此非厚己辅仁之谓也。

慕贺交支篇

刘 廙

诫 弟 伟

【作者简介】

刘廙（yì）（180—221），字恭嗣。三国时魏国南阳安众（今河南镇平县）人。历任黄门侍郎、侍中，赐爵关内侯，著有《政论》五卷，《刘廙集》二卷。

【内容提要】

本篇告诫其弟刘伟交友要慎重，交到了好朋友，对自己的成长与进步都很有益。否则对自己、对社会都是无益处的。

【原　　文】

夫交友之美，在于得贤，不可不详。而世之交者，不审择人，务①合党众，违先圣人交友之义，此非厚己辅仁之谓也②。吾观魏讽③，不修德行，而专以鸠合为务，华而不实，此直搅世沽名者也。卿其慎之，勿复与通。

【注　　释】

①〔务〕致力，从事。
②〔厚己〕使自己有所得益。〔辅仁〕语出《论语》"君子以文会友，以友辅仁"，指朋友帮助自己成就仁德。
③〔魏讽〕字子京，三国时魏沛（今江苏）人。有惑众才，喜结徒党。曾谋袭邺都，未及期，事发被诛。惜刘伟对其兄长的告诫未能听从，终因参与魏讽的谋反而蒙难。

【译　　文】

大凡结交朋友的好处，就在于能得到有才有德的人，因此不能不仔细慎重。然而世上有些人结交朋友，不去慎重地选择，而是一味地纠合党羽，这就违背了前代圣人交友的本义，也不是圣人所说的交结良友能使我得益，能帮助我成就仁德的情况啊。我看魏讽这人不修养道德品行，专以聚集党羽为务，华而不实，这简直是扰乱世事、沽名钓誉的人。你一定要审慎处之，不要再与他来往。

（王其祎）

颜延之

庭诰（节录）

【作者简介】

颜延之（384—456），字延年，临沂（今山东临沂）人。官至金紫光禄大夫，文章冠盖当世，与谢灵运齐名。嗜酒，性情放诞，言无忌讳，触忤要人，时称"颜彪"。

【内容提要】

《庭诰》是作者闲居无事时写的两篇训诫文字，它立意高远，征引自如，滔滔雄辩，下笔多成警句，具有丰富的内涵和深刻的哲理。全文较长，这里是从中节录的两段，它们的主要内容分别为：（一）概括地论述了道情公私之间、孝慈友悌之间的关系；（二）喜怒性情反映一个人的气度智识，应该抑忍；人性易受感染，应慎其所处，与善人交往。

【原　文】

（一）

道者识之公，情者德之私，公通可以使神明加响，私塞不能令妻子移心。是以昔之善为士者，必捐情反道①，合公屏②私。寻尺之身，而以天地为心；数纪之寿，常以金石为量。观夫先贤垂诫，长老余论，虽用细制，每以不朽见铭；缮③筑末迹，咸以可久承志，况树德立义，收族长家④，而不思经远乎？曰：身行不足，遗之后人。欲求子孝，必先慈；将责弟悌，务为友⑤。虽孝不待慈，而慈固植孝；悌非期友，而友亦立悌。夫和之不备，或应以不和，犹信不足焉，必有不信。倘知思意相生，情理相出，可使家有参柴，人皆由损⑥。

（二）

喜怒者有性所不能无，常起于偏量，而止于弘识，然喜过则不重，怒过则不成，能以恬淡为体，宽愉为器者，美矣！大喜荡心，微仰则定；

甚怒烦性，小忍即歇。故动无愆容，举无失度，则物将自悬，人将自止。习之所变亦大矣，岂惟蒸性染身，乃将移智易虑⑦？故曰：与善人居，如入芝兰之室，久而不闻其芬，与之化⑧矣；与不善人居，如入鲍鱼之肆⑨，久而不闻其臭，与之变矣。是以古人慎所与处。唯夫金真玉粹者，乃能处而不污尔。故曰：丹可灭而不能使无赤，石可毁而不能使无坚。苟无丹之性，必慎浸染之由。

【注　释】

① ［捐］抛弃。［反］通“返”。

② ［屏］通“摒”，摒弃。

③ ［缮］修整。

④ ［收族长家］支撑家族，治理一户。

⑤ ［友］亲爱，友好，多用于兄弟之间。

⑥ ［参柴、由损］曾参、高柴、仲由、闵损，皆为孔门弟子，以孝闻。见《史记·孔子弟子列传》。

⑦ ［移智易虑］改变心智、思虑。

⑧ ［化］同化，一致。

⑨ ［鲍鱼之肆］出售鲍鱼的商店。［鲍鱼］盐渍鱼。

【译　文】

（一）

　　道是智识的公理，情是德行的私欲，公理通达可以使神明响应，私欲阻塞不能使妻子儿女改变主意。所以过去的那些善于做士人的人，都坚定地抛弃情感回归大道，使自己的言行符合公理而摒弃私欲。几尺长的身躯，却以天地作为本心；几纪长的寿命，常常与金石较量长久。审视先贤们留下来的训诫，年长者留下来的话语，即使篇幅短小，可常常都因不朽而被铭刻；即使都是微小的事迹，但却每每是因为可以承其大而被记录下来，何况树立德行标榜义礼，支撑一族，掌管一家，难道可以不考虑它的长久效果吗？有言道：自身的行为不够好，必然贻害后人。想让儿子孝顺，父亲必须先慈爱；想让弟弟顺从，哥哥必须先友善。即使孝顺不一定非有待于慈爱不可，但慈爱一定可以培养出孝道来；即使顺从不一定非要期望于友善，但友善一定能树立起顺从来。和睦不具备，将带来不和，就像信义不够，必然带来信用不足一样。倘若明白了恩情和孝顺是相互产生、情感和公理是相互依存的，就能够家家有孝儿，人人成孝子了。

（二）

喜怒是人的本性难以避免的，它们常常产生于气量狭小，而终止于卓识。然而欢喜过度就有失自重，愤怒过度就有失威严，能够用恬静淡泊、宽心愉悦的态度处世，就太美妙了！美妙巨大的喜悦摇荡心旌，只要稍稍压抑就安定了；大的怒气烦扰心性，只要稍稍忍耐就能停息。这样，举止没有过错与失度，那么，事物依然存在，而人会自动平静。人的心性改变也太大了，哪里仅仅是邪性染身才会改变人的智慧和思维？因而说：与好人相处，就像进入有芝兰芳香的屋子，时间长了便闻不到香气了，已经与香气同化了；与坏人相交往，就像进入出售臭鱼的铺店，时间长了就闻不到臭气了，也与它一起变臭了。因而，古人很慎重选择与什么样的人相处。只有那些有金石一般的坚贞、粹玉一般坚强品行的人，才能与任何人相处而不受其不良的影响，所以说可以把丹砂毁灭，但不能使它的红色消除；可以将石头粉碎，但不能使它不坚硬。假如一个人没有丹砂、岩石一样的品行，就一定要谨慎防止被污染变坏。

（储兆文）

颜 氏 家 训 （节录）

慕 贤 篇

结 交 贤 能

【内容提要】

虽然大圣大贤旷世难逢，但生活中又确实充满着比我们贤能的人，入芝兰之室，久而同其芬芳。我们应该爱慕贤才，尊重能人，与贤能在一起，接受他们的熏陶，以培养自己高尚的情操，选择正确的人生方向。

【原　　文】

古人云："千载一圣，犹旦暮也①；五百年一贤，犹比膊也②。"言圣贤之难得，疏阔③如此。倘遭不世④明达君子，安可不攀附景仰之乎⑤？吾生于乱世，长于戎马，流离播越⑥，闻见已多；所值⑦名贤，未尝不心醉魂迷向慕⑧之也。人在年少，神情⑨未定，所与款狎⑩，熏渍陶染⑪，言笑举动，无心于学，潜移暗化，自然似之；何况操履艺能⑫，较明易习⑬者也？是以与善人居，如入芝兰⑭之室，久而自芳也；与恶人居，如入鲍鱼之肆⑮，久而自臭也。墨子悲于染丝⑯，是之谓矣。君子必慎交游焉，孔子曰："无友不如己者⑰。"颜、闵之徒⑱，何可世得⑲！但优于我，足贵之⑳。

【注　　释】

①［"千载"二句］意为隔一千年出一位圣人，就像人世间只隔一天，强调圣人出现的周期之长。［旦暮］从早到晚。

② ["五百年"二句] 意谓五百年间出一位贤人，就像摩肩接踵一样密。[比膊] 肩并肩。

③ [疏阔] 远离，隔开。

④ [不世] 非凡。

⑤ [攀附] 依附。[景仰] 仰慕。

⑥ [播越] 离散。

⑦ [值] 逢，遇到。

⑧ [向慕] 景仰，敬慕。

⑨ [神情] 精神修养和性格习惯。

⑩ [款狎] 密切，亲近。

⑪ [熏] 熏物。[渍] 浸泡。[陶] 陶冶。[染] 濡染。

⑫ [操履] 操行。[艺能] 才干。

⑬ [易习] 容易学习。

⑭ [芝兰] 两种香草名。

⑮ [鲍鱼之肆] 卖鲍鱼的店铺。[鲍鱼] 腌鱼，气味腥臭。

⑯ ["墨子"句]《墨子·所染篇》记载：墨子对染布的人感叹说："把布放到黑色染料中就变成黑的，放在黄色染料中就变成黄的，染料不同，所染的颜色也就不同，所以染布一定要小心谨慎啊。"

⑰ ["无友"句] 不要与不如自己的人交朋友。见《论语·学而篇》。

⑱ [颜] 颜回，小孔子三十岁。[闵] 闵损，小孔子十五岁。二人都是孔子的弟子，以贤能著称。

⑲ [世得] 在当时得到。[世] 古代以三十年为一世。

⑳ [贵之] 尊重他。

【译　文】

　　古人说："隔千年出一圣人，现在看来，都还像只隔早晚一样短；隔五百年出一贤人，像肩并肩一样近。"都是说圣贤之人出现的周期太长，难得遇见，相隔遥远。倘若遇到罕有的贤明通达之人，怎能不对他依附敬仰呢？我出生在动乱的时代，成长于兵戈戎马之中，到处漂流，见闻很多；对所遇见的名士贤能，未曾不心醉神迷一般仰慕他。人在青少年时，精神修养和性格习惯都没有定型，对与他密切亲近的人，熏陶渍染，言笑举动，即使无心去学，但潜移默化，自然也就会像他，更何况操行才干之类明显易学的东西呢？所以，与善人相处，就像置身芝兰熏过的房屋中，时间长了自然也会充满香味；与恶人相处，就像身处腌鱼铺中，时间久后自然就臭味难闻。墨子叹息白布被染，随色而变，也是这个意思。正直的人一定会谨慎地交友，孔子说："不要与不如自己的人做朋友。"颜回和闵损这样的贤人怎样能在每一世中都出现呢？只要有人比我高尚，便足以值得我敬重他！

敬 慕 近 贤

【内容提要】

墙里开花墙外香。世俗见识短浅，贵耳贱目，重远轻近，对身边的贤良不加敬重，而对外乡稍有名声的能人却钦慕不已。有此弊病，小者损身，大者亡国。

【原　　文】

世人多蔽①，贵耳贱目②，重遥轻近。少长周旋③，如有贤哲，每相狎侮④，不加礼敬；他乡异县，微藉风声⑤，延颈企踵⑥，甚于饥渴。校⑦其长短，核其精粗⑧，或彼不能如此矣。所以鲁人谓孔子⑨为东家丘；昔虞国宫之奇⑩，少长于君，君狎之，不纳其谏⑪，以至亡国。不可不留心也。

【注　　释】

① [蔽] 遮盖，此处比喻目光短浅。
② [贵耳贱目] 注重听到的，轻视看到的。
③ [少长] 稍稍比自己年长的人。[周旋] 应酬。
④ [狎侮] 轻视，看不起。
⑤ [微藉风声] 稍有一点贤哲的传闻的人。[藉] 借助。
⑥ [延颈] 伸长脖子。[企踵] 跷起脚跟，比喻仰慕之情。
⑦ [校] 比较。

⑧［核］衡量。［长短、精粗］均比喻其优点和缺点。

⑨［孔子］名丘。《孔子家语》中说：鲁人不知道孔子是圣人，便说："东家那个孔丘吗？我认识他。"

⑩［宫之奇］春秋时虞国大夫。《左传·僖公五年》载：晋国想借道虞国攻击虢国，虞君答应了，宫之奇进谏，说晋灭虢之后必定会回师灭虞，不能让晋军过去。虞君不听，宫之奇说："虞国过不到腊月！"果然这年冬天，晋国回师灭虞。

⑪［谏］劝言。

【译　　文】

世人多有短视症，相信听到的而忽视看到的；尊重远乡的而鄙夷身边的。在和稍大于自己的人交往应酬中，遇有才德优异的，往往轻视他，怠慢他，对他不友好，不尊重；而对外地稍有一点贤良传闻的人，却伸长脖子踮起脚地盼望，格外仰慕，求之若渴。如果把两个人的德行和才能进行比较核实，或许外地的还不如身边的。所以，鲁国人不尊敬孔子，直呼他为"东家丘"；春秋时虞国大夫宫之奇，比国王稍大一点，国王怠慢他，不采纳他的劝言，以至亡国。对这类事情不可不留心。

不窃人美

【内容提要】

剽窃他人的成果，是一种卑鄙的行为。偷别人的东西有刑罚加以制裁；盗取别人精神财富的人，则要受到良心的谴责。品行高尚的人如果吸收了别人有用的东西，即使那人地位低下，也一定要替他扬名。南朝有一位杰出的书法家，专为皇帝起草文书，却因他地位低下而埋名终身。

【原　　文】

用其言，弃其身①，古人所耻。凡有一言一行，取于人者，皆显称②之，不可窃人之美，以为己力；虽轻虽贱者，必归功③焉。窃人之财，刑辟之所处④；窃人之美，鬼神之所责⑤。梁孝元⑥前在荆州，有丁觇⑦者，洪亭民耳，颇善属文⑧，殊工草隶⑨；孝元书记⑩，一皆使之。军府轻贱⑪，多未之重⑫，耻令子弟以为楷法⑬。时云："丁君十纸，不敌王褒⑭数字。"吾雅爱其手迹，常所宝持⑮。孝元尝遣典签惠编送文章示萧祭酒⑯，祭酒问云："君王比赐书翰，及写诗笔⑰，殊为佳手，姓名为谁？那得都无声闻？"编以实答，子云叹曰："此人后生无比，遂不为世所称⑱，亦是奇事。"于是闻者稍复刮目，稍仕至尚书仪曹郎⑲，末为晋安王⑳侍读，随王东下。及西台陷没㉑，简牍淹散㉒，丁亦寻㉓卒于扬州，前所轻者，后思一纸，不可得矣。

【注　释】

① [弃其身] 即弃其人，不重用他。

② [显称] 颂扬。

③ [归功] 将功劳属他。

④ [刑辟] 刑罚。[处] 处置。

⑤ [责] 处罚。

⑥ [孝元] 即梁元帝萧绎。他即位前曾为西中郎将、荆州刺史。

⑦ [丁觇] 南朝书法家，善隶书，与智永齐名，时称"丁真永草"。

⑧ [属文] 写文章。

⑨ [草隶] 草书和隶书。

⑩ [书记] 奏记、书牍等书写文字。

⑪ [军府] 军幕。[轻贱] 认为他轻微贫贱。

⑫ [未之重] 未重之的倒装。[重] 敬重。

⑬ [楷法] 以他为模，去效法他。

⑭ [王褒] 字子渊，南朝梁书法家。

⑮ [宝持] 当作宝物保存。

⑯ [典签] 官名，掌握宣传和风教之类的事。[祭酒] 官名。[萧祭酒] 即萧子云，善草隶。

⑰ [比] 近来。[诗] 诗歌。[笔] 散文。

⑱ [遂] 终究。[称] 称赞。

⑲ [尚书仪曹郎] 官名。

⑳ [晋安王] 梁简文帝萧纲，曾封晋安王。

㉑ [西台] 即江陵。因在建安（今南京）以西，故称古台。[西台陷没] 梁朝

灭亡。

ⓛ ［简］书简。［牍］书板。

ⓜ ［寻］接着。

【译　文】

　　采纳别人的意见，但却不任用他，古人认为这是可耻的。凡是从别人那里得到一句话或一点指导，都要加以颂扬，不要窃取他人的美行，作为自己的功劳；即使他是一个低微贫寒之人，也要归功于他。盗窃别人的财富，要受到刑法的惩治；窃取别人的美行，要受到鬼神的处罚。梁元帝萧绎在即位前任荆州刺史，幕中的一位叫丁觇的人，很会写文章，更长于草书和隶书；梁孝元帝的奏札和信牍，全都由他代笔。但军幕认为他轻微贫贱，人们都不尊重他，耻于让子弟们以他作为楷模，仿效他的笔法。当时流传说："丁觇君十张纸，不敌王褒几个字。"我特别喜欢他的手迹，每得一幅都当作珍品保存。孝元帝曾派典签官惠编送文章给祭酒官萧子云看，萧祭酒问："君王近来所赐书信以及诗歌和散文，都是上乘之作，不知道作者叫什么名字？怎么连一点声誉都没有呢？"惠编告诉他实情，萧子云感叹道："此人在后辈中出类拔萃，无与伦比，但终不为世人所称颂，也真是件怪事！"人们听到这话之后，开始对丁觇稍稍刮目相看，不久，丁觇官至尚书仪曹郎，最后又做晋安王侍读，随王东下。江陵陷没时，官府的书籍全部散失，丁觇随即死于扬州。以前轻蔑他的人，后来想得到他一张纸，也不能如愿。

（傅绍良）

袁 采

袁 氏 世 范 _{（节录）}

人之智识有高下

【内容提要】

　　人与人交流的深度和广度，主要基于彼此素质、修养、知识面等"智识"方面的相近程度，只有在智识相当的人们之间，才有彻底的深层的交流、平等的对话。如果两人智识水平相去甚远，则往往难以有互相补充、互相提高的效果。因而选择谈话的对象时，应该注意这一点。

【原　　文】

　　人之智识，固有高下，又有高下殊绝者。高之见下，如登高望远，无不尽见；下之视高，如在墙外，欲窥墙里。若高下相去差近①，犹可与语；若相去远甚，不如勿告，徒费舌颊尔②。譬如弈棋，若高低止较三五著，尚可对弈，国手与未识筹局③之人对弈，果如何哉？

【注　　释】

　　①［差近］差别不大。

　　②［舌］口舌。［颊］面庞。

　　③［未识筹局］不知比赛的基本规则。

【译　　文】

　　人的智慧见识本来就有高下之分，而且还有相差极大的。智识高的人看智识低的，就像登高望远，没有看不到的；智识低的看智识高的人，就像在墙外想看见墙里的东西一样。如果两人水平相差不大，还可以与他对话；如果相差太远，不如不对话，即使说话，也是徒费口舌。就像下棋一样，若双方高低只差三五招，还可以对弈，若一流国手与不知下棋规则的人对弈，那么结果会怎样呢？

人之性行有长短

【内容提要】

　　"金无足赤，人无完人。"每个人都有长处，但也难免有短处。与人相处应怎样对待别人的长处与短处呢？作者指出了应取的态度。

【原　　文】

　　人之性行，虽有所短，必有所长。与人交游，若常见其短而不见其长，则时日不可同处；若常念其长而不顾其短，虽终身与之交游可也。

【译　　文】

　　人的品行，即使有短处，一定也会有长处。与他人交往，如果经常只看到别人的短处，而看不到别人的长处，那么一时一刻也不能相处；如果经常想着别人的长处而不对别人的短处耿耿于怀，即使终生与他交往也是可以做到的。

（储兆文）

叶梦得

石 林 家 训

中国人的教育智慧·经典家训版

【作者简介】

叶梦得（1077—1148），字少蕴，号石林，苏州吴县（今江苏苏州市）人。北宋哲宗绍圣四年进士。徽宗大观三年以龙图阁学士知汝州（今河南临汝县），宣和元年改知颖昌府（今河南许昌市）。宣和七年，召为吏部尚书，后又改知颖昌、杭州。南宋高宗绍兴元年，被起用为江东安抚大使，兼知建康府（今江苏南京市）。绍兴八年，再任江东安抚制置大使，兼知建康府。

【内容提要】

叶梦得在《家训》中说的"轧于利害者，造端设谋，倾之惟恐不力，中之惟恐不深"，是他亲身的感觉。他相信自己的儿子不会习于诞妄，乐于多知，溺于爱恶，轧于利害，但怕后辈轻信、轻传那些不负责任、故意中伤的话，要他们注意选择交友，避免这两种过失。这是饱经忧患、洞悉人情的阅历之言，在人们的生活中经常可以用到，因此十分宝贵。

【原　　文】

《易》①曰："乱之所由生也，言语以为阶。君不密则失臣，臣不密则失身。"庄子②曰："两喜多溢美之言，两怒多溢恶之言。"大抵人言多不能尽实，非喜即怒。喜而溢美，有失谨厚；怒而兴恶，则为人之害多矣。孟子曰："言人之不善，当知后患何？"夫己轻以恶加人，则人亦必轻以恶加我，以是自相加也。吾见人言，类不过有四：习于诞妄者，每信口纵谈，不问其人之利害，于意所欲言。乐于多知者，并缘形似，因以增饰，虽过其实，自不能觉。溺于爱恶者，所爱虽恶，强为掩覆③；所恶虽善，巧为之破毁。轧于利害者，造端设谋，倾之惟恐不力，中之惟恐不深。而人之听言，其类不过二途：纯质者不辨是非，一皆信之；疏快者不计利害，一皆传之。此言所以不可不慎也。今汝曹前四弊，我知其或可免，若后二失，吾不能无忧。盖汝曹涉世未深，未尝经患难，于人情变诈，非能尽察，则安知不有因循陷溺者乎！故将欲慎言，必须省事，择交每务简静，无求于事，令则自然不入是非毁誉之境。所以游者，皆善人端士，彼亦自爱以防患，则是非毁誉之言亦不到汝耳。汝不得已而友纯质者，每致其思则而无轻信；友疏快者，每谨其诚而无轻薄，则庶乎其免矣。

【注　　释】

①［《易》］即《易经》，儒家经典著作之一。

②［庄子］名周，战国哲学家、散文家。他继承和发展了老子的思想，后人以"老庄"并称为道学大师。

③［掩覆］掩饰。

【译　　文】

《易经》上说："乱之所产生的途径，语言是阶梯。国君说话不慎密，就会失去臣子；臣子说话不慎密，就会失去生命。"庄子说："两人高兴时多说赞美之词，两人发怒时多说憎恶之语。"大概人说的话多数都不是真实的，不是高兴之言，即是发怒之语。喜悦就说赞美之词，有失其真；生气了就说厌恶之语，却对人有好多危害。孟子说："说人不好，想到会造成什么后患了吗？"自己轻易把恶语加于别人，那么别人也会轻易把恶语加在我的身上，因此自然会互相攻击。我认为人们所说的话，不过有四类：惯于说空话假话的人，每每信口开河，不问他人的利害，而凭自己的意想随意而谈。喜欢表现自己知识多的人，不惜添油加醋加以夸饰，虽然已超过事实本身，可自己也不能发觉。沉溺于个人好恶的人，所喜爱的人即使有缺点，也强为之掩饰；对所厌恶的人即使有优点，也巧加诋毁。倾轧于利害的人，制造事端，巧设计谋，倾轧唯恐不够，中伤唯恐不深。人们听话也不过有两种：纯朴的人不辨是非，全都相信；嘴快的人不计较利害，一听就全都传播。这就是说话不能不谨慎的原因。现在对前面四种弊端，我知道你们或许可以免除，而对后两种过失，我不能不感到忧虑。你们涉世不深，从未经历过患难，对于人情变诈，无法全都观察出来，那么怎么知道不会因承袭言语有失而陷入困境呢？所以想说话谨慎，就必须省察事情，择友必须简静，无求于事，就自然不会进入是非毁誉之境。所与交游的人，都是善人贤人，他们也会自爱以防患，那么是非毁誉之言也就传不到你们耳边。你们不得已而交结了纯朴之人为友，每听到他们的话就不要轻信；与嘴快之人交友，每每要谨防他而不要轻易接近，那么就有望免祸了。

（徐娟屏）

朱 熹

与长子受之（节录）

【作者简介】

朱熹（1130—1200），字元晦，一字仲晦，号晦庵，又称紫阳，世称朱文公，徽州婺源（今江西婺源）人，后侨居福建，南宋著名哲学家、教育家、文学家。其《四书集注》被明清两代定为教科书；文学研究著作《诗集传》《楚辞集注》评论作品优劣，一些具体的文学见解，多有可取之处；诗文语言简洁明畅。有《朱子大全》。

【内容提要】

这里选取了作者对长子在择友、从善两方面的诫文。择友要择益友，而舍损友，益损之分可从对方言行举止观察出大概，再加以对话问答，便可分清；从善不问少长，唯善是取。这两点的确是处理人际关系、加强自身修养的重要方面。

【原　文】

交游之间，尤当审择，虽是同学，亦不可无亲疏之辨，此皆当请于先生，听其所教。大凡敦厚忠信、能文无过者，益友也；其谄谀轻薄、傲慢亵狎、导人为恶者，损友也。推此求之，亦自可见得五七分①，更问以审之，百无所失矣。

见人嘉善行，则敬慕而录纪之，见人好文字胜己者，则借来熟看或传录②之而咨问之，思与之齐而后已。

【注　释】

① ［五七分］即十分之五或十分之七。
② ［传录］即转录。

（储兆文）

名实篇

名之与实，犹形之于影也。德艺周厚，则名必善焉；容色姝丽，则影必美焉。今不修身而求令名于世者，犹貌甚恶而责妍影于镜也。上士忘名，中士立名，下士窃名。

范滂母

勉　子

【作者简介】

　　范滂母，姓氏不详。

　　范滂（137—169），字孟博，东汉汝南征羌（今河南郾城）人。初为清诏使，迁光禄勋主事。后为汝南太守宗贵属吏，抑制豪强，与太学生交结。反对宦官，与李膺等同时被捕，次年还乡，后再度被捕，死于狱中。

【内容提要】

　　建宁二年（169），大捕党人，下诏捕滂。督邮吴导至滂所在县，抱诏书，呆在旅舍里哭泣。滂听说后，知道是为了自己的缘故，便主动走到衙狱。县令大惊说："天下之大，你为何还到这里来？"便解印绶，准备与之俱死。滂临刑前辞别老母，不忍割舍，益增感戚。滂母于是说了这番话，滂跪受教，从容赴死。史家赞曰："至于子伏其死而母欢其义。壮矣哉！"

　　这段话表明在大义面前要舍生取义的崇高人生价值观。千载年来，读之犹醍醐灌顶，催人奋醒。

【原　文】

　　汝今得与李、杜①齐名，死亦何恨！既有令名，复求寿考，可兼得乎？

【注　释】

　　①［李、杜］李膺、杜密。李膺（110—169），字元礼，东汉颍川襄城（今属河南）人。与太学生交结，反对宦官专权，被太学生称为"天下模楷李元礼"，与陈蕃

等谋诛宦官失败，死于狱中。杜密（？—169），字周甫，东汉颍川阳城（今河南登封）人。与李膺齐名。太学生称之为"天下良辅杜周甫"，因党锢事再起，自杀。均列于"八俊"之中。

【译　文】

你今天能与李膺、杜密齐名，死了又有什么遗憾的呢！已经有了好的名声，又要追求长寿，两者能够兼有吗？

（储兆文）

颜之推

颜 氏 家 训 (节录)

名 实 篇

不 贪 名 利

【内容提要】

　　名与实，就像面容与镜中像一样，只有面容长得美丽，镜中之像才会漂亮；一个人只有本质高尚，才会有好名声。要想立名，先得修身，而人生的最高境界却又在于既品性高尚，又淡泊名利。"上士忘名，中士立名，下士窃名。"在这三面镜子中，哪一面有你自己的影子呢？

【原　　文】

　　名之与实，犹形之于影①也。德艺周厚②，则名必善焉；容色姝丽③，则影必美焉。今不修身而求令名④于世者，犹貌甚恶而责妍影于镜也⑤。上士忘名，中士立名，下士窃名。忘名者，体道合德⑥，享鬼神之福祐⑦，非所以求名也；立名者，修身慎行，惧荣观⑧之不显，非所以让名也；窃名者，厚貌深奸⑨，干浮华之虚称⑩，非所以得名也。

【注　　释】

　　① ［影］此指镜中之像。
　　② ［德艺］德性和才能。［周厚］完善而笃厚。
　　③ ［容色］相貌。［姝丽］美丽漂亮。
　　④ ［令名］美名。
　　⑤ ［责］求。［妍影］美好的图像。

⑥〔体道〕依循道德。〔合德〕符合道德。

⑦〔享〕享受。〔鬼神〕古人以为，人类的生活都是由一种无形的鬼神之意所控制的，遵奉道德者，鬼神保佑他，福禄俱全；违背道德者，必受到鬼神的惩罚。这是一种因果报应的迷信思想。

⑧〔荣观〕荣耀。

⑨〔厚貌〕表面温厚。〔深奸〕内心藏奸。

⑩〔干〕求。〔虚称〕虚名。

【译　文】

　　名誉与事实，就像影像与形体一样。道德笃厚、才能完备的人，名誉自然好；面容美丽的人，其影像也肯定优美。现在，如果不修善自身而企图在世间求得美名，就像相貌丑陋而幻想在镜中映出美好的影像一样，不可能实现。道德高尚的人，忘却名利；道德一般的人，想要树立名声；道德低下的人，窃取名誉。忘名的人，遵循古训，符合道德标准，享受鬼神的恩惠和保护，用不着去追求名誉；想立名的人，修善自身，谨慎行事，害怕荣耀得不到显现，从不想让开名誉；窃名的人，表面温厚而内心奸诈，追求虚名，华而不实，最终却不能得到名誉。

孤 名 难 成

【内容提要】

　　这里阐述了中国历史上那些清高人士孤傲不群而又壮志难酬的社会原因，描绘了一种尊重忠臣、爱慕名士的社会理想，有谴责，有悲愤，也包含着希望。

【原　文】

　　人足所履①，不过数寸，然而咫尺②之途，必颠蹶于崖岸③；拱抱之梁④，每沉溺于川谷者，何哉？为其旁无余地故也。君子之立己⑤，抑亦如之。至诚⑥之言，人未能信。至洁之行，物⑦或致疑，皆由言行声名，无余地也。吾每为人所毁，常以此自责。若能开方轨之路⑧；广造舟之航⑨，则仲由⑩之言信，重于登坛⑪之盟；赵熹⑫之降城，贤于折冲之将⑬矣。

【注　释】

①［履］踏。

②［咫尺］均为古时计量单位。八寸为咫，后多比喻距离很短。

③［颠蹶］陨落。［崖岸］悬岸之上。

④［拱抱］两手合围的树。［拱抱之梁］即独木桥。

⑤［立己］立身于世。

⑥［至诚］最忠实。

⑦［物］物议，众人的议论。

⑧［方轨之路］能并行两辆车的大路。

⑨［造舟之航］连船为桥。［航］以船相接而成的浮桥。

⑩［仲由］字子路，孔子弟子。颜氏在此文中叙述的鲁鼎之事并非子路所为，而是乐正子春。据《韩非子·说林》载：齐国攻打鲁国，索要鲁国的宝物谗鼎。鲁国将赝品送给齐国，并让乐正子春去齐国作证。乐正子春对鲁君说：“为什么不送真鼎呢？”鲁君说：“我舍不得。”乐正子春说：“那么我也舍不得我的真诚。”最终未去。

⑪［登坛］春秋时诸侯相会，都要设一个高三尺、有三级台阶的土台，按尊卑贵贱依次排列，结盟立信。

⑫［赵熹］东汉人。据《后汉书·赵熹传》载：赵熹以信义著名，舞阴大姓李氏据城不降，声称只降赵熹。赵熹到舞阴后，李氏果然投降。

⑬［折冲之将］猛不可敌的勇将。

【译　文】

一个人脚下所踏的不过数寸土地，但是如果他在陡峭无比的山崖上行走，哪怕只是咫尺之路，也必定会摔下悬崖；人在一根独木桥上行走，也往往容易掉下河谷。为什么呢？这是因为他脚下没有多余的地方。正直君子立身于世，也是如此。最忠诚的话，人们不肯相信；最高洁的品行，世人或许加以怀疑。这都是由于他的言行和名声太过孤高，没有施展才能的地方。我每次受到别人的诽谤，都这样责怪自己。如果世间能给君子们开辟宽广的道路，架设平稳的桥梁，那么，仲由那样的真话，比登坛结盟还重要；赵熹以信义取城，比退敌猛将还要贤能。

表 里 如 一

【内容提要】

名实相符，表里如一，这是立名之本。虚伪狡诈、欺世盗名之辈，最终将为人们所唾弃。"巧伪不如拙诚"，此语可作为终身训诫。

【原　文】

吾见世人，清名登而金贝入①，信誉显而然诺亏②，不知后之矛戟，毁前之干橹也③。宓子贱④云："诚于此者形于彼⑤。"人之虚实真伪在乎心，无不见⑥乎迹，但察之未熟耳⑦。一为察之所鉴⑧，巧伪不如拙诚⑨，承⑩之以羞大矣。伯石⑪让卿，王莽⑫辞政，当于尔时⑬，自以巧密⑭；后人书之，留传万代，可为骨寒毛竖⑮也。近有大贵⑯，孝悌著声，前后居丧，哀毁逾制⑰，亦足以高于人矣。而尝于苦块⑱之中，以巴豆⑲涂脸，遂使成疮，表哭泣之过⑳。左右童竖，不能掩之，益使外人谓其居处饮食，皆为不信。以一伪而丧百诚者，乃贪名不已之故也。

【注　释】

①［清名］清廉的名声。［登］高。［金贝］金钱。［贝］贝壳，秦代以前以此为钱。

②［信誉］真诚的声誉。［然诺］许诺。［亏］不能实现。

③［"不知"二句］用矛与盾的典故。《韩非子·难势》：从前有人卖矛和盾，称其盾非常坚固，什么东西也刺不穿。又夸耀其矛非常锐利，没有刺不破的东西。有人问他说："用你的矛去刺你的盾，怎样？"那人无法回答。这个故事说明立名要符合实际，不能名实相背。［矛戟］长矛和长枪。［干橹］大盾和小盾。

④［宓子贱］孔子弟子，曾做单父县令。

⑤［"诚于"句］据《孔子家语·屈节解》载：宓子贱在单父时，以德化民，取信于民，使县内百姓不违法纪，好像有严刑在身边，民风很淳朴。孔子称他所采用的是"诚于此者刑于彼"的方法。［形］通"刑"。此句是说，自己以诚待民，那么百姓也

会以诚待己，就如同实施了刑法一般。

⑥［见］通"现"，显示。

⑦［察］观察。［未熟］不彻底。

⑧［鉴］明确。

⑨［巧伪］巧妙的伪装。［拙诚］笨拙的真诚。

⑩［承］蒙受。

⑪［伯石］春秋时郑国大夫。据《左传·襄公三十年》载：伯有死后，郑伯让太史命伯石为卿。伯石推辞，太史退下后，伯石却又请命为卿，而诏令刚下，他又推辞，这样反复了三次，才接受官位。让卿事即指此。

⑫［王莽］西汉末年大臣，篡权自立，国号新。据《汉书·王莽传》载，王莽任大司马时曾摄政事。汉哀帝即位，王莽上奏请辞职，汉哀帝苦劝他继续执政，并派丞相告诉太后："大司马（王莽）不在位，皇帝就不敢听政。"于是，太后便命王莽掌管朝政。可不久王莽却废帝，自称皇帝。

⑬［尔时］那时。

⑭［巧密］巧妙而机密。

⑮［骨寒毛竖］形容十分可怕。

⑯［大贵］显赫的权贵。

⑰［哀毁］悲苦自毁。［逾制］超过了礼节的要求。

⑱［苫块］寝苫枕块的简称。［苫］草垫。古人为父母守孝时，以草垫为席，以土块为枕。后代指居丧。

⑲［巴豆］巴豆为大戟科植物巴豆的干燥成熟果实。有毒，可人药。

⑳［过］过分。

【译　文】

我看见世上之人，获取清廉的声名后，却收敛起钱财来；享有忠信的声誉后，便不重视许诺了。他们不知道后来的劣迹，会败坏先前美好的名声。春秋时宓子贱说："对百姓的真诚会在百姓那里得到显现。"一个人的虚伪和真诚虽在其心里，但无法不表现在他的行动之中，只不过人们观察得不够清楚罢了。一旦被人们所明确地察觉，那么，巧妙的伪装便不如笨拙的真诚，虚伪将给人带来巨大的羞辱。春秋时伯石谦让卿相、西汉时王莽推辞执政，在当时还自以为巧妙而精密，后人把他们的这些事写下来，流传万代，鄙夷之声，会使他们吓得骨寒毛竖。近年有显赫的贵族，以孝顺著称，先后为父母亲服孝居丧，悲苦自毁，超过了一般的礼节，也足以比世人高尚。但他曾在为父母守孝期间，用巴豆涂脸，使脸上长出疮，以显示自己哭泣得太厉害了。但他左右的童仆却不能给他掩饰，说出其真相，这一来，连他的居住饮食之苦也便让外人不相信，都被人说成是假的。他因为一种假象而丧失了百种真情，其原因就在于贪图名誉而没有止境。

不替子求名

【内容提要】

多少人望子成龙，煞费苦心，以至于替孩子修改文章，以求取名声。旁观者谁都会想到这种行为的严重后果，而当局者为何执迷不悟呢？

【原　　文】

治点①子弟文章，以为声价②，大弊事也。一则不可常继③，终露其情④；二则学者有凭⑤，益不精厉⑥。

【注　　释】

① ［治点］修改。
② ［为］谋求。［声价］声誉。
③ ［常继］永远继续。
④ ［情］真实情况。
⑤ ［凭］依靠。
⑥ ［精励］精诚，刻苦。

【译　　文】

修改儿子的文章，为他谋求名声，这是极不好的事情。一则家长不可能永远这样，到最终还得暴露孩子无能的真相；二则孩子有所依靠，会越发不精诚专一，刻苦学习。

扬名育人

【内容提要】

雁过留声，人过留名。人与动物的不同之处，就在于人有精神。人死而名存，教育后世，造福社会，这是人类文明的重要因素之一。人生在世，当以修善立名为务，不可虚伪丑恶，枉过一生。

【原　　文】

或问曰："夫神灭形消①，遗声余价②，亦犹蝉壳蛇皮，兽远③鸟迹耳。何预④于死者，而圣人以为名教⑤乎？"对⑥曰："劝⑦也，劝其立名，则获其实。且劝一伯夷⑧，而千万人立清风⑨矣；劝一季札⑩，而千万人立仁风矣；劝一柳下惠⑪，而千万人立贞风矣；劝一史鱼⑫，而千万人立直风矣。故圣人欲其鱼鳞⑬凤翼，杂沓参差⑭，不绝于世，岂不弘⑮哉？四海悠悠⑯，皆慕名者，盖因其情而致其善耳。抑⑰又论之，祖考⑱之嘉名美誉，亦子孙之冕服墙宇也⑲，自古及今，获其庇荫⑳者众矣。夫修善立名者，亦犹筑室树果，生则获其利，死则遗其泽㉑。世之汲汲者㉒，不达此意，若其与魂爽㉓俱昇，松柏㉔偕茂者，惑㉕矣哉！"

【注　　释】

① ［神灭形消］人的思维停止，形体消失。

② ［遗声余价］遗留的名声。

③ ［兽远（háng）］兽迹。

④ ［预］相关。

⑤ ［以为名教］即以名为教，教人死后留下美名。

⑥ ［对］回答。

⑦ ［劝］勉励，此指颂扬。

⑧ ［伯夷］商朝末年人。品行清高。据《孟子·万章下》载：商纣王时，他住在北海边上，等待天下清平。当时听到伯夷清高之名的人，即使顽夫也有廉耻，而懦夫也立志成人。

⑨ [清风] 清高的操行。

⑩ [季札] 春秋吴国公子。兄弟四人。其父死时，欲位于季札，季札推辞，立其兄为王。其兄死后，吴人坚决要季札即位，季札不愿意，离开都城，到城郊耕种。

⑪ [柳下惠] 春秋鲁国人，性情敦厚淳朴。据《孟子·万章下》载："闻柳下惠之风者，鄙夫宽、薄夫敦。"

⑫ [史鱼] 又作史鳅，春秋卫国大夫，正直敢谏。据《论语·卫灵公》载："子曰：'直哉史鱼，邦（国家）有道如矢（像箭一样直），邦无道如矢。'"

⑬ [鱼鳞] 疑为龙鳞。龙鳞凤翼，比喻品性高尚的人。

⑭ [杂沓] 众多纷杂。[参差] 层出不穷。

⑮ [弘] 扩大。

⑯ [悠悠] 众人，常人。

⑰ [抑] 然而。

⑱ [祖考] 祖先。[考] 父死称考。

⑲ [冕服] 冠冕和衣服。古指统治者的礼服。[墙宇] 住宅。

⑳ [庇廕] 保护。[廕] 通"荫"。

㉑ [泽] 恩惠。

㉒ [汲汲者] 狡诈虚伪之人。

㉓ [魂爽] 即魂魄精爽，皆指灵魂。

㉔ [松柏] 古人多在坟边栽种松柏。

㉕ [惑] 此指糊涂。

【译　文】

　　有人问我说："人死后，精神散灭了，形体消失了，遗留下的名声，也不过是蝉壳蛇皮、兽迹鸟痕罢了，为什么对死者，圣人还要用他们的名誉去教育后代呢？"我回答说："是为了歌颂他。颂扬他所立的美名，就能吸收他的精神营养。歌颂一个伯夷，千万个人就会树立起清高的操行；赞美一个柳下惠，千万个人就会形成坚贞的品行；颂扬一个史鱼，千万个人就会造就刚直的人格。所以，圣人希望这些道德高尚的人，纷纷繁繁，层出不穷，流传不绝，这不正好弘扬了他的道德吗？四海之内，人口众多，都是羡慕美名的，圣人以先贤作为榜样，也就是想利用人们的慕名之情而使他们更为完善。从另一方面来说，祖先的嘉名美誉，也是子孙们生活的重要保障，就好像衣冠住宅一样。从古到今，蒙受祖先庇护的太多了。修善立名，也就像建房子和栽果树那样，活着的时候享受它带来的利益，死后还把恩惠留给后代。世上那些虚伪狡诈的人，不知道名誉的价值，他们死后，便与灵魂一起升天，与墓地的松柏一同繁茂，什么也没留给后世，真是糊涂啊！"

（傅绍良）

曾国藩

谕纪泽纪鸿（六）

【内容提要】

世人多追求虚名，争强好胜，殊不知用心太过，积虑成疾，久病不起，可谓得不偿失。因此，清心寡欲才是养生之道。

【原　　文】

泽儿肝气痛病亦全好否？尔不应有肝郁之症，或由元气不足，诸病易生，身体本弱，用心太过。上次函示以节啬之道、用心宜约①，尔曾体验否？张文端公②所著《聪训斋语》，皆教子之言。其中言养身、择友、观玩山水花竹，纯是一片太和生机，尔宜常常省览。

以后在家则莳③养花竹，出门则饱看山水，环金陵百里内外，可以遍游也。算学书切不可再看，读他书亦以半日为率④，未刻⑤以后，即宜歇息游观。古人以惩忿窒欲为养生要诀⑥，惩忿即吾前信所谓少恼怒也，窒欲即吾前信所谓知节啬也。因好名好胜而用心太过，亦欲之类也。

【注　　释】

① ［约］约束。

② ［张文端公］张英。

③ ［莳（shì）］种植。

④ ［率（lǜ）］标准。

⑤ ［未刻］十二时辰之一，指下午一点至三点。

⑥ ［惩忿］息怒。［窒欲］遏止欲望。

（党怀兴）

节葬篇

夫人禀天地之气以生，及其终也，归精于天，还骨于地，何地不可藏形骸？勿归乡里，其赗赠之物、羊豕之奠，一不得受。

苦琴篇

崔 瑗

遗 令 子 实

【作者简介】

崔瑗，字子玉，后汉涿郡安平（今山东益都）人，年四十始为郡吏，坐事下狱，后辟度辽将军邓骘符、车骑将军阎显府，后举秀才，汉安初迁济北相。

【内容提要】

古今一律，人们都会借办丧葬事来显示富贵，崔瑗临终告诫子女不要在为自己办丧事时惊动乡邻，大办丧祭，这的确也是训子的一个重要方面。

【原　文】

夫人禀天地之气以生，及其终也，归精于天，还骨于地，何地不可藏形骸？勿归乡里，其赗①赠之物、羊豕②之奠，一不得受。

【注　释】

①［赗（fèng）］助主人送葬，赠死者之物。此用作动词。

②［豕］猪。

【译　文】

人靠着天地之气活命，等到死了，精气回归上天，尸骨还给大地，哪里不能埋葬这堆形骸呢？不要把我运回故乡，至于赐赠的物品、羊猪之类的祭品，即使别人送来，都不能接收。

（储兆文）

曹 操

遗 令

【内容提要】

　　这篇令文是曹操在临终前留下的遗嘱。他肯定他"以法持军"是正确的；要求家人以国事为重，尽忠职守；对于如何料理他的后事，也做了具体安排：他反对厚葬，要求节俭治丧，以表明他移风易俗，坚持革新，至死不移。

【原　　文】

　　吾夜半觉小不佳，至明日饮粥汗出，服当归汤①。

　　吾在军中持法是也，至于小愤怒，大过失，不当效也。天下尚未安定，未得遵古也。吾有头病，自先著帻②。吾死之后，持大服③如存时，勿遗。百官当临④殿中者，十五举音⑤，葬毕便除服；其将兵屯戍⑥者，皆不得离屯部；有司各率乃职。敛⑦以时服，葬于邺之西冈上，与西门豹祠相近，无藏金玉珍宝。

【注　　释】

　　① ［当归汤］一种以中药当归为主的补剂。
　　② ［帻（zé）］头巾。
　　③ ［大服］礼服。
　　④ ［临］哭吊死者。
　　⑤ ［十五举音］哭十五声。
　　⑥ ［屯戍］驻扎防守。
　　⑦ ［敛（liàn）］通"殓"，把死人装进棺材。

【译　　文】

　　我在半夜里觉得有点不舒服，到天明吃粥出了汗，服了当归汤。

　　我在军中实行依法办事是对的，至于小的发怒，大的过失，不应当学。天下还没有安定，不能遵守古代丧葬的制度。我有头疼病，很早就戴上了头巾。我死后，穿的礼服就像活着时穿的一样，别忘了。文武百官应当来殿中哭吊的，只要哭十五声即可，安葬以后，便脱掉丧服；那些驻防各地的将士，都不要离开驻地；官吏们都要各守职责。入殓时穿当时穿的衣服，埋葬在邺城西面的山冈上，临近西门豹的祠堂，不要用金玉珍宝陪葬。

（高益荣）

韩 暨

临 终 遗 言

【作者简介】

韩暨（？—238），字公至，三国南阳堵阳（今河南方城东）人。被曹操任为监冶谒者。旧时冶铁多用马排和人排，他提倡水排（水力鼓风炉），利用水力转动鼓风机械，较马排的功用提高了三倍。在职七年，器用充实。后封南乡亭侯，官至司徒，卒谥恭顺。

【内容提要】

作者提倡节葬，反对厚葬。韩暨曾说："生当益于民，死犹不害于民。"

【原　　文】

夫俗奢者，示之以俭，俭则节之以礼①。历见前代送终过制，失之甚矣。若尔曹敬听吾言，殓以时服，葬以土藏②，穿毕便葬，送以瓦器③，慎勿有增益。

【注　　释】

① ［礼］泛指封建社会贵族等级制度的社会规范和道德规范。
② ［土藏］土葬。
③ ［瓦器］一种用陶土烧成的日用器物，因其造价低廉，在当时为普通百姓所使用。

【译　　文】

大凡在习俗上讲究奢侈的人都要用节俭来劝诫他，节俭的人则要用礼仪来定个分寸。每每见前代的人们，丧葬送终的奢侈程度超过制度所定，这实在是太不应该了。望你们能恭敬地遵守我的遗言，我死后，入殓时穿上平时的衣服，安葬时埋在土里。穿戴完毕就立即下葬，只须用瓦器为我陪葬也就行了，千万不能有所增加。

（周晓薇）

郝 昭

遗 令 诫 子

【作者简介】

郝昭，字伯道，太原人。三国时为魏将，镇守河西十多年，军民畏服。后因功赐爵列侯。

【内容提要】

郝昭身为将军，曾多次掘人坟墓，取其棺木而为攻战之具。因而，他深知厚葬对死者无益，就连葬地也不必选择。

【原　　文】

吾为将，知将不可为也。吾数发冢，取其木以为攻战具，又知厚葬无益于死者也。汝必殓以时服。且人，生有处所耳，死复何在耶？今去本墓①远，东西南北，在汝而已。

【注　　释】

　① ［本墓］祖坟。

（高益荣）

卷十

省身养生篇

嗜欲者，溃腹之患也；货利者，丧身之仇也；嫉妒者，亡躯之害也；逸悬者，断胫之兵也；谤毁者，雷霆之报也

……

严 光

九 诫

【作者简介】

　　严光，字子陵。会稽余姚（今属浙江）人。少与光武帝刘秀同学，有高名。刘秀称帝，遂变姓名隐遁，光武帝派人遍寻访求，诏受谏议大夫，不受，隐于富春山。

【内容提要】

　　原题《十诫》，因缺其中一诫，故改为《九诫》。九诫言嗜欲、货利、嫉妒、谗慝、谤毁、残酷、陷害、博戏和嗜酒等九种恶习的危害。出言惊心，使人听了知所诫鉴。

【原　　文】

　　嗜欲者，溃腹之患也；货利者，丧身之仇也[①]；嫉妒者，亡躯之害也；谗慝者，断胫之兵也[②]；谤毁者，雷霆之报[③]也；残酷者，绝世之殃也；陷害者，灭嗣之场也；博戏者，殚家之渐也[④]；嗜酒者，穷馁之始也。

【注　　释】

　　①［货利］贪财好利。［仇］敌。
　　②［谗慝］恶言恶意。［兵］兵器。
　　③［雷霆之报］遭到雷击的报应。
　　④［博戏］赌博。［殚］尽。

【译　　文】

　　过多贪涎口福的欲望，是腐坏肠肚的祸患；贪财好利是丧身的仇敌；

嫉妒是亡命的大害；恶言恶意是遭受断胫这样的刑罚的兵器；诽谤诋毁他人会遭到雷电击毙的报应；残害酷虐是自绝后嗣的祸殃；陷害他人会断子绝孙；赌博会逐渐使你倾家荡产；嗜酒无度是穷困冻馁的开端。

（储兆文）

王 肃

家 诫

【作者简介】

　　王肃（195—256），字子雍，三国魏东海郯（今山东郯城）人。官至中领军，加散骑常侍。善贾逵、马融之学，欲与郑玄争胜，作《圣证论》，专攻郑氏。为《尚书》《诗》《论语》《三礼》和《左氏》等书作注，又撰定其父王朗所作《易传》。

【内容提要】

　　这则家诫专谈如何对待饮酒。酒可以"行礼、养性命、为欢乐"，但过量则祸生，或做宾、或做主都应谨慎。如为人所强令，有几种推辞技巧，可以拒绝饮酒。

【原　文】

　　夫酒所以行礼、养性命、为欢乐也，过①则为患，不可不慎。……凡为主人，饮客②，使有酒色而已，无使至醉。若为人所强③，必退席长跪称父诫以辞之。若为人所属④，下坐行酒，随其多少，犯令行罚⑤，示有酒而已，无使多也。祸变之兴常于此作，所宜深慎。

【注　释】

　　①［过］过量，超出酒量。
　　②［饮客］请客饮酒。
　　③［为人所强］被主人强行令其饮酒。
　　④［属］嘱咐，要求。
　　⑤［犯令行罚］触犯酒令，要加以罚酒。

【译　文】

　　酒是用来行使礼节、颐养性情、助欢为乐的，过量就变成了祸患，不可不小心啊。……凡是做主人的，请客人饮酒，使客人脸上略有酒色就行了，不要让客人大醉。作为客人，如果别人一定要你饮酒，你就要退席长跪，说家父训诫不准多饮来推辞掉。如果被人邀请去饮酒，你可以坐在下座，跟在别人后面多少喝一点，违犯了酒令罚酒时，你举杯示意有酒就行了，不要多喝。祸患变故往往就发生在饮酒上，应该多加小心。

（储兆文）

颜之推

颜氏家训（节录）

止足养生篇

欲不可纵

【内容提要】

　　人的欲望像滚雪球一样，愈滚愈大，没有止境。放纵欲念，贪奢无度，必自取败亡。少欲知足，是安身立命的基础。

【原　　文】

　　《礼》云："欲不可纵，志不可满①。"宇宙可臻②其极，情性③不知其穷，惟在少欲知足，为立涯限④尔。先祖靖侯⑤诫子侄曰："汝家书生门户，世无富贵；自今仕宦不可过二千石⑥，婚姻勿贪势家。"吾终身服膺⑦，以为名言也。

【注　　释】

　　①［志不可满］志气不可太盛。

　　②［臻］达到。

　　③［情性］人的本性。

　　④［涯限］界限。

　　⑤［靖侯］颜之推九世祖颜含。颜含在朝时，当朝权贵桓温想与他联姻，他因为桓温权势太大而不同意，并劝诫儿子和侄子们说："自今仕宦不可过二千石，婚姻勿贪势家。"

　　⑥［二千石］大官的俸禄。

⑦ ［服膺］牢记在心，时时遵奉。

【译　文】

《礼记》说："欲望不可纵，志气不可盛。"宇宙之大也尚有边际，而人的本性却没有穷尽，只有少欲知足，才能给人立界限。先祖靖侯劝诫子侄时说："你们家是书生门户，世世代代没有富贵之时，从今以后做官不能超过二千石，婚姻也不要贪恋权势之家。"我终身都牢记在心，时时遵奉，把它作为人生格言。

淫奢招祸

【内容提要】

哲人认为，万物满则溢，盈则亏。人只要能求得基本的生存条件就行了，奢华浮靡，是要遭到报应的。周穆王、秦始皇、汉武帝，他们虽然雄霸一世，但纵欲奢靡，结果怎样？

【原　文】

天地鬼神之道，皆恶满盈①。谦虚冲损②，可以免害。人生衣趣③以覆寒露，食趣以塞④饥乏耳。形骸⑤之内，尚不得奢靡，己身之外，而欲穷骄泰⑥耶？周穆王⑦、秦始皇⑧、汉武帝⑨，富有四海，贵为天子，不知纪极⑩，犹自败累⑪，况士庶⑫乎？

【注　释】

①［恶］厌恶。［满盈］语出《周易·谦·象传》："天道亏盈而益谦，地道变盈而流溢。鬼神害盈而神福谦，人道恶勇而好谦。"

②［谦虚］谦逊，虚心。［冲损］谦和，谦抑。

③［趣］仅仅满足。

④［塞］填饱。

⑤［形骸］指人的身体。

⑥［骄泰］傲慢奢侈。

⑦［周穆王］周朝天子，放纵欲望，周游天下，后世人作《穆天子传》，记述他与神仙的交游。

⑧［秦始皇］以骄奢著称，建长城，修骊山墓，造阿房宫，求仙漫游，最后死在车上。

⑨［汉武帝］西汉皇帝，在位期间国力强盛，但他骄奢淫逸，穷兵黩武，至使府库空竭。

⑩［纪极］终极，限度。

⑪［败累］毁坏，

⑫［士庶］士民和庶人。

【译　文】

　　天地鬼神之道，都厌恶充盈。谦逊虚心，冲淡谦抑，可以避免祸害。人生穿衣只不过为了御寒遮露，吃饭只不过为了填饱肚子，抵挡饥饿。人的身体之内，尚且无所谓奢靡，身体之外，又怎么能傲慢奢侈呢？周穆王、秦始皇、汉武帝，拥有四海之财，贵为天子，但骄奢淫逸，不知限度，还自我毁败，何况一般的人呢？

为道义而死

【内容提要】

　　生命是宝贵的，应该珍惜。但养生和献身总是相对立的，作无谓的牺牲自然不妥，而在国难当头，民族危亡之际，却万不可苟且偷生。为道义而死，杀身成仁，死得其所。一个人的高尚与卑贱，并不在于社会地位，而在于其道德情操。贪生怕死之辈为人所耻，而为道义捐躯的英雄们将名垂千古。

【原　文】

　　夫生不可不惜，不可苟惜①。涉险畏之途，干祸难之事，贪欲以伤生，谗慝②而致死，此君子之所惜者。行诚孝而见贼③，履仁义而得罪，丧身以全家，泯躯而济国④，君子不咎⑤也。自乱离⑥以来，吾见名臣贤士，临难求生，终不为救，徒取窘辱⑦，令人愤懑。侯景之乱，王公将相，多被戮辱，妃主姬妾，略无全者。惟吴郡太守张嵊⑧，建义不捷⑨，为贼所害，辞色不挠⑩；及鄱阳王世子谢夫人⑪，登屋诟怒，见射⑫而毙。夫人，谢遵女也。何贤智操行⑬若此之难？婢妾引决⑭若此之易？悲夫！

【注　释】

①〔苟惜〕苟且偷生。
②〔谗慝〕恶言恶意。
③〔见贼〕受迫害。
④〔泯躯〕牺牲身体。〔济国〕拯救国家。
⑤〔咎〕追究罪过，此指责怪。
⑥〔乱离〕变动。
⑦〔窘辱〕困迫和侮辱。
⑧〔张嵊〕字四山，梁世为吴兴太守，侯景攻陷建康时，曾派人招降他，他怒斩使者，誓死抵抗，兵败被俘，遇害。
⑨〔建义〕树立义旗。〔不捷〕没有胜利。
⑩〔挠〕屈服。
⑪〔鄱阳王〕指萧恢。〔世子〕长子。据《梁书·鄱阳王恢传》载：萧恢之子名嗣，官晋州刺史。侯景之乱中，拒城死守，自称"此萧嗣效命死节之秋也"，后战死于军中。
⑫〔见射〕被箭射中。
⑬〔操行〕保持自己的品行。
⑭〔引决〕为正义而自杀。

【译　文】

　　人的生命不可不珍惜，但也不能苟且偷生。走危险艰难之路，干招致灾祸之事，因贪欲而伤及生命，受人谗害而致死，这是君子所深感惋惜的啊！行忠诚孝悌之事而被害，坚持仁义之道而获罪，牺牲自己以保护全家，捐献身躯去拯救国家，这种情况是君子们不会加以责怪的。自从天下变乱以来，我看见不少名臣贤士，临难求生，却终于无济于事，只招致窘迫和侮辱，其丑态真令人愤懑。侯景之乱，王公将相，多被杀戮和侮辱，妃主和姬妾，几乎没有保全的。在这么多人中，只有吴郡太守张嵊，高举义旗，誓死抵抗，兵败之后，被贼杀害，语言和神态至死不屈；又有鄱阳王长子妻谢夫人，后临城下，她登上屋顶，怒斥贼兵，被箭射中而死。她是谢遵的女儿。为什么所谓的贤智之人坚持操守是如此困难，而柔弱的婢妾全节自杀又如此容易呢？真可悲啊！

（傅绍良）

袁氏世范 (节录)

才行高人自服

【内容提要】

　　人们对某个人佩服、顺从的原因，并不在于这个人的容貌如何，也不在于浮华矫饰的言辞，而在于其高尚的品行和高深广博的才学，人们注重的是内在心灵的美和真才实学，即"桃李不言，下自成蹊"。

【原　　文】

　　行高人自重，不必其貌之高；才高人自服，不必其言之高。

【译　　文】

　　品德高尚，人们自然而然地尊重你，而不一定非要容貌美好；才学高深，人们自然叹服，不一定非要有言辞的华美。

言语贵简当

【内容提要】

　　一个人对说话应该特别慎重，简洁恰当的语言可以使你立于不败之地，反之则会招悔惹怨。

【原　　文】

　　言语简寡，在我可以少悔，在人可以少怨。

【译　文】

　　话语简洁得当，对我自己来说，可以减少因话说得不对而带来的后悔，对别人而言，则可以减少因话说得不对而带来的怨恨。

（储兆文）

帝王家训篇

昔圣王之处民也，择瘠土而处之，劳其民而用之，故长王天下。夫民劳则思，思则善心生；逸则淫，淫则忘善，忘善则恶心生。

敬 姜

论 劳 逸

【作者简介】

敬姜，鲁大夫公父文伯之母，公父穆伯之妻。

【内容提要】

这是《国语》上有名的家训，敬姜也因这篇《论劳逸》的家训而成了有名的贤母。一天她儿子公父文伯朝见鲁君后回家，看到母亲正在绩麻，对她说："我们这样的家，主母还要绩麻，恐怕会让季孙生气，以为我不能侍奉母亲。"季孙即季康子，是季悼子的曾孙，敬姜是他的叔祖母。文伯和季孙是叔侄，季孙当时担任鲁国正卿，所以文伯怕他斥责。敬姜不以为然，认为这是儿子不懂治国的道理，就讲了这番话。

【原 文】

昔圣王之处民也，择瘠土而处之，劳其民而用之，故长王天下。夫民劳则思，思则善心生；逸则淫，淫则忘善，忘善则恶心生。沃土之民不材，逸也；瘠土之民莫不向义，劳也。是故天子大采朝日①，与三公、九卿祖识地德。日中考政，与百官之政事，师尹、维旅、牧、相宣序民事；少采夕月②，与太史、司载纠虔天刑；日入监九卿，使洁奉禘、郊之粢盛，而后即安。诸侯朝修天子之业命，昼考其国职，夕省其典刑③，夜儆百工，使无慆淫，而后即安。卿大夫朝考其职，昼讲其庶政，夕序其业，夜庀④其家事，而后即安。士朝受业，昼而讲贯⑤，夕而习复，夜而计过，无憾而后即安。自庶人以下，明而动，晦而休，无日以怠。王后亲织玄紞⑥，公侯之夫人，加之以纮、綖⑦，卿之内子为大带，命妇成祭服，列士之妻加之以朝服。自庶士以下，皆衣其夫⑧。社⑨而赋事，烝⑩而献功，男女效绩，愆则有辟⑪，古之制也。君子劳心，小人劳力，先王之训也。自上以下，谁敢淫心舍力？今我，寡也，尔又在下位^⑫，朝夕处事，犹恐忘先人之业。况有怠惰，其何以避辟？吾冀而朝夕修我^⑬，曰："必无废先人。"尔今曰："胡不自安？"以是承^⑭君之官，余惧穆伯之绝祀也。

【注　　释】

① ［大采朝日］天子与公卿穿五彩衣以祭日。

② ［夕月］秋分。

③ ［典刑］常法。

④ ［庀（pǐ）］治理，料理。

⑤ ［贯］习。

⑥ ［玄紞］垂在帽前后的黑丝带。

⑦ ［纮、綖］均是系帽子的小带。

⑧ ［衣其夫］给丈夫做衣服。

⑨ ［社］春分祭土地神日。

⑩ ［烝］冬祭日。

⑪ ［辟］罪过，过失。

⑫ ［下位］大夫。

⑬ ［冀］希望。［而］你。［修我］勉励自己。

⑭ ［承］奉，以怠惰之心奉君官职，难以避免罪过，故将被诛绝。

【译　　文】

从前圣明的君王治理百姓，选择那些不肥沃的地方让他们居住，使他们经常劳作，然后来治理他们，所以能长久地保有天下。人们劳作，就会去思考，经常思考就会产生善心。无所事事就会放荡，放荡就会忘掉善心，恶念也就随之而生。土地肥沃地区的人多不成材，就是因为安逸；贫瘠地方的人无不向义，则是由于劳动。所以天子在春分的早晨要穿着五彩衣服去祭日，并与三公九卿一起体认大地生育万物的恩德。中午要考察政治和百官的政事，师尹、众上、州牧、国相，都要宣布政教民事。到了秋分，天子则要穿着三彩衣服去祭日，并和掌管天文的太史、司载恭敬地观察上天显示的吉凶征兆。到了晚上，要监督九卿把大祭和祭天的祭品弄洁净，才可安息。诸侯早上要研究天子的命令和应办事务，白天要考虑国家大事，傍晚要省视国家的常法，夜里要告诫百官，使他们不怠惰放荡，然后才能休息。卿大夫早上要考察他的职责政务，白天要办理各种事情，傍晚整理一天所做的工作，夜里料理家务，然后才去休息。士人早晨就学，白天讲习，傍晚复习，夜里反思有无过失，觉得没有什么值得悔恨，才去休息。庶人以下，天亮就起来劳作，直到夜里才能休息，没有一天敢懈怠。王后也要亲自织挂在帽上的黑丝带，公侯夫人要做系帽的小丝带，卿的妻子要做大带，大夫的妻子要做祭服，列士的妻子要做朝服。庶人以下的妻子，都要替丈夫做衣服。春祭向神明祷告农事开始，冬祭禀告农事的成功，男女效力，有了过失要加以责罚，这是古代的制度。君子劳心，小人劳力，这是先王的遗训，从上到下，哪个敢心思放荡而不劳动？现在我是个寡妇，你又处于大夫的职位，就是昼夜勤做事，还怕忘了先人的事业，要是怠惰，怎么可以逃避得了责罚？我希望你早晚都要勉励自己说："一定不要废弃先人的事业。"现在你反说："为什么不自求安逸？"凭这样的思想担任国君的官职，我恐怕穆伯将要无人祭祀了。

（草　茂）

刘 备

遗诏敕后主

【作者简介】

刘备（161—223），字玄德，涿郡涿县（今属河北）人，三国时蜀汉的建立者。东汉末起兵，参与镇压黄巾起义，后采用诸葛亮联合孙权拒抗曹操的主张，于建安十三年联合孙权，大败曹操于赤壁，占领荆州。旋即又夺取益州和汉中。221年称帝，建都成都，国号汉，年号章武。次年在吴蜀彝陵之战中大败，不久病死。

【内容提要】

本篇是刘备在病中给儿子后主刘禅的遗嘱，勉励儿子要努力读书，做个有贤德的人。"勿以恶小而为之，勿以善小而不为"，堪为修身养德的名言。

【原　　文】

朕初疾，但下痢耳。后转杂他病，殆不自济。人五十不称夭，年已六十有余，何所复恨，不复自伤。但以卿①兄弟为念。射君②到，说丞相叹卿智量甚大，增修过于所望。审能如此，吾复何忧？勉之，勉之！勿以恶小而为之，勿以善小而不为。惟贤惟德，能服于人。汝父德薄，勿效之。可读《汉书》《礼记》，闲暇历观诸子及《六韬》《商君书》③，益人意智。闻丞相为写《申》《韩》《管子》《六韬》，——通已毕④，未送道亡，可自更求闻达。

【注　　释】

①［卿］古代君对臣、长辈对晚辈的称谓。

②［射君］指射援。字文雄，扶风（今陕西扶风）人。丞相诸葛亮以援为祭酒，

迁从事中郎。

③〔诸子〕指诸子百家的著作。〔《六韬》〕中国古代兵书。传为姜太公所作。〔《商君书》〕战国时商鞅及其后学的著作的合编。

④〔申〕即《申子》，书名。相传战国时申不害著。内容多刑名权术之学，属于法家著作。〔韩〕即《韩非子》，书名。集先秦法家学说大成的代表作。〔管〕即《管子》，书名。相传春秋时期齐国管仲撰。

【译　文】

我最初患的病，不过是痢疾。后来又染上了其他的病，已经是病危不能自救了。人五十岁死了就不算是短命，我年纪已六十多了，又有什么可遗憾的呢？不再自我悲伤了。只是为你们兄弟几人挂念。射援来了，他说丞相诸葛亮赞叹你智慧与气量很大，修养的增长超过了对你的期望。真的能这样，我又有什么可担忧的呢？努力吧，努力吧！不要因为坏事很小就去做了，也不要因为好事很小就不去做了。只有贤明和德行，能使人们敬服。你父亲德行微浅，你可不要像我这样。可以读一读《汉书》《札记》，空闲时浏览诸子百家的著作和《六韬》《商君书》，可增长人的意志和智慧。听说丞相已为你抄写了《申子》《韩非子》《管子》《六韬》，已经抄好了一遍，但未送来却在路途中丢失了，你可以自己重新去求教于有学问的人。

（王其祎）

曹 丕

诫 子

【作者简介】

　　魏文帝即曹丕（187—226），字子恒，曹操的次子。曹操死后，他袭位为魏王。三国时魏国的建立者、文学家。220—226 年在位。推行九品中正制，确立和巩固了士族门阀在政治上的特权。不久代汉称帝，建都洛阳，国号魏。所著《典论·论文》对我国文学批评的发展颇有贡献。有《魏文帝集》。

【内容提要】

　　天下父母固然疼爱自己的子女，但却不能袒护他们的过错。瞒得过一生，却瞒不过长远。须知这样的“肝肠腐烂”，非但不是疼爱他们，反而只会贻害于他们。

【原　　文】

　　父母于子，虽肝肠腐烂，为其掩避，不欲使乡党士友闻其罪过[①]，然行之不改，久矣人自知之。用此任官，不亦难乎？

【注　　释】

　　① ［乡党］周朝制度以五百家为党，一万二千五百家为乡。后以“乡党”泛指乡里，即同乡人。［士友］这里作“朋友”讲。

【译　　文】

　　父母对于子女，纵使用尽心思，来为他们遮掩隐蔽，以不使乡党、朋友知道他们的过失，但是一味地这样下去而不加改正，时间长了人们自然会知道的。以这样的道理做官，不也是很难的吗？

（周晓薇）

曹 衮

诫 子 言

【作者简介】

曹衮，三国魏武帝曹操之子，为中山恭王。

【内容提要】

曹氏是皇族，子孙知乐而不知苦，故警之勿骄奢；接待大臣、宾客应有礼貌；如果兄弟有过错，须按其严重程度，采取各种方式教诲，以绝后患，但要掌握分寸。

【原　　文】

汝幼少未闻义，方早为人君，但知乐而不知苦，不知苦，必将以骄奢为失也。接大臣务以礼，虽非大臣，老者，犹宜答拜。事兄以敬，恤弟以慈。兄弟有不良之行，当造膝①谏之；谏之不从，流涕喻之；喻之不改，乃白②其毋；若犹不改，当以奏闻，并辞国土。与其守宠罹祸③，不若贫贱全身也。此亦谓大罪恶耳。其微过细故当掩之。

【注　　释】

① ［造膝］走到跟前。［造］来到。

② ［白］告诉。

③ ［罹祸］遭到灾祸。

【译　　文】

你年少时没有接受义礼的教育，就早早当了亲王，只知道享乐，而不知道苦难；不知苦难，就一定会有骄横奢侈之类的过失。接待大臣务必要以礼相待，即使不是大臣，对长者也要以礼回拜。侍奉兄长要恭敬，关心弟妹要仁慈。兄弟如有过失，应当走到跟前，私下劝说他；劝说不改，应痛哭流涕（地劝说），晓之以利害；再要不改，要告诉你们的母亲；如果还不改，应当报奏给我，我就剥夺他的领地。与其宠溺他而使他遭受杀身之祸，不如让他贫寒而能全身远祸，这也是就那些重大罪恶而言的。至于细枝末节的过错，应当为他遮掩起来。

（储兆文）

刘义隆

诫江夏王义恭书（节录）

【作者简介】

刘义隆（407—453），即宋文帝，小字车儿，南朝宋武帝刘裕第三子，424—453年在位。在位期间，加强集权，整顿吏治，取得过暂时稳定的局面。在对北魏的战争中，连连失利，国势日趋衰微。后被太子刘劭所杀。

【内容提要】

本文是宋文帝给弟弟江夏王义恭的一封训诫信。所节录的四段分别告诫义恭：（一）要意识到自己肩上承担着重大的使命，要克己尽职，使君子、小人皆为我所用；（二）接待宾客不要让他久等，接待宜速，不宜久停，以免误了诸事；（三）要注意有忠诚之人来告密，应替他保密，但也要防止有人进谗言以陷害他人；（四）声色之乐、樗戏游乐、服食器用等要节制或禁止。

【原　文】

汝以弱冠便亲方任。天下艰难，家国事重。虽曰守成，实亦未易。隆替①安危，在吾曹②耳。岂可不感寻③王业，大惧负荷④。今既分张⑤，言集未日⑥，无由复得动相规诲。宜深自砥砺，思而后行，开布诚心，厝⑦怀平当。亲礼国士，友接佳流，识别贤愚，鉴察邪正，然后能尽君子之心，收小人之力。

接待宾侣，勿使留滞。判急务讫，然后可入问讯，既睹颜色，审起居，便应即出，不须久停，以废庶事⑧也。

凡事皆应慎密，亦宜豫敕⑨左右，人有至诚，所陈⑩不可漏泄，以负忠信之款也。古人言："君不密则失臣，臣不密则失身。"或相谗构⑪，勿轻信受。每有此事，当善察之。

声乐嬉游，不宜令过；樗蒱⑫渔猎，一切勿为；供用奉身，皆有节度；奇服异器，不宜兴长。汝嫔侍左右，已有数人，既始至终。未可忽忽，复有所纳。

【注　释】

① ［隆替］兴隆与衰亡。［替］被取代。

② ［吾曹］我辈，我们大家。

③ ［感寻］有所感触而寻思不已。

④ ［大惧负荷］有所惊恐而感到责任重大。

⑤ ［分张］别离。

⑥ ［言集未日］团聚的日子不知在何时。

⑦ ［厝（cuó）］本义为磨刀石，引申为"使……平和"。

⑧ ［庶事］众事，诸事。

⑨ ［豫敕］预先告诫。

⑩ ［陈］陈说。

⑪ ［谮构］进谮言以设计陷害他人。

⑫ ［樗蒱］为两种游戏。

【译　文】

你刚刚成年就担任要职。天下之事是很艰难的，家国之事亦极其重要，虽然只是保守祖业，但也不是很容易的。兴隆或衰亡、安全或危险，完全在于我们兄弟们啊！哪能不有所感触而思量帝王之业，有所警觉而意识到责任重大呢？现在你我天各一方，相见无期，再也不可能动辄便去规劝教诲你。你应该自己磨砺自己，凡事思考了再行动。对人敞开自己的赤诚之心，使自己的胸怀平和。去礼贤下士，友好地接纳能人佳士，识别愚人与贤人，鉴别观察邪恶与刚正，然后能使君子为你尽心智，使小人为你出体力。

接待宾客，不要让人久等。把紧急的事务办完后，就应去问讯来客，见过面，问候他们的日常生活后，就可以离开，不要长时间停留，以免耽误了其他诸事。

所做的事都要慎重保密，也应该预先告诫身边的人，如果有人很诚恳地来报告事件，他所陈述的事，决不要泄漏出去，以免辜负了忠诚信义这一心意。所以古人说过："国君不为人保密将失去大臣，大臣不做好保密的事将失去生命。"有的是相互进谗言以设计陷害他人，这就不要轻易相信和接受。每当有这类事的时候，就要善于考察真伪。

声色之乐，游玩嬉戏，不要玩得过度；赌博渔猎，全都不要去干；供给使用的、维持生活的都要有节制；奇装异服，珍宝玩器，不适合大肆宣扬。你的嫔妃侍从已有好几个人了，从现在起，不能轻易再纳了。

（储兆文）

李世民

诫吴王恪书

【作者简介】

唐太宗（599—649），即李世民。唐代皇帝，626—649 年在位。在位期间，推行均田制、租庸调制和府兵制度，并加强对官吏的考核。又修《氏族志》，发展科举制度，能任贤纳谏。当时社会经济有所恢复，被誉为"贞观之治"。

【内容提要】

这是唐太宗对儿子吴王恪（kè）的一番教诲，教导儿子要做道德修养方面的楷模，以正义来裁断事物，以礼教来统治民心。在外尽大臣对君主的忠诚，在家尽儿子对父亲的孝心。坚守领地，天天向上。表露出一个封建君主既对儿子严格要求，又对儿子关怀备至的深情。

【原　文】

吾以君临兆庶，表正万邦。汝地居茂亲，寄①惟藩屏。勉思桥梓②之道，善侔闲平之德③，以义制事，以礼制心。三风十愆④，不可不慎。如此，则克固磐石，永保维城⑤。外为君臣之忠，内有父子之孝。宜自励志，以勖⑥日新。汝方违膝下，凄恋何已，欲遗汝珍玩，恐益骄奢。故诫此一言，以为庭训。

【注　释】

① ［寄］托付，委托。

② ［桥梓］亦作"乔梓"。据《尚书》记载，伯禽和康叔去见周公，去了三次都遭到鞭笞。他们很害怕，就向商叔请教。商叔说："南山的南面有一种树叫做乔，你们去看看。"伯禽与康叔去看，只见乔高高地挺立在那里。商叔说："乔就是父道。"又说："南山的北面有一种树叫梓，你们也去看看。"他们看到梓俯在地上。商叔说：

"梓就是子道。"于是他俩明白了道理。第二天去见周公，进门时趋下身子小跑，入堂就拜跪。周公便抚慰了他们。通过这件事说明父权不可侵犯，像乔一样。儿子应卑躬屈从，像梓一样。后来人们便称父子为"乔梓"。

　　③〔侔（móu）〕通"牟"，谋取，求。〔闲平〕指道德，法度。

　　④〔三风十愆（qiān）〕指各种恶习。三风指巫风、淫风、乱风。其中巫风二：舞、歌；淫风四：货、色、游、畋；乱风四：侮圣言、逆忠直、远耆德、比顽童，合为十愆。商朝初年伊尹辅政时告诫汤的孙子太甲，要他戒掉这些恶习，以维护商王朝的统治。见《尚书·伊训》。

　　⑤〔维城〕连城以卫国。

　　⑥〔勖（xù）〕勉励。

【译　文】

　　我以君主的地位统治着天下百姓，给全国各地树立表率。你身为皇帝的嫡亲，我所委托你的是捍卫领地的大任。仔细思考君臣父子的道理，好好谋求道德修养的规范。以正义来裁断事物，以礼教来统治民心。各种不良习气，要小心地加以避免。如果这样的话，那就能像坚固的磐石，永远捍卫着国家。在外能尽大臣对君主的忠诚，在家能尽儿子对父亲的孝道。你应当激励意志，努力天天向上。你就要离开我了，悲伤依恋之情怎能消除，我本想送你一些珍玩，又恐怕你会更加骄傲奢侈。因此给你留下一席诚言，做为父亲的训诲。

（周晓薇）

诚　皇　属

【内容提要】

　　李世民告诫皇属们要克制约束自己，每穿一件衣，吃一顿饭，都不要忘记蚕妇农夫的辛勤。处理政务，不可只顺着自己的喜怒，要慎用刑罚，虚心听取不同意见。

【原　文】

　　太宗尝谓皇属曰："朕即位十三年矣，外绝游观之乐，内却声色之娱。汝等生于富贵，长自深宫。夫帝子亲王，先须克己。每著一衣，则悯蚕妇；每餐一食，则念耕夫。至于听断之间，勿先恣其喜怒。朕每亲临庶政^①，岂敢惮于焦劳。汝等勿鄙人短，勿恃己长，乃可永久富贵，以保贞吉。先贤有言：'逆吾者是吾师，顺吾者是吾贼。'不可不察也。"

【注　释】

①〔庶政〕各种政务。

【译　文】

　　唐太宗曾经对皇属们说："我当皇帝十三年了，在外谢绝游览观赏之乐，在内摒去歌舞女色的欢娱。你们生在富贵之家，长在深宫之内，你们这些帝子亲王，首先必须克制自己。每穿一件衣服，就要体恤蚕妇的辛劳；每吃一顿饭，就要想到农夫的辛苦。至于处理案件，不可先听任自己的喜怒。我每次亲自处理各种政务，哪敢怕苦怕累！你们不可鄙视别人的短处，不可倚仗自己的长处，只有这样才能长久富贵，以保终身吉祥。先贤有这样的话：'敢于反对我的人是我的老师，只知逢迎我的人是我的贼子。'你们不能不明察啊！"

（高益荣）

帝范·崇俭篇

【内容提要】

　　崇尚节俭，力戒奢侈，以之治国则国治，以之齐家则家齐。唐太宗后期曾大兴土木，修建宫殿，加以连年对外用兵，使百姓劳苦，国库开始虚耗。他晚年看到了这一点，故特别提出崇尚俭约，作为帝范的重要内容，还在《后序》中提出"无以吾为前鉴"；"是知祸福无门，唯人所召。欲悔非于既往，唯慎过于将来"，都是他的经验之谈。

【原　文】

夫圣代之君，存乎节俭。富贵广大，守之以约；睿智聪明，守之以愚。不以身尊而骄人，不以德厚而矜物。茅茨不剪，采椽不斫，舟车不饰，衣服无文，土阶不崇，大羹乏和；非憎荣而恶味，乃处薄而行俭。故风淳俗朴，比屋可封，此节俭之德也。

斯二者荣辱之端，奢俭由人，安危在己。五关近闭，则令德远盈；千欲内攻，则凶源外发。是以丹桂抱蠹，终摧耀日之芳；朱火含烟，遂郁凌云之焰。故知骄出于志，不节则志倾；欲生于身，不遏则身丧。故桀纣肆情而祸结，尧舜约己而福延，可不务乎？

【译　文】

政治清明的朝代，其君主必然保持节俭的美德。富有四海，贵为天子，安于俭约而不奢侈；智慧聪明，安于愚拙而不自恃。不以地位高贵而骄人，不以恩德广厚而居功，茅草盖的屋顶不加修剪，柞栎做的椽子不加雕饰。舟车不加装饰，衣服没有花纹。土筑的台阶不高，肉汁不加调料。他们并不是讨厌荣华，不喜欢美味，而是要倡导淡薄节俭。人君如此，所以风俗淳朴，百姓都有德行。

崇俭和骄奢，是荣与辱的开端。奢俭由人自己决定，安危则连及自身。耳目口鼻身的情欲收敛，则美德充盈；千种嗜欲内攻，则外有凶事。所以丹桂内的蛀虫虽小，终损荣芳；朱火内的烟尘虽微，必阻光焰。由此可知骄奢由人的意志决定，不节制必使志气消沉；情欲生于自身，不遏制就会丧身。所以桀纣放纵自己，终酿成大祸；尧舜约束自己，而福泽绵延，能不努力崇尚节俭吗？

（高益荣）

爱新觉罗·玄烨

庭训格言（节录）

【作者简介】

爱新觉罗·玄烨（1654—1722），史称其仪表英俊，声若洪钟，有智勇，经文纬武，崇儒重道。善骑射狩猎，不尚豪华。1662—1722 年在位，年号康熙，庙号圣祖。一生曾智擒鳌拜，平定三藩，驱沙俄于雅克萨，三征叛首噶尔丹，致力于全国统一的大业。同时重视文化事业，崇儒尊孔，在位时称清朝盛世。文化上的功绩有：敕绘《皇舆全览图》，设明史馆修《明史》，敕编《古今图书集成》《全唐诗》《佩文韵府》《康熙字典》等书。但又大兴文字狱，是个功过参半的历史人物。

【内容提要】

这本庭训共六十卷，三十二类，一千九百余则，可谓体大思精，详备之极。这里选录了其中十六则。康熙帝自幼攻读儒家经典，尊奉周公、孔子之道。在这部庭训中，他主要是以孔孟之道来教导他的子孙们的。它的主题可以用"修、齐、治、平"来概括。

【原　　文】

一、为人上者，用人虽宜信，然也不可急信。在下者，常视上意所向，而巧以投之，一有偏好，则下必投其所好以诱之。朕于诸艺无所不能，尔等曾见我偏好一艺乎？是故凡艺皆不能溺我①。

二、凡看书不为书所愚，始善。

三、尔等凡居家、在外，帷宜洁净。人平日洁净，则清气著身；若近污秽，则为浊气所染，而清明之气渐为所蒙蔽也。

四、读书以明理为要，理明则中心有主，而是非邪正自判也。

五、《易》云："日新之谓盛德。"学者一日必进一步，方不虚度时日。人苟能有决定不移之志，勇猛精进而又贞常永固②，毫不退转，则凡技艺焉有不成者哉？

六、凡人尽孝道，欲得父母之欢心者，不在衣食之奉养也。惟持善心，行合道理，以慰父母而得其欢心，斯可谓真孝者也。

七、人果专心于一艺一技，则心不外驰，于身有益。

八、凡人持身处世，惟当以恕③存心。见人有得意事，便可生欢喜心；见人有失意事，便当生怜悯心。

九、夫一言可以得人心，而一言可以失人心也。

十、人生凡事故有定数，然而其中以人力夺天工者有之。

十一、人于好恶之心，难得其正。我所喜之人，惟见其善，而不见其恶；若所恶之人，惟见其恶，而不见其善。是故《大学》④有云："好而知其恶，恶而知其美者，天下鲜矣。"诚至言也。

十二、《荀子》云："身劳而心安者为之，利少而义多者为之。"此二语简而要。人之一世能依此二语行之，过差何由而生。

十三、朱子云："读书之法，当循序而有常，致一而不懈。从容乎句读、文义之间，而体验乎操存、践履之实。然后心静理明，渐见意味。不然则虽广求博取，日诵五车，亦奚益于学哉⑤？"此言乃读书之至要也。人之读书，本欲存诸心、体诸身，而求实得于己也，如不然，将书泛然读之何用？凡读书人皆宜奉此以为训也。

十四、为学之功，不在日用之外。检身则谨言慎行，居家则事亲敬长，穷理则读书讲义。用一日之力，便有一日之效。

十五、为学之功有三等焉。汲汲然⑥者，上也；悠悠然⑦者，次也；懵懵然⑧者，又其次也。

十六、先儒有言："穷理非一端，所得非一处。或在读书上得之，或在讲论上得之，或在思虑上得之，或在行事上得之。读书得之虽多，讲论得之尤速，思虑得之最深，行事得之最实。"此语极为切当，有志于格物致知⑨之学者，其宜知之。

【注　释】

①［溺我］使我沉迷到某一技艺之中而不能自拔。

②［勇猛精进而又贞常永固］指勤奋努力，勇往直前而又有恒心，不懈怠。

③［恕］宽容。

④［《大学》］本为《礼记》中的一篇，朱熹编为"四书"之一，而成为儒家重要经典。

⑤［亦奚益于学哉］又哪里有益于学问呢?

⑥［汲汲然］心情急切、努力追求的样子。

⑦［悠悠然］从容不迫、心安自得的样子。

⑧［懵懵然］糊里糊涂的样子。

⑨［格物致知］推究事物的道理以获得学问。［格］推究。

（马茂军）

卷十二

仕途之诫篇

君子力如牛，不与牛争力；走如马，不与马争走；智如士，不与士争智。

周　公

诫　伯　禽

【作者简介】

　　周公，周文王之子，武王之弟，姓姬，名旦，因封地在周（今陕西岐山北），故称周公。曾助武王灭商。成王幼年即位，由他摄政，后平定管叔、蔡叔、霍叔叛乱，分封诸侯，营建东都洛邑，并制建礼乐典章，主张"明德慎罚"。其言论见于《尚书》的《康诰》《大诰》《无逸》《多士》诸篇。

【内容提要】

　　这是周公对其子伯禽的一番训诫。伯禽封于鲁，任前，周公以三事相训：不要怠慢亲戚，不要使大臣埋怨未被信用，故旧无大错就不必穷究，不要对人求全责备；即使才能过人，也不要与有专长的人争强斗胜；要居安思危，谨慎处事，办事留有充分余地。

【原　文】

　　君子不施其亲，不使大臣怨乎不以①。故旧②无大故则不弃也，无求备于一人。

　　君子力如牛，不与牛争力；走③如马，不与马争走；智如士，不与士争智。

　　德行广大而守以恭者，荣；土地博裕而守以险④者，安；禄位尊盛而守以卑者，贵；人众兵强而守以畏者，胜；聪明睿智而守以愚者，益；博文多记⑤而守以浅者，广。去矣，其毋以鲁国骄士矣！

【注　释】

　　①［以］任用。

② ［故旧］老臣，故人。

③ ［走］跑。

④ ［险］通"俭"。

⑤ ［博文多记］博闻强记。

【译　文】

　　有德行的人不怠慢他的亲族，不让大臣抱怨未被信用。老臣故人只要没有发生严重过失，就不要抛弃他。不要对某一人求全责备。

　　有德行的人即使力大如牛，也不会与牛比力气大小；即使能飞跑如马，也不会与马比试跑得快慢；即使智慧如谋士，也不会与谋士竞争智力高下。

　　德行广大者以谦恭的态度自处，便会得到荣耀。土地广阔富饶，用节俭的方式生活，便会永远平安；官高位尊而用卑微的方式自律，你便更显尊贵；兵多人众而用谨慎的心理坚守，你就必然胜利；聪明睿智而用愚陋的态度处世，你将获益良多；博闻强记而以肤浅自谦，你将见识更广。上任去吧，不要因为鲁国的条件优越而对谋士骄傲啊！

（储兆文）

尹 赏

临死诫诸子

【作者简介】

尹赏，字子心。钜鹿（今河北）人。西汉成帝时酷吏，历任长安令、江夏太守，以擅长治理政务闻名。曾因残酷镇压"盗贼"而株连吏民甚多被免官，后又被举荐为郑县令而卒。其四子皆官至太守，并皆以威严、治理有名。事迹见《汉书·酷吏传》。

【内容提要】

做官要正直廉洁，而有才能、善于治理尤为重要。如果软弱无能，不能胜任，甚至比贪官污吏更为可耻。尹赏是一位酷吏，但史书说他"虽酷，称其位矣"，这正是强调做官必须具备在其位、称其职的才能。

【原　文】

丈夫为吏，正坐残贼免①，追思其功效，则复进用矣。一坐软弱不胜任免，终身废弃无有赦②时，其羞辱甚于贪污坐赃。慎毋然。

【注　释】

① ［正］即使，纵使。［坐］特指被治罪的原因，即"因……治罪"。

② ［赦（shè）］免罪，减罪。

【译　文】

我身为大丈夫做官，纵使因为治理民众过于残酷而被罢免，但当朝廷追思他过去的功绩时，他就会再被任用。然而另有一等人，一旦因为软弱不能胜任而罢免，以至终身废弃不再会赦免复官时，那种羞愧和耻辱甚至比贪污纳赃的罪过更为严重。希望你们谨慎记取，切毋使这种羞辱落在你们身上。

（周晓薇）

陶侃母

责 子 书

【作者简介】

陶侃母湛氏，豫章新淦（今江西新余）人。初被聘为妾，生侃，陶氏家贫，湛氏凭借纺织挣钱，资助侃交结名人。有人寄宿家中，遇大雪，湛氏撤自卧床草，割碎喂客马，又截发卖与邻人，以供肴馔。侃后以功名显，人叹曰："非此母不生此子！"

【内容提要】

陶侃，东晋名士。侃初做县吏时，做监鱼梁之职，送给母亲一瓦锅鱼，湛氏封鱼不动，并附信责备儿子，不应以官谋私。可见陶侃从贫寒之民而成为一代名士，与湛氏的教诲是分不开的。

【原　文】

尔为吏，以官物遗我①，非惟不能益吾，乃以增吾忧矣。

【注　释】

①［官物］指陶侃利用监鱼梁之便，送给母亲的一坩（gān，瓦锅）鲊鱼。［遗（wèi）］送。

（储兆文）

卢 氏

母 训

【作者简介】

　　卢氏是崔玄暐的母亲。崔玄暐曾任武后朝天官侍郎、文昌左丞，几次迁官后做到宰相。玄暐遵奉母亲教诫，以清廉谨慎为人称颂。

【内容提要】

　　武则天龙朔年间，崔玄暐将赴任库部员外郎，临行前，母亲教育玄暐一定要为官清廉，不要贪占国家及百姓的钱物。即使生活贫穷困乏，也不能损公肥私。

【原　　文】

　　吾见姨兄屯田郎中①辛玄驭云："儿子从宦者，有人来云贫乏不能存，此是好消息。若闻资袋充足，衣马轻肥，此恶消息。"吾常重此言，以为确论。比见亲表②中仕宦者，多将钱物上其父母，父母但知喜悦，竟不问此物从何而来。必是禄俸余资，诚亦善事。如其非理所得，此与盗贼何别？纵无大咎，独不内愧于心？孟母不受鱼鲊之馈，盖为此也。汝今坐食禄俸，荣幸已多，若其不能忠清，何以戴天履地？孔子云："虽日杀三牲之养，犹为不孝。"又曰："父母惟其疾之忧。"特宜修身洁己，勿累吾此意也。

【注　　释】

　　① ［屯田郎中］官名，是唐代中央六部中工部下属屯田司的长官。
　　② ［亲表］指内外亲属。

【译　　文】

　　我曾听姨兄屯田郎中辛玄驭说："儿子中去做官的，有人回来说他很贫困，不能生存下去，这是好消息。如果听说他财物充实富足，乘肥马、穿轻裘，这是坏消息。"我一向很重视这一番话，认为这是很正确的看法。常常见到亲戚中做官的人，大多都将钱财物品交给他的父母，做父母的只知道高兴，竟然不问这些钱财物品是从哪里来的。真的是俸禄的节余，这当然也是好事。如果这是非法得来的，又与强盗窃贼有什么区别？纵然没有什么大的过错，难道真的不问心有愧？孟母不接受一瓦锅鱼鲊那样小的赠送，就是为的这个道理。你今天在朝廷坐吃俸禄，荣誉和宠幸已经很多了，如果为官不能忠诚清廉，还有什么脸面活在人世间？孔子说："即使每天都杀猪宰羊来供养父母，也还是不孝顺的。"孔子又说："父母只为儿女的过失而担忧。"因此，特别要注意努力提高自己的品德修养，保持自身的廉洁，切不要辜负了我的这番期望。

（王　其）

贾昌朝

诫 子 孙 （节录）

【作者简介】

贾昌朝（998—1065），字子明，北宋真定（今河北正定）人。真宗时赐同进士出身，仁宗庆历时任参知政事、同中书门下平章事兼枢密使，后封许国公，死后谥文元。著有《群经音辨》及奏议、文集百余卷。

【内容提要】

贾昌朝为官多年，熟悉官场习气，故告诫儿孙为官最重要的是清廉，办案要慎重，对于百姓不可随意刑戮。并要他们奉公守法，少言谨慎，对人对事不凭私人爱恶，不可挥霍无度以导致贪污犯罪，给自己招来终身的耻辱。

【原　文】

今诲汝等，居家孝，事君忠，与人谦和，临下慈爱。众中语涉朝政得失，人事短长，慎勿容易开口。仕宦之法，清廉为最，听讼务在详审，用法必求宽恕。追呼决迅，不叫不慎。吾少时见里巷中有一子弟，被官司呼召证人置①语，其家父母妻子见吏持牒②至门，涕泗不食，至暮放还乃已。是知当官莅事，凡小小追讯，犹使人恐惧若此；况邢戮所加，一有滥谬，伤和气、损阴德莫甚焉。传曰：上失其道，民散久矣，如得其情，则哀矜而勿喜。此圣人深训，当书绅而志之。

吾见近世以苛剥为才，以守法奉公为不才；以激讦③为能，以寡辞慎重为不能。遂使后生辈当官治事，必尚苛暴，开口发言，必高诋訾。市怨贾祸，莫大于此。用是得进者有之矣，能善终其身，庆及其后者，未之闻也。

复有喜怒爱恶，专任己意。爱之者变黑为白，又欲置之于青云；恶之者以是为非，又欲挤之于沟壑。遂使小人奔走结附，避毁就誉。或为朋援，或为鹰犬，苟得禄利，略无愧耻。吁，可骇哉！吾愿汝等不厕其间。

又见好奢侈者，服玩必华，饮食必珍，非有高资厚禄，则必巧为计划，规取货利，勉称其所欲，一旦以贪污获罪，取终身之耻，其可救哉！

【注　释】

① ﹝詈﹞骂，诋毁。

② ﹝牒（dié）﹞公文，凭证。

③ ﹝讦（jié）﹞攻击别人短处或揭发别人隐私。

【译　文】

今日教诲你们，居家要孝顺，事君要忠心，待人要谦和，对下要慈爱。众人话语有涉及朝政得失，人事长短，谨慎并不要随意开口。做官之法，清廉是最重要的，办案一定要详审，用法必求宽宥体谅，招呼传讯，不能不谨慎。我小的时候见里巷中有一子弟，被官府叫去证明人骂人之语，他家父母妻子见官吏手持公文到家里，吓得大哭不止、食不下咽，到晚上那人被放回一家人才不怕了。由此知道当官办事，小小的传讯，还使人如此恐惧，何况处以死刑，万一有滥用或错误，没有比这更伤和气、损阴德的了。传说："在位的人失去了准则，百姓就会离心离德。如果了解百姓们的情况，就应怜悯他们，而不要自鸣得意。"这是圣人留下来的深刻训诫，应当写在显眼的衣带上并记在心上。

我发现近来人们以苛刻为本事，以奉公守法为没本事；以揭人短处和隐私为能干，以少言谨慎为无能。于是使一些青年人当官理事，一定崇尚苛刻暴虐。开口说话，必高声诋毁别人，没有比这更招惹怨恨和灾祸的了，借此暂时能升官发财是有的，但能善始善终，福传他后代的，从未听说过。

还有的人喜怒好恶，全凭自己的私意，对所喜爱的人变黑为白，又想置他于青云之上；对他所厌恶的，则以是为非，还想排挤到沟壑之中。于是使一些小人奔走结党，避毁就誉，有的结为朋党，有的成为鹰犬，如果能得到利禄，哪还管羞耻。唉，令人惊骇啊！我期望你们不要混到里面。

　　又有一些爱奢侈的人，服装玩好，一定要追求华丽，饮食一定要讲求珍贵，没有高资厚禄，就一定会设法弄钱，勉强来满足其欲望。一旦因贪污犯罪，招来终身的耻辱，这还能有救吗？

（高益荣）

摆渡者教师书架（现已出版部分）

丛书名称	主编或作者	书　　名	定价（元）
大师背影书系	张圣华	《陶行知教育名篇》	24.90
		《陶行知名篇精选》（教师版）	16.80
		《朱自清语文教学经验》	15.80
		《夏丏尊教育名篇》	16.00
		《作文入门》	11.80
		《文章作法》	11.80
教育寻根丛书	张圣华	《中国人的教育智慧·经典家训版》	49.80
杜威教育丛书	单中惠	《杜威教育名篇》	19.80
		《杜威学校》	25.80
		《杜威在华教育讲演》	29.80
班主任工作创新丛书	杨九俊	《班集体问题诊断与建设方略》	19.80
		《班主任教育艺术》	22.80
		《班级活动设计与组织实施》	23.80
新课程教学问题与解决丛书	杨九俊	《新课程教学组织策略与技术》	16.80
		《新课程教学现场与教学细节》	15.00
		《新课程备课新思维》	16.80
		《新课程教学评价方法与设计》	16.80
		《新课程说课、听课与评课》	16.80
新课程课堂诊断丛书	杨九俊	《小学语文课堂诊断》（修订版）	18.60
		《小学数学课堂诊断》（修订版）	18.60
		《小学综合实践活动课堂诊断》	23.60
		《小学品德与生活（品德与社会）课堂诊断》	22.80
名师经验丛书	肖　川	《名师备课经验》（语文卷）	25.80
		《名师备课经验》（数学卷）	25.60
		《名师作业设计经验》（语文卷）	25.00
		《名师作业设计经验》（数学卷）	25.00
深度课堂丛书	《人民教育》编辑部	《小学语文模块备课》	18.00
		《小学数学创新性备课》	18.60
课堂新技巧丛书	郑金洲	《课堂掌控艺术》	17.80
课堂新发现丛书	郑金洲	《课改新课型》	19.80
教师成长锦囊丛书	郑金洲	《教师反思的方法》	15.80

丛书名称	主编或作者	书 名	定价(元)
校本教研亮点丛书	胡庆芳	《捕捉教师智慧——教师成长档案袋》	19.80
		《校本教研实践创新》	16.80
		《精彩课堂的预设与生成》	18.00
其他单行本	胡庆芳	《美国教育360度》	15.80
	徐建敏 管锡基	《教师科研有问必答》	19.80
	杨桂青	《英美精彩课堂》	17.80
	陶继新	《教育先锋者档案》(教师版)	16.80
	单中惠	《西方教育思想史》	59.80

　　"新课程教学问题与解决丛书"荣获第七届全国高校出版社优秀畅销书一等奖!

　　在 2006 年全国教师教育优秀课程资源评审中,"新课程教学问题与解决丛书"中的《新课程教学组织策略与技术》《新课程教学现场与教学细节》《新课程备课新思维》和《新课程说课、听课与评课》被认定为新课程通识课推荐使用课程资源,《陶行知教育名篇》被认定为新课程公共教育学推荐使用课程资源,《课改新课型》被认定为新课程通识课优秀课程资源,《小学语文课堂诊断》被认定为新课程语文课优秀课程资源,《小学数学课堂诊断》被认定为新课程数学课推荐使用课程资源!

　　《西方教育思想史》荣获全国第二届教育科学优秀成果二等奖(1999)!